Manfred Vogel

Grundlagenuntersuchungen und Erarbeitung einer Methodik zur Herstellung maßgeschneiderter Halbzeuge auf Basis eines neuartigen flexiblen Walzprozesses

AF567786

FAU Studien aus dem Maschinenbau

Band 411

Herausgeber/-innen:

Prof. Dr.-Ing. Jörg Franke
Prof. Dr.-Ing. Nico Hanenkamp
Prof. Dr.-Ing. habil. Tino Hausotte
Prof. Dr.-Ing. habil. Marion Merklein
Prof. Dr.-Ing. Sebastian Müller
Prof. Dr.-Ing. Michael Schmidt
Prof. Dr.-Ing. Sandro Wartzack

Manfred Vogel

Grundlagenuntersuchungen und Erarbeitung einer Methodik zur Herstellung maßgeschneiderter Halbzeuge auf Basis eines neuartigen flexiblen Walzprozesses

Dissertation aus dem Lehrstuhl für Fertigungstechnologie (LFT)
Prof. Dr.-Ing. habil. Marion Merklein

Erlangen
FAU University Press
2022

Bibliografische Information der Deutschen Nationalbibliothek:
Die Deutsche Nationalbibliothek verzeichnet diese Publikation in der Deutschen Nationalbibliografie; detaillierte bibliografische Daten sind im Internet über http://dnb.d-nb.de abrufbar.

Bitte zitieren als
Vogel, Manfred. 2022. *Grundlagenuntersuchungen und Erarbeitung einer Methodik zur Herstellung maßgeschneiderter Halbzeuge auf Basis eines neuartigen flexiblen Walzprozesses.* FAU Studien aus dem Maschinenbau Band 411. Erlangen: FAU University Press.
DOI: 10.25593/978-3-96147-606-0.

Das Werk, einschließlich seiner Teile, ist urheberrechtlich geschützt.
Die Rechte an allen Inhalten liegen bei ihren jeweiligen Autoren.
Sie sind nutzbar unter der Creative-Commons-Lizenz BY-NC.

Der vollständige Inhalt des Buchs ist als PDF über den OPUS-Server der Friedrich-Alexander-Universität Erlangen-Nürnberg abrufbar:
https://opus4.kobv.de/opus4-fau/home

Verlag und Auslieferung:
FAU University Press, Universitätsstraße 4, 91054 Erlangen

Druck: docupoint GmbH

ISBN: 978-3-96147-605-3 (Druckausgabe)
eISBN: 978-3-96147-606-0 (Online-Ausgabe)
ISSN: 2625-9974
DOI: 10.25593/978-3-96147-606-0

Grundlagenuntersuchungen und Erarbeitung einer Methodik zur Herstellung maßgeschneiderter Halbzeuge auf Basis eines neuartigen flexiblen Walzprozesses

Der Technischen Fakultät
der Friedrich-Alexander-Universität
Erlangen-Nürnberg

zur

Erlangung des Doktorgrades Dr.-Ing.

vorgelegt von

Dipl.-Ing. (FH) Manfred Vogel

aus Naila

Als Dissertation genehmigt
von der Technischen Fakultät
der Friedrich-Alexander-Universität Erlangen-Nürnberg

Tag der mündlichen
Prüfung: 22.07.2022

Gutachter: Prof. Dr.-Ing. habil. Marion Merklein
Prof. Dr.-Ing. Noomane Ben Khalifa

Vorwort

Edward de Bono sagte einst:

„Im Nachhinein ist jede gute Idee logisch, aber um dorthin zu gelangen, muss man die Denkrichtung ändern."

Edward de Bono

Dabei ist es entscheidend nicht an Produkt- bzw. Prozesseigenschaften oder Optimierungen festzuhalten, sondern neue Wege und Ansätze zu beschreiten. Diese Motivation war die Grundlage meiner vorliegenden Dissertation, welche nach meinem Ingenieurstudium im Rahmen meiner Tätigkeit als wissenschaftlicher Mitarbeiter am Lehrstuhl für Fertigungstechnologie (LFT) der Friedrich-Alexander-Universität Erlangen-Nürnberg entstanden ist. Die wesentlichen Erkenntnisse dieser Arbeit konnten innerhalb des, von der Deutschen Forschungsgemeinschaft (DFG) geförderten Sonderforschungsbereichs Transregio 73 (SFG/TR73) „Blechmassivumformung" im Teilprojekt A1 erarbeitet werden.

Mein besonderer Dank gilt Frau Prof. Dr.-Ing. habil. Marion Merklein, Ordinaria des Lehrstuhls für Fertigungstechnologie, für die Möglichkeit zur eigenständigen Bearbeitung des Forschungsprojekts im Sonderforschungsbereich. Das entgegengebrachte Vertrauen auch durch die Übernahme der Gruppenleitung der Forschungsgruppe der Massivumformung und die angenehme Zusammenarbeit durch die wissenschaftliche Betreuung meiner Arbeit haben wesentlich zu meiner fachlichen und persönlichen Entwicklung beigetragen. Frau Prof. Merklein ermöglichte mir als Absolvent einer Fachhochschule den unkonventionellen Weg zu einer direkten Promotion an der Universität. Für diese Möglichkeit möchte ich mich besonders bedanken.

Weiterhin gilt mein Dank allen wissenschaftlichen und technischen Kollegen, der Verwaltung sowie speziell den Kollegen meiner Forschungsgruppe der Massivumformung am Lehrstuhl für Fertigungstechnologie für die sehr gute und fruchtbare Zusammenarbeit in den letzten Jahren. Nicht zu vergessen sind dabei vor allem alle studentischen Hilfskräfte sowie Bachelor-, Projekt- und Masterarbeiter für die tatkräftige Unterstützung, allen voran Onur Kaya, Daniel Schnirring und Julius Kahmann. Besonders die sehr gute Zusammenarbeit mit den Kollegen Dr.-Ing. Robert Schulte, Dr.-Ing. Philipp Hildenbrand, Dr.-Ing. Michael Lechner und Andreas Hetzel im SFB/TR73 ist dabei hervorzuheben.

In besonderem Maße möchte ich mich bei den Kollegen Dr.-Ing. Harald Schmid und Michael Zahner bedanken, die über die fachlichen Themen hinaus auch durch den freundschaftlichen Rückhalt neben der Zeit am Lehrstuhl zum Erfolg meiner Arbeit beigetragen haben.

Mein größter Dank gilt aber meinen Eltern Birgitt und Wolfgang Vogel, die mir die schulische Laufbahn und den akademischen Werdegang bis hin zur erfolgreichen Promotion überhaupt erst ermöglicht haben. Ohne ihren Rückhalt und ein offenes Ohr in schwierigeren Zeiten wäre dieser Erfolg nicht möglich gewesen. Auch für die Ermutigung und Unterstützung meiner Geschwister während der gesamten Promotionszeit möchte ich mich bedanken.

Ich freue mich nun auf zukünftige spannende Herausforderungen und wünsche allen Mitarbeiterinnen und Mitarbeitern am Lehrstuhl für Fertigungstechnologie weiterhin viel Spaß in der Forschung und viel Erfolg beim Erstellen ihrer eigenen Dissertationsschrift.

Erlangen, im Juli 2022 Manfred Vogel

Inhaltsverzeichnis

Formelzeichen- und Abkürzungsverzeichnis

Symbol	*Einheit*	*Beschreibung*
b	mm	Walzenbreite
b_{α}	mm	Walzenbreite des Einlaufbereichs
$d_{Halbzeug}$	mm	Halbzeugdurchmesser
d_{Walze}	mm	Walzendurchmesser
h	mm	Kavitätstiefe
$h_{Aufwölb.}$	mm	Aufwölbungshöhe
k_f	MPa	Fließspannung
k_{f0}	MPa	Anfangsfließspannung
m_{Fz}	-	Steigung des Kraftanstiegs der Vertikalkraft
r	mm	Radiale Werkstückposition
r_E	mm	Walzenradius des Längswalzprozesses
r_{GW}	mm	Übergangsradius der Glättwalze
r_h	mm	Beginn des Aufdickungsbereichs
$r_{Halbzeug}$	mm	Halbzeugradius
r_i	mm	Radialer Beginn der Übergangszone
r_t	mm	Übergangsradius
r_{UW}	mm	Übergangsradius der Umformwalze
r_{Walze}	mm	Walzenradius
r-Wert	-	Senkrechte Anisotropie
s	mm	Blechdicke nach dem Umformprozess
s_0	mm	Ausgangsblechdicke
s_m	mm	Mittlere Blechdicke
s_{max}	mm	Maximale Blechdicke im Aufdickungsbereich
s_x	mm	Walzweg (x-Richtung)
v_b	$^{mm}/_{U}$	Bezogener Vorschub
v_x	$^{mm}/_{s}$	Vorschubgeschwindigkeit (x-Richtung)
v_z	$^{mm}/_{s}$	Vorschubgeschwindigkeit (z-Richtung)
x_E	mm	Kontaktzonenbreite eines konventionellen Walzprozesses
z	mm	Halbzeugkonturposition
A	mm	Maschinen- und Werkzeugauffederung
$A_{außen \rightarrow innen}$	mm	Maschinen- und Werkzeugauffederung bei einer Walzrichtung außen → innen
A_g	%	Gleichmaßdehnung

$A_{innen \rightarrow außen}$	mm	Maschinen- und Werkzeugauffederung bei einer Walzrichtung innen → außen
F_{max}	kN	Maximalkraft
F_r	kN	Radialkraft
F_x	kN	Horizontalkraft (x-Richtung)
F_z	kN	Vertikalkraft (z-Richtung)
Ha_{a-i}	mm	Abstand Umformzone bei einer Walzrichtung außen → innen
Ha_{i-a}	mm	Abstand Umformzone bei einer Walzrichtung innen → außen
K	-	Rondenkrümmung
M_A	mm^2	Mantelfläche des Kontaktbereichs im Walzenauslaufbereich
M_E	mm^2	Mantelfläche des Kontaktbereichs im Walzeneinlaufbereich
M_r	mm^2	Mantelfläche des Kontaktbereichs im Übergangsbereich
P_z	µm	Gemittelte Profiltiefe der Halbzeugoberfläche
R_m	MPa	Zugfestigkeit
$R_{p0,2}$	MPa	Streckgrenze
R_r	mm	Radius des lokalen Krümmungskreises
V_A	mm^3	Gesamtvolumen im Aufdickungsbereich
$V_{initial}$	mm^3	Initiales Volumen im Aufdickungsbereich
V_{RS100}	mm^3	Kavitätsaufdickungsvolumen
Wh	-	Anzahl der Walzhübe
α	°	Walzen-Einlaufwinkel
α_{GW}	°	Einlaufwinkel der Glättwalze
α_{UW}	°	Einlaufwinkel der Umformwalze
β	°	Walzen-Glättwinkel
β_{GW}	°	Glättwinkel der Glättwalze
β_{UW}	°	Glättwinkel der Umformwalze
δs	µm	Mittlere Blechdickenabweichung der Reproduzierbarkeit
δV	mm^3	Mittlere Volumenabweichung der Reproduzierbarkeit
λ_c	µm	Langwellenfilter nach DIN EN ISO 4288
λ_s	µm	Kurzwellenfilter nach DIN EN ISO 4288
μ	-	Reibzahl

ξ_1	-	Korrekturfaktor zur Volumenabschätzung
ξ_2	-	Korrekturfaktor zur Kraftabschätzung
σ_r	MPa	Radialspannung
σ_t	MPa	Tangentialspannung
σ_z	MPa	Axialspannung
ϕ	-	Umformgrad
ϕ_{max}	-	Maximaler Umformgrad
Ψ	°	Kippung der Eigenspannungsmessung
ω	$^U/_s$	Walztischdrehzahl
Δh	mm	Stichabnahme des Längswalzprozesses
Δs	mm	Stichabnahme
Δs_{Hub1}	mm	Soll-Stichabnahme des ersten Walzhubs
Δs_{Hub2}	mm	Soll-Stichabnahme des zweiten Walzhubs
Δs_{ist}	mm	Ist-Stichabnahme
Δs_{soll}	mm	Soll-Stichabnahme
Δs_{Δ}	mm	Stichabnahmedifferenzerhöhung

Abkürzung	***Beschreibung***
AG	Aktiengesellschaft
BMU	Blechmassivumformung
CO_2	Kohlenstoffdioxid
FCF	Flow-Control-Forming
FEM	Finite-Elemente-Methode
HV	Härte-Vickers
KFZ	Kraftfahrzeug
LFT	Lehrstuhl für Fertigungstechnologie
NFZ	Nutzfahrzeug
RS	Rotationssymmetrisch
SFB	Sonderforschungsbereich
SiC	Siliziumkarbid
TB	Tailored Blank
TR73	Transregio 73
v. Chr.	vor Christus

1 Einleitung

Mit einem Umsatz von ca. 423 Mio. Euro und rund 820.000 direkten Beschäftigten ist die Automobilindustrie der bedeutendste Industriezweig des verarbeitenden Gewerbes in Deutschland [1]. Aufgrund einer verstärkten Auslagerung von Systemkompetenzen auf mittelständische Zulieferer tragen diese mit einem Anteil von ca. 70 % den Großteil zur Wertschöpfung bei [1]. Bedingt durch eine immer stärkere Globalisierung wird vor allem die Fertigung von Funktionsbauteilen und Baugruppen in Hochlohnländern wie Deutschland aus ökonomischer und ökologischer Sicht zu einer wachsenden Herausforderung. Dabei spielen vor allem Forderungen von Politik, aber auch Konsumenten eine entscheidende Rolle.

Präsentestes Beispiel sind die Auflagen zur Eindämmung des Klimawandels durch Verringerung des CO_2-Ausstoßes, konkret im Bereich der Transport- und Automobilindustrie. Nach dem Klimaschutzpaket der Bundesregierung ist das Ziel, im Verkehrssektor 40-42 % der Emissionen von Treibhausgasen bis zum Jahr 2030 im Vergleich zum Jahr 1990 zu reduzieren [2]. Gleichzeitig soll das elektrische Antriebskonzept durch Förderungen und Privilegien massiv gefördert werden, um dadurch eine Reduktion der Treibhausgasemission zu erreichen [2]. Dabei spielt nicht nur das gesamte Fahrzeuggewicht, sondern auch das Gewicht einzelner Funktionsbauteile, wie z.B. in Getrieben, bedingt durch die Massenträgheit für Beschleunigungs- und Bremsvorgänge eine entscheidende Rolle. Um ein möglichst großes Energieeinsparpotential zu ermöglichen, kommen den Leichtbauansätzen eine tragende Rolle zu Teil. Dieses Potential haben Menschen bereits in der Bronzezeit erkannt, was an einer Grabbeilage des Sonnenwagens von Trudholm, einer Skulptur, nachgewiesen werden kann [3]. Durch ein Feingussverfahren wurden die Räder und Speichen um 1400 v. Chr. bereits im konzeptionellen Leichtbau unter Berücksichtigung des Werkstoffes, der Fertigungstechnik und des Konstruktionskonzepts hergestellt [3]. In Bezug auf Kraftfahrzeuge im heutigen Zeitalter konnte in [4] gezeigt werden, dass mit einer Reduktion der Fahrzeugmasse um 100 kg eine Einsparung von 7,4 g/km bei Dieselmotoren und 8,2 g/km bei Ottomotoren möglich ist. Ein damit resultierender Nebeneffekt ist eine Steigerung der Agilität und der maximalen möglichen Zuladung durch eine reduzierte Leermasse. Dies spielt vor allem in der Elektromobilität eine entscheidende Rolle, da dadurch eine Steigerung der Reichweite und damit der Effizienz der Fahrzeuge erzielt werden kann.

Grundsätzlich gliedert sich der Leichtbau in vier unterschiedliche Klassen: den Konzept-, Stoff-, Form- und Fertigungsleichtbau [5]. Das Ziel des Form- und Konzeptleichtbaus ist eine gezielte Anpassung der Bauteilgeometrie in Abhängigkeit an den jeweiligen Belastungsfall [6]. Dadurch können relevante, hoch beanspruchte Bereiche gezielt verstärkt und lokale Bereiche mit geringer Beanspruchung geometrisch vereinfacht werden. Beim Stoffleichtbau wird das Ziel verfolgt, den ursprünglichen Werkstoff durch einen anderen Werkstoff mit einer geringeren Dichte und/oder höherer Festigkeit zu ersetzten [7]. Ein Beispiel ist speziell im Bereich der Karosserie oft die Substitution von konventionellem Tiefziehstahl durch Aluminium oder hochfeste Stähle, um die Anforderungen zu erfüllen. In der vierten Gruppe, dem Fertigungsleichtbau, ist vor allem die Umformtechnik essentiell, da das Ziel bei diesem Ansatz die Umsetzung von konstruktiven Grundsätzen unter Berücksichtigung von Wirtschaftlichkeit und Qualität aus fertigungstechnischer Sicht vereint [8]. Dabei soll unter einem möglichst geringen Materialeinsatz die höchste Funktionalität erreicht werden [9]. Der theoretisch größtmögliche Leichtbaugrad, der durch diese Ansätze erreicht werden kann, ist nur infolge einer ganzheitlichen Kombination der einzelnen Leichtbaustrategien erreichbar. Um diesen Anforderungen gerecht zu werden, ist eine gesteigerte Funktionsintegration bei gleichzeitig zunehmender geometrischer Bauteilkomplexität unabdingbar. Dies impliziert eine hohe lokale Variation der Bauteilvolumina innerhalb eines Funktionsbauteils. Für die gleichzeitige Erfüllung wirtschaftlicher Aspekte sind weiterhin verkürzte Prozessketten und eine hohe Materialeffizienz notwendig. Unter Berücksichtigung all dieser Rahmenbedingungen ist eine Fertigung von komplexen Funktionsbauteilen unter Anwendung konventioneller Fertigungsverfahren aus den Prozessklassen der Blech- und Massivumformung technologisch bedingt durch die Prozessgrenzen nicht möglich. Erst die Prozessklassenkombination, die Anwendung von Massivumformoperationen auf Blechhalbzeuge, vereint die Vorteile beider Prozessklassen und ermöglicht eine Erweiterung der Prozessgrenzen [10]. Dies bietet z.B. Potential für eine endkonturnahe Herstellung von belastungsangepassten Funktionsbauteilen mittels eines inkrementellen Umformprozesses [11]. In ersten Untersuchungen konnte darüber hinaus gezeigt werden, dass unter Anwendung der Blechmassivumformung Tailored Blanks, prozessangepasste Halbzeuge mit einer definierten Blechdickenverteilung, hergestellt werden können, die Potential für eine Gewichtsreduktion bieten. Für die Herstellung einzelner Bauteile haben sich vor allem inkrementelle Umformverfahren wie das Taumeln oder flexibles Walzen aufgrund erweiterter Formgebungsgrenzen als vielversprechend erwiesen

[12]. Umfassendere Untersuchungen zum Taumeln in [13] haben jedoch gezeigt, dass auch bei diesem Verfahren, je nach Werkstoff, verhältnismäßig hohe Prozesskräfte bei gleichzeitig langen Prozesszeiten notwendig sind. Bedingt durch eine weitere Senkung der Kontaktfläche um ein Vielfaches zwischen Werkzeug und Werkstück beim Walzen bietet dieses Verfahren hohes Potential für eine weitere Steigerung der Gestaltungsfreiheit. In ersten Untersuchungen zur walztechnischen Herstellung von Tailored Blanks [12] konnte dies durch eine prinzipielle Qualifizierung eines flexiblen Walzprozesses nachgewiesen werden, wobei nachgelagerte Prozessschritte wie ein Bauteilbeschnitt notwendig sind.

Daher ist das übergeordnete Ziel dieser vorliegenden Arbeit eine grundlagenwissenschaftliche Analyse eines neuartigen, angepassten flexiblen Walzprozesses zur Herstellung von prozessangepassten Halbzeugen mit Übertragbarkeit auf unterschiedliche Stahlwerkstoffe. Für eine ganzheitliche Untersuchung werden grundlegende Wirkzusammenhänge und Prozessparameter identifiziert und mit resultierenden Bauteileigenschaften korreliert. Die experimentelle Erarbeitung einer Auslegungsmethode unter Berücksichtigung vorhandener Prozessgrenzen stellt in diesem Zusammenhang einen zentralen Aspekt dieser Arbeit dar. Infolge einer Anpassung der Halbzeugdicken im Ausgangszustand wird die Verallgemeinerbarkeit der Methode aufgezeigt. Speziell für eine nachfolgende Anwendung dieser maßgeschneiderten Halbzeuge in einem Folgeprozess wird das Einsatzverhalten der Tailored Blanks anhand eines kombinierten Tiefzieh-Stauchprozesses bewertet. Abschließend besteht ein vollumfängliches Prozessverständnis des flexiblen Walzprozesses, dass es ermöglicht, eine gezielte Eigenschaftseinstellung der prozessangepassten Halbzeuge in Abhängigkeit des Einsatzzweckes einzustellen mit der Folge einer verbesserten Materialeffizienz und Bauteilqualität.

Durch die Erarbeitung dieses Prozesswissen soll ein Beitrag zum grundlegenden Prozessverständnis von Blechmassivumformprozessen geleistet werden, der es ermöglicht, gesellschaftlichen Herausforderungen wie die Energiewende durch die Reduktion von CO_2-Emissionen gerecht zu werden. Durch eine gezielte Prozesssteuerung lassen sich darüber hinaus Anforderungen bezüglich der Sicherheit und der Kompliziertheit der Bauteile gezielt beeinflussen.

2 Stand der Technik und Forschung

Die Grundidee der Herstellung von maßgeschneiderten Halbzeugen mit definiertem, prozessangepasstem Dickenprofil zur Optimierung geometrischer und mechanischer Eigenschaften eines Produkts oder eines Folgeprozesses besteht schon seit einige Zeit. Bereits im Jahr 1869 wurde ein Patent zur Herstellung von Pflügen angemeldet, bei dem durch ein angepasstes Dickenprofil die Eigenschaften einzelner Pflugelemente verbessert werden sollten [14]. Auch für die Herstellung von Besteck, wie Löffel oder Gabeln, wurde 1888 ein Patent zur lokalen Aufdickung und damit einfacheren Handhabung im Griffbereich eingereicht [15]. Durch ein angepasstes Werkzeugkonzept wird Material aus der Breitenrichtung zur Aufdickung des Schaftes genutzt. Aus umformtechnischer Sicht wird bei diesem Prozess bewusst ein dreidimensionaler Stofffluss senkrecht zur Blechebene erzeugt, welcher zu einer lokalen Materialaufdickung bei gleichzeitiger Ausdünnung für die Funktion zweitrangiger Bereiche geführt hat [16]. Hinsichtlich der Charakteristik sind diese Merkmale der Prozessklasse der Blechmassivumformung zuzuordnen, welche in der folgenden Arbeit zentraler Bestandteil ist. Aus diesem Grund wird im folgenden Abschnitt eine detaillierte Beschreibung der Prozessklasse, sowie eine Eingliederung der Fertigungsprozesse vorgenommen. Aufbauend darauf erfolgt zudem eine Einführung unterschiedlicher Verfahren, welche sich für die Herstellung von maßgeschneiderten Halbzeugen eignen, wobei in diesem Zusammenhang der Fokus auf einer gezielten Stoffflusssteuerung bei reduziertem Kraftbedarf liegt. Abschließend wird eine zusammenfassende Bewertung bei gleichzeitigem Aufzeigen bestehender Wissenslücken detailliert dargelegt.

2.1 Prozessklasse der Blechmassivumformung

Durch eine fortwährende Steigerung der Funktionsintegration [14] bei der Herstellung von Funktionsbauteilen aus Blechhalbzeugen wachsen die Anforderung an die Fertigungsprozesse. Dadurch geraten konventionelle Verfahren an ihre Grenzen, wodurch neue und innovative Prozesse essentiell für eine prozesssichere und effiziente Herstellung derartiger Funktionsbauteile sind. Ein anderer Ansatz, diesen Herausforderungen zu begegnen, besteht in einer gezielten Kombination vorhandener Prozessklassen, um dadurch die Vorteile und Gestaltungsfreiheiten der Einzelprozesse nutzen und dadurch die Prozessgrenzen erweitern zu können. Speziell im Bereich der Herstellung endkonturnaher Funktionsbauteile [17] aus Blechhalbzeugen konnten in diversen Arbeiten, wie z.B. von Merklein et al. [18] oder Behrens et al. [19], eine grundlegende Erweiterung der Prozessgrenzen bei gleichzeitiger Reduktion der Prozesskettenlänge durch Anwendung von Blechmassivumformprozessen nachgewiesen werden. Neben den Vorteilen entstehen aber auch neue Herausforderungen wie z.B. eine gezielte Stoffflussteuerung während der Umformprozesse [20] oder eine unerwünschte Verlagerung von Pressenkomponenten [21], weshalb der Aufbau eines umfassenden Prozessverständnisses für diese Prozessklasse von großer Wichtigkeit ist.

2.1.1 Grundlagen und Definition

Wie dem Namen der Prozessklasse bereits abzuleiten ist, handelt es sich bei der Blechmassivumformung um eine Verfahrenskombination aus Blech- und Massivumformprozessen, um gezielt die Vorteile beider Prozessklassen zu vereinen und somit die Formgebungsmöglichkeiten zu erweitern. Durch einen variierenden Blechdickenquerschnitt und einem damit verbundenen höheren lokalen Materialvolumen besteht das Ziel in der Herstellung komplizierter, dünnwandiger Funktionsbauteile mit unterschiedlichen Nebenformelementen in Größenordnung der Ausgangsblechdicke und Wandstärken [18]. Dadurch wird eine hohe Funktionsintegration ermöglicht, was dem Ziel des Leichtbaus Rechnung trägt. Allerdings sind zur Herstellung derartiger Geometrien große Umformgrade und Kontaktdrücke notwendig. Da in der Prozessklasse der Blechumformung lediglich ebene Spannungs- und Formänderungszustände auftreten, bei der gezielt eine Blechdickenänderung verhindert werden soll [22], ist dies für die steigende Funktionsintegration unzureichend. Demgegenüber bietet die Massivumformung großes Potential infolge der auftretenden dreidimensionalen Spannungs- und Formänderungszustände. Die hohen Umformgrade während der Prozesse begünstigen eine hohe Querschnitts- und Wanddickenänderung [23]. Limitierender Faktor stellt in diesem Zusammenhang das Umformverhalten der Werkstoffe dar. Übertragen auf den Anwendungsbereich von Blechhalbzeugen entstehen durch die großen Kontaktflächen und den damit hohen Umformkräften neue Herausforderungen hinsichtlich der Anlagen und Werkzeuge. Nur durch eine Verknüpfung beider Prozessklassen lassen sich die Vorteile der einzelnen Verfahren kombinieren.

Halbzeugseitig unterscheidet sich die Blechmassivumformung signifikant von der reinen Massivumformung. Während bei letzterem meist gedrungene Halbzeuge eingesetzt werden, welche in allen drei Raumrichtungen ähnliche Werkstückabmessungen aufweisen [24], finden in der Blechmassivumformung typischerweise Blechdicken zwischen 1 mm und 5 mm Anwendung [16]. Im Vergleich zur Blechumformung fällt dies gemäß DIN EN 10131 in einen sich überlappenden Bereich von Feinblech ($s_0 \leq 3$ mm) [25] und Mittelblech (3 mm $< s_0 \leq 4{,}75$ mm) [22]. Um ausgehend von diesen Halbzeugen eine kombinierte lokale Materialausdünnung und -aufdickung zu erzielen, ist die Erzeugung hoher lokaler Prozesskraftdifferenzen essentiell. Zu einer grundlegenden Definition der Verfahrenskombination der Blechmassivumformung gab es bereits 2011 in [26] und [27] erste Ansätze. Detailliertere Beschreibungen und eineindeutige Prozesscharakteristika der Prozessklasse wurden ein Jahr später von Merklein et. al in [16] zugrunde gelegt.

Als Hauptmerkmale für die Blechmassivumformung lassen sich zusammenfassend nach [16] in die folgenden fünf Punkte als zentrale Eingliederung in die Fertigungs- und Umformtechnik definieren:

- Kombination aus Blech- und Massivumformprozessen
- Anwendung von Blechmaterial als Halbzeuge
- Auftretender dreidimensionaler Spannungs- und Formänderungszustand
- Lokal variierende Prozesskräfte
- Lokale Anpassung der Blechdickenverteilung

2.1.2 Verfahrenseinteilung

Für eine Verfahrenseinteilung der Blechmassivumformung hinsichtlich der charakteristischen Merkmale gibt es im Bereich der Umform- und Fertigungstechnik unterschiedliche Möglichkeiten. Eine klassisches Vorgehen stellt in diesem Zusammenhang die Einteilung nach DIN 8580 [28] dar. Hierin werden die einzelnen Fertigungsverfahren in sechs Hauptgruppen untergliedert, wobei die Blechmassivumformung der Untergruppe „Umformen" in DIN 8582 [24] zuzuordnen ist. Da, bedingt durch die Prozessklassenkombination, ein stetiger Übergang zwischen Blech- und Massivumformung existiert, was eine eineindeutige Zuordnung unterschiedlicher Verfahren erschwert, wurde 2011 von Merklein et. al in [18] erstmals eine Einteilung bezogen auf die zu erzielende Formgebung (Blechausdünnung, -aufdickung oder -dickenbeibehaltung) sowie die Werkzeugkinematik (linear bzw. rotatorische Kinematik) vorgenommen.

Dieser Definition nach, lassen sich ausgewählte Umformverfahren gemäß dem Schema in Tabelle 1 der Blechmassivumformung zuordnen.

Tabelle 1: *Verfahrenseinteilung in der Blechmassivumformung [nach [18]]*

Blech- / Kinematik	Ausdünnung	Dicken-beibehaltung	Aufdickung
Linear	Stauchen / Abstreckgleitziehen	Fließpressen	Prägen
Rotatorisch	Drückwalzen	Taumeln	Nabenanformen

Zwei Jahre später wurde diese Verfahrenseinteilung unter Berücksichtigung der benötigten Umformkraft zwischen gering und hoch, sowie einer Kombination aus Blechausdünnung und –aufdickung detaillierter untergliedert [14].

2.1.3 Relevanz und wirtschaftliche Bedeutung

Mit dem Ziel, die globale Erderwärmung zu begrenzen, wird aus volkswirtschaftlicher Sicht einerseits der Einsatz erneuerbarer Energien, andererseits aber auch eine Reduktion der Treibhausgasemissionen angestrebt. Dies hat eine steigende Nachfrage nach immer komplexeren Baugruppen und Funktionsbauteilen zur Folge, um das Bauteilgewicht zu verringern [29]. Nur durch Kombination einer gesteigerten Funktionsintegration mit weiteren Leichtbauansätzen lassen sich diese Ziele langfristig und wirtschaftlich erreichen [30]. Diese Anforderungen richten sich nicht nur an konventionelle Verbrennungsmotoren, sondern sind essentieller Bestandteil zur Steigerung der Attraktivität und Leistungsfähigkeit der Elektromobilität. Unabhängige Untersuchungen in Realversuchen haben gezeigt, dass durch Reduktion der Fahrzeugmassen um 100 kg eine Reduzierung des Energiebedarfs von bis zu 4 % erreicht werden kann [31]. Aus Sicht der Fertigungstechnik entstehen durch die neuen und komplizierteren Bauteile Herausforderungen, was sich in einem effektiven Kostenanstieg von bis zu 20 % der Gesamtkosten wiederspiegelt [32]. Ein Beispiel ist die Herstellung von Synchronringen für den Einsatz in Getrieben bei Kraftfahrzeugen. Konventionell werden diese Funktionsbauteile mit etablierten Umformverfahren in langen Prozessketten von bis zu 11 Prozessschritten im Folgeverbund hergestellt [33]. Dadurch sind hohe Investitionskosten für Werkzeug und Anlagen bei gleichzeitig geringer Flexibilität bei Anpassung der Zielgeometrie notwendig. Aus diesem Grund rücken kostengünstige und effiziente Alternativen in den Fokus der Fertigungstechnik.

Verdeutlich wird dies unter anderem mit der Gründung der „Initiative Massiver Leichtbau", welcher durch einen Zusammenschluss aus 40 Unternehmen unterschiedlicher Gewerbe aus Asien, Europa und den USA einschließt [34]. Ziel dieser Initiative war eine ganzheitliche Untersuchung von Möglichkeiten zur Reduktion des Fahrzeuggewichts mit dem Fokus auf Getriebe- und Fahrwerkskomponenten, sowie den Antriebsstrang der Fahrzeuge [34]. Ein Ansatz hierfür liefert die Firma Schuler Cartec GmbH & Co. KG, die ein Stufenwerkzeug zur Fertigung von dünnwandigen Zahnrädern bzw. Anlasserrädern mit einem dünnen Bodenbereich und einer Außenverzahnung entwickelt hat, wobei als Halbzeuge Blechbauteile eingesetzt werden. Durch Anwendung der Blechmassivumformung wird die Möglichkeit geschaffen, den Prozess von 16 Prozessschritten auf bis zu 6 Stufen zu reduzieren [35]. Einen ähnlichen Ansatz verfolgt der japanische Pressenhersteller Aida Pressen mit einem von diesem Unternehmen entwickelten Verfahren des sogenannten „Flow-Control-Forming-Prozesses" (FCF) [36]. Durch Kombination von Blech- und Massivumformverfahren wird ein kombiniertes Tiefzieh- und Fließpressverfahren genutzt, um dadurch Bauteile wie Stufenflansche, Wellengehäuse oder gestufte Buchsen herzustellen [37]. Gerade im Bereich des Antriebsstrangs ist der Einsatz von Bauteilen mit möglichst geringem Verschleißverhalten immer wichtiger. Um diesen Anforderungen gerecht zu werden, dennoch aber eine Reduktion des Bauteilgewichts zu ermöglichen, nutzt die Firma Thyssenkrupp BMU-Verfahren wie das Drückwalzen. Durch die Entwicklung einer neuen Anlage wird dem Anwender ermöglicht, mit geringen Investitionskosten Funktionsbauteile herzustellen, bei denen die Bauteilmasse um bis zu 50 % gegenüber konventionellen Schmiede- und Gießverfahren reduziert werden kann [38]. Neben Pressen- und Anlagenherstellern nutzen auch Automobilzulieferer, wie z. B. die Firma Winkelmann Automotive, die Vorteile der Blechmassivumformung, um unter Einhaltung funktionsrelevanter Toleranzen kostengünstig aber dennoch flexibel zu produzieren [39]. Durch die wachsende Nachfrage der Industrie zur Anwendung von Blechmassivumformprozessen ist somit eine effiziente und wirtschaftliche Prozessauslegung unabdingbar. Aus diesem Grund wird gerade auf diesem Sektor die numerische Prozessauslegung immer relevanter, um dadurch bereits in der Konzeptionsphase eine möglichst hohe Prozessrobustheit und Vorhersagegenauigkeit zu ermöglichen. Die Relevanz dieser Aspekte wird durch den Softwareentwickler Simufact engineering GmbH unterstrichen. Durch Entwicklung neuer Simulationsmethoden besteht das Ziel in einer möglichst realitätsnahen Abbildung von dreidimensionalen Spannungs- und Formänderungszuständen in Blechbauteilen, welche charakteristisch für die Blechmassivumformung sind [40].

2.2 Tailored Blanks – Maßgeschneiderte Halbzeuge mit variabler Blechdickenverteilung

Für eine ganzheitliche Einbeziehung der Gewichtsreduktion und gesteigerten Funktionsintegration ist dem Leichtbau eine tragende Rolle zuzuschreiben. Um den immer höheren geometrischen und mechanischen Anforderungen gerecht zu werden, ist der Einsatz von prozessangepassten Halbzeugen, sogenannten Tailored Blanks, von großer Bedeutung. Nur durch eine gezielte Einstellung von Blechdickenprofilen und den mechanischen Eigenschaften der eingesetzten Halbzeuge kann flexibel auf unterschiedliche Belastungsszenarien reagiert und somit eine prozesssichere Herstellung der Funktionsbauteile ermöglicht werden. Zur flexiblen Anwendung dieser Technologie sind unterschiedliche Halbzeugtypen und dementsprechende Fertigungsverfahren notwendig. Da der Fokus der vorliegenden Arbeit auf der Herstellung von prozessangepassten, rotationssymmetrischen Halbzeugen variabler Blechdicke liegt, wird im Folgenden eine Definition und Einteilung unterschiedlicher Tailored Blank Typen vorgenommen, sowie unterschiedliche relevante Herstellungsverfahren umfassend analysiert.

2.2.1 Definition und Einteilung

Der Grundgedanke von Tailored Blanks beruht auf dem Prinzip des Einsatzes von Halbzeugen mit lokal unterschiedlichen Eigenschaften [41]. Durch Fügeoperationen können unterschiedliche Werkstofffestigkeiten und -klassen miteinander kombiniert werden, um dadurch ein definiertes Umform- und Eisatzverhalten der Bauteile zu erzielen [42]. Der Einsatz von Halbzeugen mit definiertem Blechdickenprofil stellt eine Erweiterung dieses Grundprinzips dar [3]. Durch lokal variierende Bauteilvolumina kann sowohl der nachfolgende Umformprozess optimiert als auch Bereiche mit hohen Belastungen in der späteren Anwendung der Funktionsbauteile verstärkt werden [3]. Auf numerischer Basis ist es bereits möglich, Bereiche mit hoher Belastung zu identifizieren und durch inverse Halbzeugauslegung die notwendige Blechstärke zu ermitteln [43]. Genau diese Anforderungen an Halbzeuge werden durch die Herstellung an Tailored Blanks erfüllt. Definitionsgemäß sind Tailored Blanks maßgeschneiderte Halbzeuge, welche geometrisch und/oder mechanische auf anschließende Folgeprozesse angepasst sind oder, je nach Anwendungsfall, direkt als Funktionsbauteile fungieren können [44]. Vorteile, die daraus resultieren, sind eine Gewichtsreduktion durch Reduzierung der Blechdicke, Verringerung der Teileanzahl durch Steigerung der Funktionsintegration sowie verbesserte

Bauteileigenschaften infolge einer definierten Kaltverfestigung. Zentraler Punkt bei der Anwendung von prozessangepassten Halbzeugen ist weiterhin eine Reduktion der Fertigungsschritte zur Bauteilherstellung, wodurch ein reduzierter Energiebedarf notwendig ist. Allerdings bringt der Einsatz von Tailored Blanks einige Herausforderungen mit sich. Je nach Art der Tailored Blanks müssen gewisse Gestaltungsrichtlinien, wie z. B. ein ausreichender Korrosionsschutz an Fügestellen, eingehalten werden [45]. Diese Technologie findet bereits in einigen Teilen des Karosseriebaus in der Automobiltechnik Anwendung. So werden modellabhängig aktuell Längs- und Querträger, Türinnenbleche, Bodenbleche oder innere Seitenteile bereits unter Anwendung von Tailored Blanks hergestellt, um das Crashverhalten bei gleichzeitiger Reduktion der Fahrzeuggewichts zu verbessern [46].

Bereits in den 70er Jahren begann die Firma Volvo, Platinenverschnitte durch Inbetriebnahme einer neuen Anlage miteinander zu verschweißen, um so Abfälle wiederzuverwerten und neue Bauteile herstellen zu können [47]. Hierbei handelte es sich bereits um Vorläufer von späteren Tailored Blanks, wobei erst in den 80er Jahren die industrielle Anwendung von der Thyssenkrupp AG in das produktionstechnische Umfeld gebracht wurde [48]. Mit der Entwicklung eines Längsträgers für den VW Golf der dritten Generation im Jahr 1990 wurde die erste serienmäßige Anwendung dieser Technologie mit unterschiedlichen Blechdicken ermöglicht [49]. Durch die stetige Zunahme der Sicherheitsaspekte in Kraftfahrzeugen stieg die Nachfrage zum Einsatz von Tailored Blanks. Kombiniert mit einer Verbesserung der Energiebilanz gewann die Herstellung von maßgeschneiderten Halbzeugen zunehmend an Bedeutung. Nur 12 Jahre später, kamen im Jahr 2003 für die Produktion des VW Golf der fünften Generation neun unterschiedliche Arten von Tailored Blanks für verschiedenste Bauteile zum Einsatz [50]. Grundsätzlich lassen sich Tailored Blanks auf unterschiedliche Arten herstellen. Die ersten Halbzeuge stellten die sogenannten Tailor Welded Blanks bzw. Strips dar. Bei diesem Konzept werden unterschiedliche Platinen oder auch Werkstoffe in verschiedenen Dicken und/oder Festigkeiten miteinander verschweißt, um so gezielt die Materialeigenschaften einzustellen [51]. Diese Technologie wurde über die Jahre weiterentwickelt, um die Nachteile des Schweißens und dem damit verbundenen Wärmeeintrag zu verhindern. Eine Weiterentwicklung stellten die Patchwork- [52] oder Bonded Blanks [53] dar, welche eine lokale Verstärkung bzw. eine Aufdickung auf einer Grundplatine aufweisen. Während bei Patchwork Blanks Fügeoperationen wie z. B. Klebe- oder Lötverfahren eingesetzt werden, um die Verstärkungsbleche vor der Umformung miteinander zu verbinden

[54], werden bei Bonded Blanks die Grund- und Verstärkungsplatinen vor der Umformung nicht miteinander gefügt [55]. Bei diesem Verfahren werden die beiden Platinen miteinander umgeformt, wodurch diese geometrisch exakt zueinander passen und im Anschluss gefügt werden können [55]. Der Vorteil bei diesem Verfahren liegt darin, dass die Fügestellen während der Umformung nicht belastet sind, weshalb sich dieses Verfahren aus konstruktiver Sicht für immer dünnwandigere Strukturen eignet [56]. Während bei den bisher vorgestellten Halbzeugen jeweils einzelne Platinen in definierten Abmaßen vorliegen müssen, bieten Tailor Rolled Blanks und Strips die Möglichkeit zur Herstellung von Halbzeugen mit definiertem Blechdickenprofil ohne Fügeoperationen. Wie der Name bereits definiert, werden diese Art von Tailored Blanks durch Walzverfahren herstellt, wobei lokale Bereich durch Variation des Walzspaltes ausgedünnt, während andere Bereiche lokal aufgedickt werden.

2.2.2 Fertigungsprozesse

Grundsätzlich sind je nach Einsatzzweck und Belastung für die Herstellung maßgeschneiderter Halbzeuge unterschiedliche Verfahren notwendig. So können Fügeverfahren wie Schweißen, Löten oder Kleben, spanende Verfahren oder umformtechnische Herstellungsverfahren für eine prozesssichere Herstellung lokaler Materialaufdickungen eingesetzt werden. Dies bringt aus produktionstechnischer Sicht einige Vor- und Nachteile mit sich, worauf im Folgenden näher eingegangen wird.

Fügeverfahren weisen bei der Herstellung von Halbzeugen eine hohe Flexibilität hinsichtlich der Kombination unterschiedlicher Werkstoffklassen und Blechdicken auf. In diesem Zusammenhang bringen vor allem Klebeverfahren einige Vorteile mit sich. Durch die überwiegende Anwendung des Klebstoffes im kalten Zustand findet keine Veränderung des Grundgefüges statt, sodass die Werkstoffeigenschaften sowohl der Grundplatine als auch der Verstärkungsplatine unverändert bleiben. Weiterhin bieten Klebeverfahren Vorteile für die Herstellung von Tailored Blanks aus unterschiedlichen Werkstoffklassen, wie z.B. Stahl und Aluminium, wodurch Kontaktkorrosion durch die Klebstoffschicht verhindert werden kann [57] und dies keine Veränderung der mechanischen Halbzeugeigenschaften nach sich zieht [58]. Speziell für den Einsatz von Klebeverfahren als Fügeverbindung vor dem Umformprozess ist eine Analyse der Beanspruchungsarten der Formgebung von Bedeutung, da je nach Haftfähigkeit des Klebstoffes Prozessfehler resultieren können. Dies korreliert außerdem mit der

Oberflächenbeschaffenheit der Fügepartner, sodass eine teilweise aufwändige Oberflächenbehandlung notwendig sein kann [45]. Bei dem Einsatz von stoffschlüssigen Verbindungen wie dem Schweißen oder Löten ist eine vorherige Oberflächenbehandlung nicht zwingend notwendig. Durch lokalen Wärmeeintrag kann mit diesen Verfahren eine höhere Fügequalität im Vergleich zu Klebeverbindung erzielt werden [59]. Infolge des Wärmeeintrags, welcher aus dem Schweißprozess resultiert, findet eine lokale Gefügeveränderung im Bereich der Wärmeeinflusszone statt. Dadurch werden die Festigkeit sowie die Formgebungsgrenze für die Umformbarkeit in Folgeprozessen beeinflusst. Aus diesem Grund spielt explizit bei gefügten Tailored Blanks die gesamte Umform- und Anwendungshistorie eine entscheidende Rolle.

Spanende Verfahren haben im Vergleich zu Fügeverfahren den Vorteil, dass die Halbzeuge keine Trennebene über die Blechdicke aufweisen, wodurch in Blechdickenrichtung die gleichen mechanischen Materialeigenschaften vorliegen. Dies stellt einen entscheidenden Vorteil hinsichtlich der belastungsangepassten Auslegung der Halbzeuge dar. Durch die Fertigung stetiger Übergangsbereich und einer somit höheren, lokalen Materialausdünnung ist ein gesteigerter Grad des Leichtbaus möglich. Prozesstechnisch haben Knaup et al. [60] dazu ein Verfahren patentiert, bei dem über eine Spannvorrichtung definierte Bereiche einer Platine mit geometrisch bestimmter Schneide bearbeitet werden können. Prozessbedingt ist dadurch ein sehr hoher Energie- und Bearbeitungsaufwand notwendig, weshalb spanende Verfahren vorwiegend für Strukturbauteile wie z.B. Rumpfschalen in der Luft- und Raumfahrt [61] angewendet werden, in der Automobilindustrie aber keinen Einsatz finden.

Umformtechnische Verfahren zur Herstellung von prozessangepassten Halbzeugen bringen im Vergleich zu bereits genannten Verfahren einige Vorteile, jedoch auch Herausforderungen mit sich. Im Gegensatz zu den bisher vorgestellten Methoden wird bei umformtechnischen Verfahren eine hohe Werkstückqualität erreicht, da infolge der Umformung ein ungebrochener Faserverlauf erzielt werden kann [23]. Bedingt durch den Werkzeugkontakt und in Abhängigkeit der Umformtemperatur kann durch Verfestigung eine gezielte Einstellung der mechanischen Eigenschaften erreicht werden [62]. Da prozessbedingt je nach Zielgeometrie eine Anpassung der Werkzeuge notwendig ist, entstehen höhere Fixkosten. Des Weiteren besteht eine Herausforderung hinsichtlich des Werkstoffverhaltens zur Eignung im Umformprozess.

2.3 Prozessrelevante Umformverfahren

Wie im vorangegangenen Abschnitt aufgezeigt, bieten umformtechnische Verfahren einige Vorteile zur Herstellung von Tailored Blanks. Um gezielte Materialvorverteilungen realisieren zu können, sind prozessbedingt hohe Umformkräfte und damit Kontaktdrücke notwendig. Durch eine Reduktion der Kontaktfläche zwischen Werkzeug und Werkstück können der notwendige Energiebedarf gesenkt und damit die Formgebungsgrenzen erweitert werden [13]. Dies ist vor allem bei Walzverfahren der Fall, da durch eine linienförmige Kontaktzone in axialer Richtung eine kontinuierliche Umformung stattfindet. Die Kontaktzonenbreite bei konventionellen Walzprozesses berechnet sich dabei nach [23]:

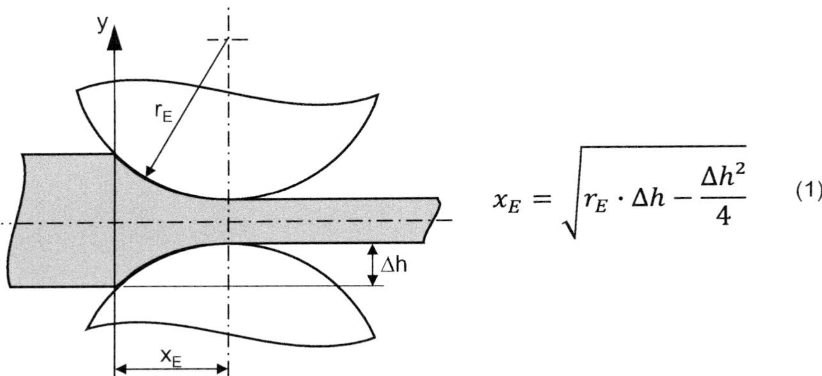

$$x_E = \sqrt{r_E \cdot \Delta h - \frac{\Delta h^2}{4}} \qquad (1)$$

Bild 1: Berechnung der Kontaktzonenbreite beim konventionellen Längswalzen nach [23]

Diese Verfahren werden vor allem für die Herstellung maßgeschneiderter Halbzeuge der Gruppe der Tailor Rolled Blanks und Strips eingesetzt. Walzverfahren lassen sich allgemein in kontinuierliche und diskontinuierliche Verfahren unterteilen [63]. Während kontinuierliche Verfahren die Herstellung von Halbzeugen vom Band bzw. Coil ermöglichen, werden diskontinuierliche Verfahren für die Einzelteilfertigung von Bauteilen angewendet. Für die Herstellung von Halbzeugen ausgehend von einem Coil bestimmt die Walzrichtung die Art der Materialvorverteilung und des Blechdickenprofils [43]. Hierzu gibt es einige Ansätze, welche sowohl eine Materialaufdickung parallel und senkrecht zur Walzrichtung ermöglichen als auch eine Kombination zur Erreichung dreidimensionaler Geometrien. Zur Herstellung von Bauteilen und Tailored Blanks mittels diskontinuierlicher Verfahren gibt es einzelne Ansätze, wobei hauptsächlich Blechmassivumformverfahren zum Einsatz kommen. Bedingt durch die Prozessflexibilität ist oft eine mechanische Nacharbeit der Halbzeuge prozessbedingt notwendig, wodurch die Effizienz der Umformverfahren reduziert wird.

Eine Übersicht über prozessrelevante Verfahren, welche im Rahmen dieser Arbeit ähnliche Charakteristiken aufweisen, ist nach dem Stand der Technik in Bild 2 zugeordnet und wird in den folgenden Abschnitten detailliert diskutiert.

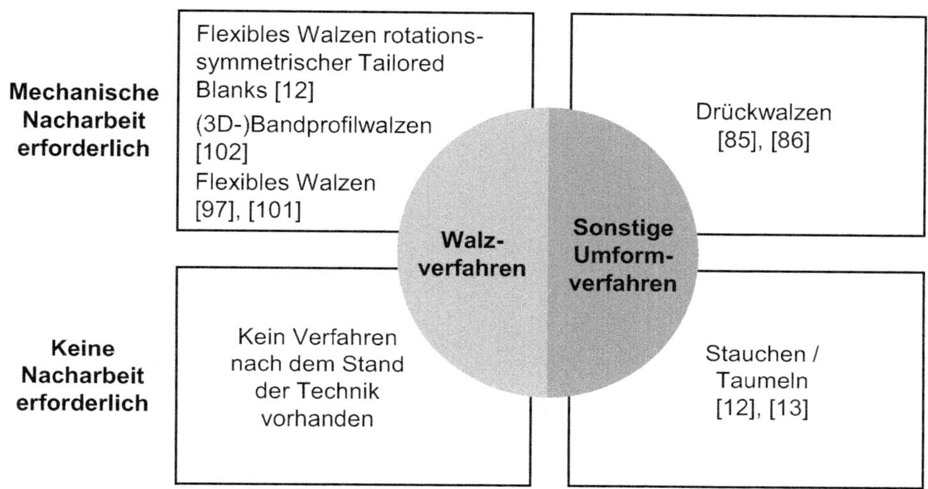

Bild 2: Klassifizierung umformtechnischer Verfahren zur Herstellung maßgeschneiderter Halbzeuge

2.3.1 Drückwalzen

Drückwalzverfahren zählen zu den diskontinuierlichen Walzverfahren und sind durch ihren punktförmigen Werkzeugkontakt den inkrementellen Umformverfahren zuzuordnen [64]. Je nach Anwendungsfall fällt dies in die Bereiche der Blech- oder Massivumformung. Grundsätzlich wird zwischen Formdrücken und Abstreck- bzw. Projezierdrücken unterschieden. Während beim Formdrücken ebene Ronden als Halbzeuge eingesetzt werden, welche keiner beabsichtigten Wanddickenänderung unterzogen werden, kommen beim Abstreck- und Projezierdrücken rohr- oder napfförmige Halbzeuge zum Einsatz, bei denen eine gezielte Wanddickenänderung mit oder ohne Bezug zum Umformwerkzeug vorgenommen wird [65]. Durch diese Charakteristik ist das Formdrücken überwiegend der Blechumformung zuzuschreiben, während das Abstreck- und Projezierdrücken größtenteils in den Bereich der Massivumformung fällt [66]. Eine detaillierte Einteilung wurde von Neugebauer gemäß Tabelle 2 nach der Wandstärke der Bauteilgeometrie in Bezug auf die Halbzeugdicke im Ausgangszustand vorgenommen [67]. Da prozessbedingt für die Herstellung von maßgeschneiderten Halbzeugen mit definiertem Dickenprofil eine gezielte Änderung der Halbzeugdicke essentiell ist, wird im Folgenden hauptsächlich auf das Abstreckdrücken näher eingegangen und Zusammenhänge aufgezeigt.

Tabelle 2: *Verfahrenseinteilung der Drückwalzverfahren (nach [67])*

Zielwanddicke in Bezug auf Ausgangswanddicke		**Drückwalz-verfahren**
Keine beabsichtigte Wanddickenänderung	$s_1 = s_0$	Formdrücken
Gezielte Wanddickenänderung	$s_1 < s_0$	Abstreckdrücken
Wanddickenänderung in Bezug auf das Umformwerkzeug	$s_1 = s_0 \cdot \sin \alpha$	Projezierdrücken

Die Hauptbewegung beim Drückwalzen wird grundsätzlich über das Drückfutter unabhängig der Geometrie und den Drückdorn in Form einer rotatorischen Bewegung erzeugt [68]. Dabei wird das rohr- bzw. napfförmige Werkstück auf dem Drückdorn positioniert und je nach Verfahrensvariante zusätzlich axial über eine Andrückscheibe fixiert [69]. Das formgebende Werkzeug besteht dabei aus einer oder mehreren Drückrollen [70]. Durch radiale Zustellung wird eine definierte Stichabnahme erzeugt, wodurch in Folge einer überlagerten translatorischen Bewegung parallel zur Bauteilachse ein definierter Stofffluss erzeugt werden kann [70]. Je nach Orientierung der Translationsbewegung in Bezug auf den Werkstofffluss unterscheidet man das Abstreckdrücken in Gleich- und Gegenlaufverfahren [71]. Beim Gleichlaufverfahren werden meist napfförmige Halbzeuge eingesetzt, da bedingt durch die Relativbewegung das Werkstück auf dem Drückdorn durch eine Andrückscheibe fixiert werden muss [72]. Durch Aufbringung einer Axialkraft zwischen dem Drückdorn und der Andrückscheibe wird der Napfboden des Werkstücks geklemmt [73]. Durch die Drehbewegung des Drückfutters überlagert mit einer Vorschubbewegung der Drückrolle parallel zur Werkstückachse findet die eigentliche Umformung auf einer Helix statt [74]. Diese lässt sich in infinitesimal kleine Zeitschritte unterteilen, wodurch sich der Drückwalzprozess nach [75] in zwei unterschiedliche Umformzonen unterteilen lässt. Infolge eines punktförmigen Werkzeugkontakts zwischen Drückrolle und Werkstück liegt in der Hauptumformzone ein dreiachsiger Spannungs- und Formänderungszustand vor [76]. Aufgrund der Kinematik und des Umformwiderstands des Werkstoffes tritt dadurch primär axialer und tangentialer Stofffluss auf, wodurch eine Materialanhäufung in der Nebenumformzone stattfindet [77]. Steigen prozessbedingt die Stoffflussanteile an, hat dies eine lokale Durchmesservergrößerung oder ein Materialstau zur Folge. Dies ist in der Literatur charakteristisch als Wulst- und Staubildung bekannt [78]. Im folgenden Zeitinkrement wird durch die Werkzeugkinematik die Nebenumformzone zur Hauptumformzone, weshalb durch die resultierende Staubildung ein Walkeffekt auftritt. Bedingt durch die Materialanhäufung steigt die Kontaktfläche zwischen Werkzeug und Werkstück an [79]. Aus umformtechnischer Sicht liegt eine zyklisch wechselnde Werkstoffbeanspruchung vor, was zu einem größeren Energiebedarf führt und bei der Bewertung der Werkstückqualität berücksichtigt werden muss [80]. Wird prozessbedingt ein großer Materialstau erzeugt, kann es durch das Überwalzen zu einer Werkstoffüberlappung, Schuppenbildung oder gar Ablösungen in Form von Spanbildung führen [23]. Der Aufbau und die Kinematik des Abstreckdrückens im Gegenlaufverfahren ist weitestgehend identisch mit dem des Gleichlaufverfahrens, mit dem Unterschied des Einsatzes rohrförmiger Halbzeuge. Da der axiale Freiheitsgrad des Werkstücks durch das Drückfutter begrenzt ist, ist kein Niederhalter notwendig. Allerdings verändern sich bedingt durch die Kinematik der Drückrolle in Bezug zum resultierenden Stofffluss die Beanspruchungszustände des Werkstückwerkstoffes. Erste numerische Untersuchungen zum Gegenlaufdrücken wurden von Hua et al. durchgeführt [81]. Die Analyse eines Elements auf der der Rohraußenseite hat gezeigt, dass prozessseitig zunächst eine tangentiale Vergrößerung der Umformzone und dadurch eine geringe radiale Umformung des Werkstoffes stattfindet. Im Anschluss wird dieses Element radial gestaucht, wobei in axialer Richtung aufgrund der Materialanhäufung entgegengesetzte Verhältnisse auftreten. Infolge der linearen Drückwalzkinematik wird der Werkstoff in axialer Richtung primär auf Zug beansprucht, während in tangentialer und radialer Richtung überwiegend Druckbeanspruchungen vorliegen [82]. Dadurch wird der Werkstoff vor der Drückwalze in Translationsrichtung verdrängt, während ein Rückfluss unter der Walze und somit eine Werkstücklängung stattfinden [83]. Dies wurde in experimentellen Arbeiten durch Analyse der mechanischen Eigenschaften im Zylinderquerschnitt durch lokal aufgelöste Härtemessungen von Roy et al. [84] nachgewiesen. Mohebbi et al. [85] befassten sich ebenfalls mit dieser Thematik unter Anwendung eines kombinierten numerischen und experimentellen Ansatzes, während Kopp [86] einen analytischen Ansatz für eine ganzheitliche Prozessanalyse nutzte. Eine exakte numerische Prozessabbildung und theoretische Berechnung der Spannungszustände stellt durch den inkrementellen Charakter eine Herausforderung dar. Durch die geringe Kontaktfläche ist eine sehr hohe

Netzverfeinerung notwendig, wodurch Rechenzeit und -aufwand exorbitant ansteigen [87]. In Arbeiten von Ufer et al. [87] wurde daher ein Ansatz entwickelt, mit dem das Umformverhalten in Abhängigkeit von technologischen Parametern bestimmt werden kann. Durch eine Kombination von numerischen und analytischen Ansätzen kann auf dessen Basis eine a priori Auswahl geeigneter Parametersätze getroffen werden [88]. Sowohl für eine vertiefte Prozessanalyse als auch für die Bestimmung von Wechselwirkungen ist eine durchgängige numerische Abbildung notwendig. In [89] wurden daher numerische Einflussgrößen untersucht, die die Genauigkeit und Rechenzeit maßgeblich beeinflussen. Dabei konnten die Werkstoffcharakterisierung und Modellierung, die Diskretisierungsart der Werkzeugkomponenten sowie die Vernetzungsart und –strategie als relevante Einflussparameter identifiziert, sowie Optimierungspotential aufgezeigt werden. Untersuchungen zum Einfluss unterschiedlicher Walzenarten und Geometrien haben ergeben, dass sie einen maßgeblichen Einfluss auf die resultierenden Prozess- und Stoffflusseigenschaften darstellen. Unterschieden wird in diesem Zusammenhang zwischen Doppelkegel-, Absatz- und Radiusrollen [90]. Während Doppelkegelrollen einen definierten Einlauf- und Auslaufwinkel aufweisen, verhindert eine Stufe bei den Absatzrollen eine Wulstbildung weitestgehend [91]. Radiusrollen haben dagegen eine bahnförmige Abrundung, wodurch größere Kontaktflächen resultieren [92].

Grundsätzlich ist das Drückwalzen universell einsetzbar und bietet durch die sehr hohe Flexibilität vor allem bei kleinen Stückzahlen und durch die geringen Werkzeugkosten großes Potential. Dadurch können Bauteile endkonturnah bei einer gleichzeitig begrenzten notwendigen mechanischen Nacharbeit hergestellt werden [93]. Für die Prozessauslegung ist hingegen zu beachten, dass für Werkstoffe mit einer Bruchdehnung ≥ 10% eine Umformung möglich ist, während bei weichen Werkstoffen wie z.B. Al99,5 durch die geringe Steifigkeit potentiell Prozessfehler in Form von Wulstbildung auftritt [67]. Weiterhin können sehr harte Werkstoffe, wie z.B. Wolfram, Molybdän oder Titan verarbeitet werden, wobei zur Erreichung hoher Umformgrade Glühverfahren notwendig sind [67].

2.3.2 Walzverfahren vom Band

Bereits im Jahr 1891 ließ sich Max Mannesmann ein Verfahren zur Herstellung und Nutzung prozessangepasster Halbzeuge mit stabförmigen und flachen Geometrien durch Einsatz eines Pilgerschrittverfahrens patentieren [94]. Dies zeigt, dass der Grundgedanke des Einsatzes von Walzverfahren zur Herstellung von Tailored Blanks prinzipiell schon recht lange besteht. Nach DIN 8583-2 werden diese Verfahren anhand ihrer Umformkinematik in Längs-, Quer- und Schrägwalzen unterschieden, wobei eine weitere Unterteilung anhand der Werkzeuggeometrie (Flach- und Profilwalzen) sowie der Werkstückgeometrie (Voll- und Hohlkörper) vorgenommen wird [95]. Speziell zur Herstellung maßgeschneiderter Halbzeuge gibt es unterschiedliche Ansätze, die im Folgenden ausführlich diskutiert und Prozessgrenzen aufgezeigt werden.

Flexibles Walzen ist ein im Jahr 2000 von der Firma Muhr und Bender KG patentiertes Umformverfahren, das für die Herstellung von Halbzeugen mit variierendem Blechdickenprofil eingesetzt werden kann [96]. Dieses Verfahren ist vom physikalischen Grundprinzip vergleichbar mit einem konventionellen Längswalzprozess, mit dem Unterschied eines stufenlos verstellbaren Walzgerüstes zur gezielten Einstellung des Walzspaltes und damit der resultierenden Blechdicke [97]. Charakteristisch ist der Einsatz von Coils als Ausgangsprodukte, wobei eine definierte Blechdickenanpassung hauptsächlich in Walzrichtung stattfindet ohne eine beabsichtigte Änderung in Breitenrichtung [3]. Halbzeuge, die mit diesem Verfahren hergestellt werden, sind der Gruppe der Tailor Rolled Blanks zuzuordnen. Der große daraus resultierende Vorteil ist wie in Abschnitt 2.2.1 aufgezeigt, dass dadurch stetige Blechdickenübergänge realisiert werden können, wodurch im Vergleich zu fügenden Verfahren wie sie für die Herstellung von Tailor Welded Blanks eingesetzt werden keine abrupten Blechdickenübergänge und somit Kerbwirkungen und Spannungsspitzen resultieren [98]. Idealerweise werden die Blechdickenübergänge exakt auf die Belastungszustände des Zielbauteils angepasst, wobei Blechdickenunterschiede von bis zu 50 % realisierbar sind [99] und Geschwindigkeiten von bis 100 m/min erreicht werden können [100]. Aus geometrischer Sicht besteht das Ziel des flexiblen Walzens in der Erreichung einer Genauigkeitstoleranz von ± 10 µm in Dickenrichtung und ± 2 mm in Längenrichtung [101]. Limitierender Faktor ist die Messtechnik zur Blechdickenmessung sowie die Trägheit des Walzgerüstes. Eine reine Messung des Walzspaltes zur definierten Einstellung des Blechdickenprofils ist aufgrund der geforderten Toleranzen und dem elastischen Verhalten der Werkstoffe für eine prozesssichere Weiterverarbeitung nicht ausreichend [102]. Aus der konventionellen Walztechnik sind daher verschiedene Regelungsansätze auf Basis von physikalischen Zusammenhängen bekannt. Dabei sind vor allem die Positionsregelung [103], Banddickenregelung [104], Vorsteuerung auch mit künstlichen neuronalen Netzen [105], Monitorregelung [106], Gauge-Meter-Control [107] oder Massenflussregelung [108] zu nennen. In Arbeiten von Hauger wurden diese

Regelstrategien aufgegriffen, um eine adaptierte Herangehensweise für das flexible Walzen zu entwickeln [96]. Die Regelung stößt bei einem sehr großen Steigungsübergangsverhältnis allerdings an seine Grenzen. Während Übergänge zwischen 1:3000 bis 1:100 – 1 mm Dickenunterschied auf eine Länge von 3000 mm bzw. 100 mm – noch problemlos möglich ist, sind Steigungsübergänge von 1:40 durch starke Veränderung der Position der Fließscheide nicht mehr prozesssicher realisierbar [99]. Aus diesem Grund wurde jüngst bei der Firma Muhr und Bender KG ein Verfahren entwickelt und patentiert, mit dem durch eine regelungstechnische Anpassung eine optimierte Bandplanheit realisiert werden kann [109]. Infolge starker Blechdickenunterschiede und dadurch einer schwankenden Bandplanheit kann dies zu unerwünschten Rand- oder Mittenwellen führen [101]. In diesem Zusammenhang stellen Chargenschwankungen des Coils im Ausgangszustand in Bezug auf Festigkeiten und Blechdickenunterschiede eine weitere Herausforderung an die Regelstrecke und somit eine Prozessgrenze dar, da diese Einflüsse nicht oder nur aufwändig erfassbar sind und somit die Toleranz der Halbzeuge beeinflusst werden. Zu berücksichtigen ist bei der Anwendung der maßgeschneiderten Halbzeuge, dass durch den Walzprozess eine Kornlängung in Walzrichtung stattfindet, was eine stärker ausgeprägte Anisotropie zur Folge hat [110]. Gleichzeitig wird durch die Kaltumformung der Werkstoff verfestigt, was wiederum zu positiven Eigenschaften für die Anwendung hinsichtlich der Beanspruchbarkeit der Bauteile führt. Aus diesem Grund werden beispielsweise flexibel gewalzte Halbzeuge für die Herstellung von Karosseriebauteilen im Automobilbau wie Verbindungsstreben oder B-Säulen eingesetzt, wodurch die Vorteile einer höheren mechanischen Belastbarkeit mit einer Gewichtseinsparungen von bis zu 30 % vereint werden können [99]. Anwendung findet dieses Verfahren für die Herstellung von konventionellen Blechbändern aus Stahl und Nichteisenmetallen mit einem rechteckigen Format, wobei die Anwendung anderer Profile nur eingeschränkt realisierbar ist. Für eine prozessangepasste Weiterverarbeitung ist immer ein Bauteilbeschnitt notwendig, wodurch die Effizienzsteigerung hinsichtlich der Energiebilanz sowie die Gestaltungsfreiheit begrenzt ist.

Bandprofilwalzen stellt das Pendant zum flexiblen Walzen dar. Während beim flexiblen Walzen nur beabsichtigte Blechdickenübergänge in Längsrichtung erzeugt werden, besteht das Ziel des Bandprofilwalzens in der Herstellung von Blechbändern mit prozessangepassten Dickenprofilen in Richtung der Bandbreite [111]. Dieses Verfahren wurde bereits ein Jahr vor dem Patent des flexiblen Walzens 1999 von der Firma SMS Demag AG angemeldet [112]. Bei diesem Verfahren werden mittels mehrerer versetzt angeordneter Profilwalzen in Band- und Breitenrichtung Vertiefungen in ein Blechband eingewalzt [113]. Dadurch wird gezielt ein Materialfluss ausschließlich senkrecht zur Walzrichtung erzeugt, wodurch variierende Dickenprofile in Breitenrichtung resultieren [3]. Für eine gezielte Steuerung des Werkstoffflusses findet die Umformung auf zylindrischen Stützwalzen statt [113]. Zur Vermeidung von Prozessfehlern wie Rissbildung oder Aufwölbungen kann mittels prozessseitiger Maßnahmen in Form von angepassten Walzengeometrien wie in [114] und [115] untersucht oder eine Anpassung der Prozessparameter der Stofffluss gezielt eingestellt werden. Dabei ist zu berücksichtigen, dass die Ein- und Auslaufwinkel an den Stirnflächen der Walzengeometrie die Zielkontur der Blechdickenübergänge darstellt, gleichzeitig jedoch durch die Veränderung der Kontaktfläche zwischen Werkzeug und Werkstück einen wesentlichen Einfluss auf die Walkräfte und -momente hat [102]. Gleichzeitig wurden bei Untersuchungen von Böhlke [113] nachgewiesen, dass bei zu großen Stichabnahmen in einem Hub eine Wulst jeweils neben der Umformwalze auftritt. Wird der Umformprozess in mehreren aufeinanderfolgenden Stichen ausgeführt, kann die Wulstbildung verhindert werden, da der Werkstoff im Umfeld der Umformzone den Bereich der elastischen Verformung nicht überschreitet [113]. Übergreifend konnte nachgewiesen werden, dass der Einsatz dünner Profilwalzen in Kombination mit einer geringen Stichabnahme pro Hub vorteilhaft zur Vermeidung von Prozessfehlern sind und so Dickenabnahmen von bis zu 40 % erreicht werden konnten [116].

3D-Bandprofilwalzen stellt eine Prozesskombination des flexiblen Walzprozesses und des Bandprofilwalzens dar. Das Ziel dieses Verfahrens ist die Erweiterung der Gestaltungsfreiheit konventioneller Tailor Rolled Blanks [117]. Durch Anwendung des flexiblen Walzens wird zunächst das Blechdickenprofil in Längsrichtung maßgeschneidert hergestellt und im Anschluss einem Bandprofilwalzprozess unterzogen. Dadurch wird eine dreidimensionale Geometrie mit variierenden Aufdickungsbereichen realisiert. Zentrale Herausforderung dieser Prozesskombination stellt die Wechselwirkung des Stoffflusses des flexiblen Walzprozesses mit dem anschließenden Bandprofilwalzen infolge unterschiedlicher Kaltverfestigung dar [118]. Dadurch resultiert ein variierender Materialfluss in Breitenrichtung, wodurch sich eine ungleichmäßige Bandbreite ergibt sowie bei zu großen Stichabnahmeverhältnissen Verwölbungen auftreten [118]. Zur Erreichung einer einheitlichen Breite des Halbzeugs ist eine flexible Anpassung der Stichabnahme während des Bandprofilwalzens notwendig, um so das Dickenprofil nach dem flexiblen Walzen abbilden zu können [102].

Dadurch ist, wie in Arbeiten von van Putten dargelegt [119], ein hoher regelungstechnischer Aufwand notwendig. Auch eine Variation der Prozessfolge wurde in den Untersuchungen von Jackel angestrebt [102]. Es konnte gezeigt werden, dass die eingebrachten Rillen durch des Bandprofilwalzen im nachfolgenden Umformschritt Kerben darstellen, wodurch infolge der resultierenden Zugspannungen in Walzrichtung Risse hervorgerufen werden [102].

2.3.3 Stauchen und Taumeln

Die Verfahren Stauchen und Taumeln sind bedingt durch den überwiegend vorherrschenden Druckspannungszustand in der DIN 8583-1 der Gruppe der Druckumformverfahren zuzuordnen [120]. Beide Verfahren eignen sich im Kontext der Blechmassivumformung zur Herstellung maßgeschneiderter Halbzeuge mit definiertem Blechdickenprofil. Aus diesem Grund wird im Folgenden näher auf die Verfahrensgrundlagen der Prozesse und dessen Unterschied eingegangen.

Stauchen ist ein Verfahren, bei dem durch Aufbringung einer Umformkraft die Werkstückhöhe reduziert und gleichzeitig die Breite bzw. der Umfang senkrecht zur Umformrichtung geometrisch vergrößert wird [62]. Dies ist in DIN 8583-3 definiert als ein „Freiformen, wobei eine Werkstückabmessung zwischen meist ebenen, parallelen Wirkflächen (Stauchbahnen) vermindert wird“ [121]. Durch die Umformkraft vertikal zur Werkstückachse wird ein Stofffluss erzeugt, wobei die dominierende Komponente parallel zur Kinematik des Stempels orientiert ist [122]. Prozessseitig liegt ein vollflächiger Kontakt zwischen Werkzeug und Werkstück vor, wobei in Abhängigkeit der auftretenden Reibung unterschiedliche Stoffflussanteile über die Werkstückhöhe resultieren [12]. Charakteristisch ist beim Stauchen, dass sich zwischen Werkstück und Stauchbahn eine Tonnenform und dadurch eine inhomogene Umformung einstellt [123]. Infolge der Reibanteile entsteht ein Gradient des Stoffflusses über die Werkstückhöhe, wodurch diese in der Werkstückmitte größer ist als im Bereich der Stirnflächen [124]. Diese Reibungsanteile wirken sich auch auf die Normalspannungsverläufe zur Herstellung axialsymmetrischer Werkstücke aus. Während sich nach der elementaren Plastizitätstheorie beim reibungsfreien Stauchen ein konstanter Spannungsverlauf über den Durchmesser ergibt, steigen im reibungsbehafteten Zustand die Spannungsanteile in Richtung der Werkstückmitte an [23]. Die Maximalspannung hängt von der Reibung und von der Höhe des Bauteils im Verhältnis zum Durchmesser ab [125].

Um die gewünschte Zielgeometrie zu erreichen, kann dadurch die Fließspannung im Bauteilzentrum um ein Vielfaches überstiegen werden, wodurch Werkstoffversagen auftreten kann [23]. Untersuchungen zum Kaltstauchen haben ergeben, dass im Allgemeinen die Reibzahlen bei geschmierten Kontaktflächen in einem Bereich von $0{,}05 \leq \mu \leq 0{,}15$ liegen [23]. Dies ist stark geometrieabhängig. Wird die Zielgeometrie des Werkstücks im Stauchprozess über eine geometrische Kontur im Werkzeug realisiert, spricht man nach Norm vom Gesenkformen bzw. Formstauchen [126].

Taumeln ist im Gegensatz zum Stauchen ein inkrementelles Umformverfahren [127]. Das Grundprinzip beruht auf einer verkippten Werkzeugkomponente, wobei der Taumelmittelpunkt im Bauteilzentrum liegt. Dadurch wird eine Reduktion der Kontaktfläche zwischen Werkzeug und Werkstück erreicht [128]. In der Literatur sind dazu Werte zwischen 20 % in [129] und bis zu 30 % in [130] im Vergleich zum Stauchen zu finden. Dabei definiert das Verhältnis zwischen Stempel- und Taumelwinkel die Größe der Kontaktfläche maßgeblich, wobei mit steigendem Taumelwinkel eine Reduktion der Kontaktfläche zu verzeichnen ist [131]. Eine Erhöhung des Taumelwinkels ist mit einer lokalen Vergrößerung der Umformkraft gleichzusetzen [129]. Allerdings kann kein linearer Zusammenhang zugrunde gelegt werden. Bei einer Verdoppelung des Taumelwinkels ausgehend von 1° wird z.B. das 1,5-fache der Umformkraft erreicht [132]. Konventionell werden prozessseitig Taumelwinkel zwischen 0° und 2° empfohlen [133], wobei im Rahmen verschiedener Forschungsprojekte der Einfluss des Winkels bis zu einem Maximum von 10° untersucht wurde [134]. Wird der Taumelwinkel gegen 0° angenähert, ist dies dem Stauchen gleichzusetzen. Durch gezielte Ansteuerung der zu taumelnden Werkzeugkomponente können unterschiedliche Taumelkinematiken realisiert werden [129]. Diese reichen von linearen und rotatorischen Bewegungen bis hin zu Mehrblattkinematiken [129]. Dabei wandert die Kontaktzone auf einer linearen, spiralförmigen oder Hypotrochoidenbahn über das Werkstück, wodurch ein definierter Materialfluss erzeugt werden kann [13]. Durch die Taumelbewegung einer Werkzeugkomponente überlagert mit der in das System eingebrachten Umformkraft findet eine kombinierte Press- und Abwälzbewegung statt [23]. Dies wirkt sich auf die Normalspannungsverteilung infolge der Reibung während des Taumelprozesses aus. Während beim Stauchen durch die stirnflächige Kontaktzone im Rondenzentrum ein Vielfaches der Fließspannung erreicht werden kann, liegt beim Taumeln eine annähernd homogene Spannungsverteilung über den Bauteilradius vor [23]. Untersuchungen in [135] haben gezeigt, dass durch die taumelnde Bewegung einer Werkzeugkomponente die Reibung im Kontaktbereiche in Kombination mit einem vergrößerten Verhältnis der Werkstückhöhe zur Berührlänge stark reduziert wird.

Auf Basis der Prozessgrundlagen eignen sich beide Verfahren grundsätzlich im Rahmen der Blechmassivumformung für die Herstellung maßgeschneiderter Halbzeuge mit einem angepassten Blechdickenprofil. Dieser Ansatz wird daher in dem Sonderforschungsbereich Transregio 73 verfolgt. Opel [12] hat in diesem Kontext Untersuchungen sowie eine vergleichende Bewertung zur Herstellung rotationssymmetrischer Halbzeuge mittels Stauchen und Taumeln mit umlaufender Materialaufdickung durchgeführt. Als Ausgangswerkstoff wurden Platinen aus DC04 mit jeweils einer Ausgangsblechdicke von $s_0 = 2$ mm eingesetzt. Dabei konnte gezeigt werden, dass unter Einsatz eines dreistufigen Stauchprozesses eine maßgeschneiderte Materialvorverteilung erreicht werden kann. Dabei spielen vor allem die Umformkraft sowie der eingesetzte Stempelwinkel zur Steuerung des Materialflusses eine entscheidende Rolle. Um einen möglichst großen Aufdickungsgrad zu erzielen sind sehr hohe Umformkräfte notwendig, wobei ein logarithmisches Verhalten zwischen Umformkraft und Formfüllung nachgewiesen werden konnte [12]. Demgegenüber wurden ebenfalls Experimente zur Anwendung eines Taumelverfahrens durchgeführt, wobei hierdurch im Vergleich zum Stauchen eine höhere Aufdickung erreicht werden konnte. Während beim Stauchen mittlere Werkstoffdicken von $s = 2{,}40$ mm im Aufdickungsbereich bei einer Umformkraft von $F = 6.000$ kN erreicht werden können, kann durch die geringere Kontaktfläche beim Taumeln bei einer Umformkraft von $F = 4.000$ kN bereits eine vergleichbare Aufdickung von $s = 2{,}57$ mm erzielt werden. Bedingt durch die enormen Werkzeugbelastungen bei gleichzeitig niedrigeren Aufdickungsgraden beim Stauchen, wurde dieser Ansatz nicht weiterverfolgt. Gerade für die Anwendung von Tailored Blanks für hochbelastete Funktionsbauteile ist der Einsatz höher- und hochfester Werkstoffe von großer Bedeutung. Weiterführende Untersuchungen zur Übertragbarkeit des Taumelverfahrens in [13] haben gezeigt, dass zur Erzielung gleicher Aufdickungshöhen bei diesem Verfahren eine Anpassung der Prozessführungsstrategie unausweichlich ist. So kann eine Anpassung der Taumelrundenanzahl während der Zustellung des Taumelwinkels oder gar eine veränderte Taumelstrategie notwendig sein.

Für beide Fertigungsverfahren – das Stauchen [122] und das Taumeln [136] – wurden jeweils Werkzeugkonzepte mit einer definierten Kavität im Gegenstempel eingesetzt. Dadurch ergibt sich der Vorteil, dass durch gezielte Steuerung des Werkstoffflusses eine geometrisch exakte Abbildung der Zielgeometrie realisiert werden kann. Da sich vor allem das Taumeln als zielführend erweist, ist eine Komplexitätssteigerung durch Erweiterung des Werkzeugkonzepts mit Kavitäten ebenfalls im Stempel möglich, um so Dickenprofile, z. B. mit einer beidseitigen Materialvorverteilung zu realisieren [137]. Eine prozesssichere Herstellung und Übertragbarkeit auf unterschiedliche Geometrien konnte dabei sowohl experimentell [137] als auch numerisch [136] nachgewiesen werden. Durch Kammerung der Matrize bei dem Werkzeugkonzept wird der auftretende radiale Werkstofffluss über den Bauteilrand verhindert, um diesen in den Aufdickungsbereich zu konzentrieren und so maßgeschneiderte Geometrien erzeugen zu können [138].

2.3.4 Flexibles Walzen zur Herstellung rotationssymmetrischer Tailored Blanks

Während durch Anwendung von konventionellen Walzprozessen, wie in den zuvor beschriebenen Abschnitten, hauptsächlich Materialstärkenanpassungen in zwei Raumrichtungen – parallel und senkrecht zur Walzrichtung – hergestellt werden können, eignen sich die Verfahren Stauchen und Taumeln für die Herstellung rotationssymmetrischer Halbzeuge mit ringförmiger Materialaufdickung [139]. Für eine Erweiterung der Prozessgrenzen hinsichtlich der Formgebung und notwendiger Umformkräfte wurde im Rahmen aktueller Forschungsarbeiten im Sonderforschungsbereich Transregio 73 (SFB/TR73) ein neuartiges Verfahren des flexiblen Walzens entwickelt, welches die Vorteile der Walzverfahren vom Band mit den geometrischen Aufdickungen beim Stauchen und Taumeln vereint und Grundzüge des Drückwalzens aufweist [140]. Während für konventionelle Drückprozesse meist rohr- oder napfförmige Halbzeuge eingesetzt werden, finden bei diesem Verfahren flächige Bauteile zur Herstellung maßgeschneiderter Halbzeuge Einsatz. Um eine Materialvorverteilung zu erzielen, wird walzenseitig ein mehrachsig-überlagerter Materialfluss induziert. Dadurch resultiert eine freie Umformung, sodass für eine definierte Materialflusssteuerung prozessbedingt ein Niederhalter am Umfang eingesetzt werden muss [12]. Dieser hat sowohl die Funktion das Halbzeug auf dem Rotationstisch zu fixieren als auch eine undefinierte Durchmesservergrößerung zu verhindern. Infolge des walzenseitigen, inkrementellen Werkzeugkontakts wird in Abhängigkeit der Prozessparameter sowie der eingesetzten Prozessführungsstrategie durch Überlagerung von Rotations- und Translationsbewegungen die Oberflächenstruktur maßgeblich verändert. Je nach Anwendungsgebiet der maßgeschneiderten Halbzeuge kann sich diese Oberflächenveränderung positiv oder negativ auf die Bauteilqualitäten auswirken. Aus diesem Grund werden im TR 73 zwei unterschiedliche

Walzkonzepte verfolgt, wodurch es möglich ist, eine Aufdickung sowohl durch eine freie Umformung walzenseitig [141] als auch durch Anwendung definierter Werkzeugkavitäten matrizenseitig zu realisieren [142]. Durch eine Kombination beider Ansätze lassen sich zudem Materialvorverteilungen mit einem beidseitigen Dickenprofil realisieren [143]. Um eine Aufdickung mit einem möglichst hohen Materialvolumen herstellen zu können, ist ein betragsmäßig großer Stofffluss notwendig. Durch einen reduzierten Werkzeugkontakt im Vergleich zu den bisher beschriebenen Verfahren kann dadurch eine signifikante Steigerung der Formgebungsgrenzen bei gleichzeitig geringer Umformenergie erreicht werden. Dies lässt sich im Vergleich zu den in Abschnitt 2.3.3 vorgestellten Verfahren erkennen. Während beim Stauchen und Taumeln Dicken von s = 2,40 mm bzw. s = 2,57 mm unter Anwendung eines weichen Tiefziehstahls DC04 erreicht werden können, ist beim flexiblen Walzen eine weitere Erhöhung auf bis zu s = 2,61 mm möglich [144]. Durch den inkrementellen Charakter des flexiblen Walzens ist eine signifikante Reduktion der notwendigen Umformkraft erkennbar. Zur Erreichung der genannten Aufdickungen treten Kräfte von F = 6.000 kN für das Stauchen, F = 4.000 kN für das Taumeln und lediglich F = 21 kN für das flexible Walzen auf [12]. Gerade im Hinblick auf hochbelastete Funktionsbauteile ist eine Übertragbarkeit der Verfahren auf Werkstoffe mit einer höheren Festigkeit [141] und für Leichtbauanwendung auf andere Werkstoffklassen wie Aluminium [145] essentiell. Während beim Taumeln aufwändige Anpassungen der Prozessführungsstrategien notwendigen sind [13], ist beim flexiblen Walzen unter Berücksichtigung der Anlagengrenzen und eine Toleranz durch die Werkzeugauffederung infolge einer weggebundenen Umformung keine Anpassung notwendig [141]. Dadurch kann prozesssicher eine Aufdickung von s_m = 2,58 mm ± 0,12 mm für DC04 gegenüber s_m = 2,52 mm ± 0,17 mm für DP600 erreicht werden. Wie in den Untersuchungen [142] oder [146] gezeigt werden konnte, sind hierfür jeweils bidirektionale Prozessführungsstrategien in radialer Bauteilrichtung notwendig. Bei allen Bauteilen ist nach der Walzbearbeitung eine Vergrößerung des Halbzeugdurchmessers zu erkennen. Infolge des radialen Stoffflusses findet ein Hinterfließen des Niederhalters statt, welcher die Maßhaltigkeit der Ronden maßgeblich beeinflusst. Dies kann zwar durch den Einsatz von maßgeschneiderten Oberflächenmodifikationen, sogenannten Tailored Surfaces reduziert, aber nicht gänzlich verhindert werden [147]. Zu berücksichtigen ist außerdem, dass prozessseitig, wie bei den Walzverfahren vom Band, für die Anwendung eine Beschnittoperation notwendig ist. Dadurch reduziert sich sowohl die Effizienzsteigerung durch eine Materialvorverteilung als auch die ökonomischen und ökologischen Vorteile.

2.4 Zusammenfassende Bewertung

Durch ökonomische und ökologische Anforderungen steigt die Nachfrage nach einer hohen Funktionsintegration und damit immer komplizierteren Bauteilgeometrien bei gleichzeitig hohen statischen und dynamischen Beanspruchungen. Durch die Charakteristik eines ungebrochenen Faserverlaufs und einer gezielten Bauteilverfestigung bei gleichzeitig endkonturnaher Herstellung der Bauteile bieten umformtechnische Verfahren besonders großes Potential hinsichtlich einer Ressourceneinsparung bei gleichzeitig hohen Bauteilqualitäten. Für eine Erweiterung der Prozessgrenzen gewinnen maßgeschneiderte Halbzeuge mit einer prozessangepassten Materialvorverteilung, sogenannte Tailored Blanks, immer mehr an Bedeutung. Diese Halbzeuge weisen nicht nur geometrische, sondern auch mechanische lokale Eigenschaftsanpassungen auf. Dies wird bereits industriell vor allem durch walztechnische Verfahren wie dem flexiblen Walzen oder Bandprofilwalzen z.B. bei Karosseriebauteilen großflächig industriell eingesetzt. Dabei ist allerdings nur eine Anpassung des Blechdickenprofils parallel oder/und senkrecht zur Walzrichtung möglich. Neben diesen Einschränkungen ist zusätzlich immer mindestens ein weiterer Prozessschritt des Bauteilbeschnitts notwendig. Speziell für die Herstellung von komplizierteren, rotationssymmetrischen Funktionsbauteilen mit einer hohen Funktionsintegration existieren nur wenige Möglichkeiten zur Realisierung einer prozessangepassten Materialvorverteilung. In diesem Zusammenhang bietet die innovative Prozessklasse der Blechmassivumformung, die Anwendung von Massivumformoperationen auf Blechhalbzeuge, Potential durch den charakteristischen dreidimensionalen Spannungs- und Formänderungszustand. Aus bestehenden Forschungsarbeiten konnte bereits das Stauchen als potentielles Umformverfahren für die Herstellung von Tailored Blanks mit einer rotationssymmetrischen Aufdickung qualifiziert werden. Bedingt durch die hohen notwendigen Kontaktdrücke sind verhältnismäßig nur geringe Materialaufdickungen bei gleichzeitig hohen Umformkräften und Werkzeugbelastungen möglich. Durch Anstellung einer Werkzeugkomponente, wie es charakteristisch für das Umformverfahren des Taumelns ist, können vorliegende Prozessgrenzen erweitern werden. Den limitierenden Faktor stellt der maximale Anstellwinkel der aktiven Werkzeugkomponente dar, wodurch vor allem für den Einsatz höherfester Werkstoffe hohe Umformkräfte notwendig sind. Nur durch eine weitere Reduktion der Kontaktfläche zwischen Werkzeug und Werkstück ist eine Erweiterung der Formgebungsgrenzen möglich. In diesem Zusammenhang haben sich vor allem Walzverfahren durch ihre minimale Kontaktfläche im Bereich der Umformzone als zielführend erwiesen, was in der

Literatur durch zahlreiche Forschungsarbeiten nachgewiesen werden konnte.

Nach dem aktuellen Stand der Technik existieren nur wenige Untersuchungen zur Anwendung eines Walzverfahrens auf Blechhalbzeuge, mit dem Ziel einer geometrisch flexiblen rotatorischen Materialvorverteilung senkrecht zur Blechebene mit einer lokalen Volumenvariation. In diesem Zusammenhang sind in der Literatur vereinzelte Forschungsarbeiten sowie eine grundlegende Qualifizierung eines flexiblen Walzverfahrens für die Herstellung von Tailored Blanks bekannt. Für eine prozessangepasste Auslegung der maßgeschneiderten Halbzeuge fehlt das grundlegende Prozess- und Methodenwissen unter Berücksichtigung physikalischer Zusammenhänge. Im Fokus der Forschungsarbeiten in der Literatur sind hauptsächlich die Umsetzbarkeit unterschiedlicher Walzkonzepte mit Aufdickungsmöglichkeiten auf Ober- und Unterseite der Halbzeuge bekannt. Dafür wurden bidirektionale Prozessführungsstrategien mit mehreren Walzhüben erarbeitet. Ein großer Nachteil des existierenden Prozessaufbaus ist die Notwendigkeit einer Klemmung des Halbzeugs während des Umformprozesses, weshalb eine nachgelagerte Beschnittoperation für eine weitere Anwendung der Halbzeuge unabdingbar ist. Infolgedessen wird das Potential einer Ressourceneinsparung bei einer Anwendung dieses Verfahrens massiv geschmälert.

3 Zielsetzung und methodische Vorgehensweise

Die Zielsetzung im Rahmen der vorliegenden Arbeit besteht in einer grundlagenwissenschaftlichen Analyse eines flexiblen Walzprozesses mit einem neuartigen Werkzeugkonzept zur umformtechnischen Herstellung maßgeschneiderter Halbzeuge mit definierten geometrischen und mechanischen Halbzeugeigenschaften aus Stahlwerkstoffen unterschiedlicher Festigkeiten. Dafür wird die in Bild 3 dargestellt methodische, dreistufige Vorgehensweise, bestehend aus Konzeptionierung, Prozess- und Einflussanalyse sowie Übertragbarkeitsuntersuchungen gewählt.

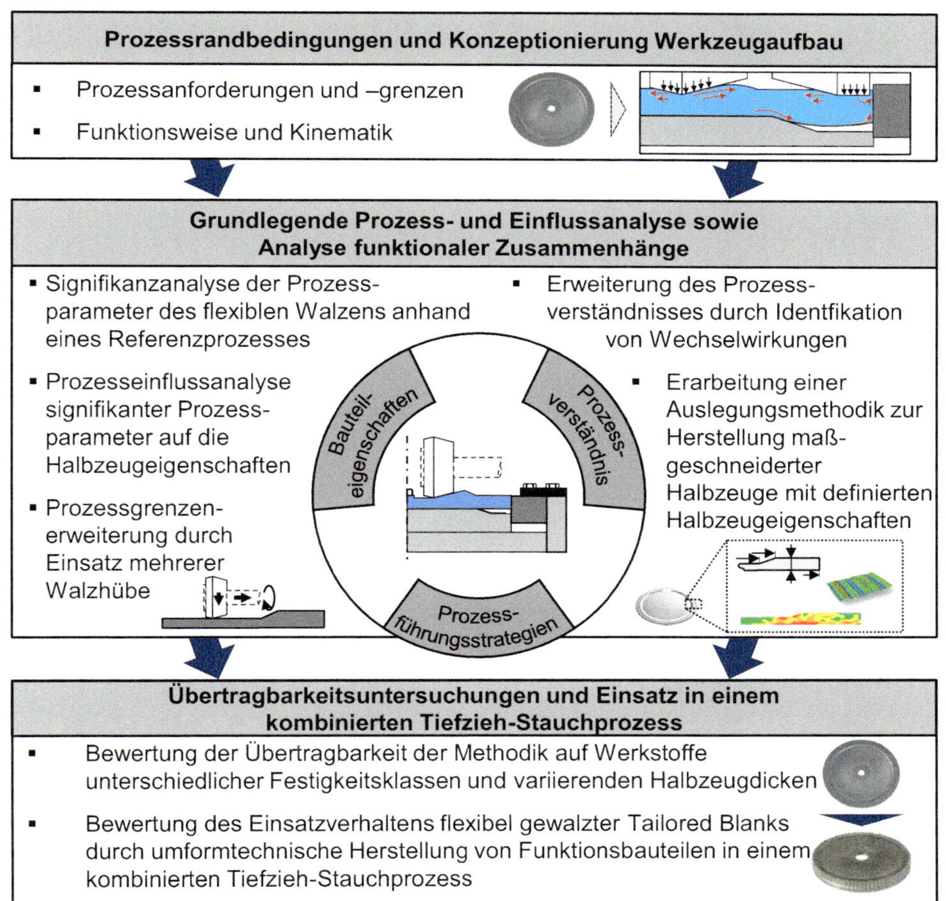

Bild 3: Methodische Vorgehensweise und Analyseschwerpunkte im Rahmen der Arbeit

Insbesondere unter dem Aspekt einer Ressourceneinsparung bei gleichzeitig gezielter Prozessauslegung soll das übergeordnete Ziel der Erarbeitung einer ganzheitlichen Auslegungsmethode verfolgt werden. Im Rahmen der vorliegenden Arbeit ergeben sich daraus folgende Teilaspekte:

- Erarbeitung eines neuartigen Werkzeugaufbaus für den flexiblen Walzprozess zur gezielten Stoffflusssteuerung
- Analyse der Signifikanz einzelner Prozessparameter bzgl. des Einflusses auf die resultierenden Halbzeugeigenschaften
- Grundlagenwissenschaftliche Analyse von Ursachen-Wirkzusammenhängen richtungsabhängiger Stoffflussanteile des Walzprozesses auf die Halbzeugeigenschaften sowie Wechselwirkungen
- Untersuchungen zur Übertragbarkeit des Prozessverständnisses der physikalischen Zusammenhänge durch Variation der Prozessrandbedingungen beim Walzen, sowie Bewertung des Einflusses auf die Bauteileigenschaften in nachgelagerten Umformprozessen

Um diese Teilziele zu erreichen, werden zunächst unter Berücksichtigung der Prozessrandbedingungen die Anforderungen an das neuartige Werkzeugkonzept definiert und funktionsgerecht ausgelegt. Durch veränderte Fließwege wirkt sich dies auf auftretende Prozessfehler und -grenzen aus, welche experimentell untersucht werden. Anschließend wird auf dieser Basis eine grundlegende Prozess- und Einflussanalyse durchgeführt, sowie funktionale Zusammenhänge erarbeitet. Die prozessrelevanten Zielgrößen stellen die Grundlage für eine Signifikanzanalyse, bezogen auf die vorliegenden Prozessparameter und damit für den Aufbau eines ganzheitlichen Prozessverständnisses dar. Ziel ist dabei die Ermittlung der signifikanten Ursachen-Wirkzusammenhänge zwischen den Haupteinflussgrößen und den resultierenden geometrischen und mechanischen Eigenschaften. Basierend auf der ganzheitlichen Prozessanalyse wird eine Auslegungsmethode zur Herstellung von Tailored Blanks mit definierten Halbzeugeigenschaften abgeleitet. Diese wird hinsichtlich der Übertragbarkeit auf Werkstoffe unterschiedlicher Festigkeitsklassen und initialer Halbzeugdicken analysiert und bewertet. Die Untersuchungen zur Anwendbarkeit der Tailored Blanks erfolgt experimentell in einem kombinierten Tiefzieh-Stauchprozess. Mit den Erkenntnissen dieser Untersuchungen wird die Möglichkeit einer Herstellung von maßgeschneiderten Halbzeugen unter Berücksichtigung geometrisch definierter Anforderungen durch einen flexiblen Walzprozess geschaffen. Durch die erarbeitete Auslegungsmethode können die Eigenschaften der Tailored Blanks in Abhängigkeit des Einsatzzweckes maßgeschneidert angepasst und Prozessführungsstrategien prozessangepasst abgeleitet werden.

4 Methoden, Prüfverfahren und Werkstoffe

Für eine ganzheitlich, grundlegende Analyse des flexiblen Walzprozesses sind unterschiedliche Prüfmethoden und Auswerteverfahren notwendig. Neben experimentellen Methoden kommen analytische Analyseverfahren zur Erarbeitung grundlegender Zusammenhänge zum Einsatz. Daher wird neben den Versuchswerk- und Schmierstoffen im Folgenden die flexible Walzanlage vorgestellt, welche zur Herstellung der maßgeschneiderten Halbzeuge eingesetzt wird. Zur Quantifizierung der Prüfaufbauten und Tailored Blanks werden die Eigenschaften Geometrie, Bauteilhärte und Topographie basierend auf einer experimentellen Versuchsdurchführung analysiert.

4.1 Versuchswerkstoffe und Charakterisierung

Werkstoffseitig werden im Rahmen dieser Arbeit mit den Stählen DC04 und DP600 in den Nennblechdicken $s_0 = 2$ mm und $s_0 = 3$ mm gearbeitet. Für die Grundlagenuntersuchungen wird als primärer Versuchswerkstoff der niedriglegierte Tiefziehstahl DC04 nach DIN EN 10130 [148] in einer Blechdicke von $s_0 = 2$ mm eingesetzt, da sich dieser durch hervorragende Umform- und Schweißeigenschaften im Automobilbau als gängiger Werkstoff etabliert hat [149]. Für den Einsatz der Tailored Blanks zur Herstellung von Funktionsbauteilen, welche zur Übertragung großer Lasten und Drehmomente eingesetzt werden können, wird das Werkstoffspektrum um den Dualphasenstahl DP600 nach DIN EN 10346 erweitert [150]. Auch dieser Werkstoff wird in der Automobilindustrie z. B. zur Herstellung von PKW- und NFZ-Rädern eingesetzt [151] und zeichnet sich durch eine verhältnismäßig niedrige Streckgrenze bei gleichzeitig hohen Festigkeiten und einem hohen Verfestigungspotential aus.

Zur Beschreibung des Werkstoffverhaltens der Versuchswerkstoffe wurde eine umfassende Werkstoffcharakterisierung durchgeführt, um detailliert die mechanischen Kennwerte zu ermitteln. Bedingt durch die Charakteristik der Kaltumformung und keiner Werkstückerwärmung während des Prozesses, wurden die Charakterisierungsversuche bei Raumtemperatur durchgeführt. Die Ermittlung der Werkstoffkennwerte erfolgte in Anlehnung an prozessrelevante Spannungszustände der Umformung durch Zug- und Schichtstauchversuche. Während der Charakterisierungsversuche wurden die Dehnungen auf der Oberfläche mittels eines Aramissystems des Firma GOM mbH aufgezeichnet. Auf Grundlage eines zuvor aufgebrachten stochastischen Sprühmusters auf den Probenoberflächen kann mittels Bildkorrelation über ein Kamerasystem die Punktverschiebung in Abhängigkeit der Prüfstufen über die Aufnahmefrequenz analysiert und so mathematisch die Dehnungen oberflächennah berechnet werden. Die Ergebnisse der Werkstoffcharakterisierung in Form der mechanischen Kennwerte sind in Tabelle 3 zusammengefasst.

Tabelle 3: Mechanische Kennwerte ermittelt aus Zug- und Schichtstauchversuchen

Werkstoff	Versuch	$R_{p0,2}$ in MPa	R_m in MPa	A_g in %	r-Wert
DC04 s_0 = 2mm	Zugversuch	144,7 ± 0,7	274,3 ± 0,5	26,3 ± 0,3	1,8 ± 0,1
	Schicht-stauch-versuch	143,1 ± 2,0	-	-	-
DC04 s_0 = 3mm	Zugversuch	187,5 ± 0,6	318,9 ± 0,7	23,1 ± 0,5	1,5 ± 0,1
	Schicht-stauch-versuch	163,7 ± 1,8	-	-	-
DP600 s_0 = 2mm	Zugversuch	353,3 ± 1,4	594,6 ± 2,2	17,5 ± 0,1	0,95 ± 0,02
	Schicht-stauch-versuch	340,2 ± 6,9	-	-	-

$R_{p0,2}$: Streckgrenze R_m: Zugfestigkeit
A_g: Gleichmaßdehnung r-Wert: Senkrechte Anisotropie

Die Analyse des Werkstoffverhaltens unter Zugbeanspruchung wurde an einer Universalprüfmaschine (Z100) der Firma ZwickRoell GmbH & Co. KG mittels eines einachsigen Zugversuchs nach DIN EN ISO 6892-1 [152] durchgeführt. Zur Berücksichtigung der Richtungsabhängigkeit der Werkstoffe wurden die Kennwerte jeweils in einer Ausrichtung von 0°, 45° und 90° in Bezug zur Walzrichtung ermittelt. Bedingt durch den Werkzeugkontakt während des Walzprozesses wurden die Werkstoffe jeweils auch unter Druckspannungszuständen charakterisiert. Zur Ermittlung des Fließverhaltens bei diesem Spannungszustand wurden Schichtstauchversuche experimentell durchgeführt. Hierfür kam ebenfalls eine Universalprüfmaschine des Typs FS-300 der Firma Walter & Bai zum Einsatz, da diese im Vergleich zur Universalprüfmaschine (Z100) höhere Umformkräfte erreichen kann. Beim Schichtstauchversuch handelt es sich um eine Adaption des konventionellen Zylinderstauchversuchs nach DIN 50106 [153], mit dem Unterschied des schichtweisen Aufbaus des Prüfkörpers. Durch

„Schichten" einzelner Blechronden mit einer exakten Ausrichtung der Blechlagen jeweils in Walzrichtung zueinander, wird ein Zylinder erzeugt. Dieser wird zwischen zwei ebenen Stauchbahnen positioniert und translatorisch gestaucht. Zur Minimierung der Reibung zwischen Stauchbahn und Prüfkörper wird jeweils beidseitig eine Teflonfolie eingesetzt. Durch Vermeidung einer Einschnürung im Vergleich zum einachsigen Zugversuch können durch diesen Aufbau werkstoffabhängig höhere Umformgrade erreicht werden. Bei diesem Versuch werden die Dehnungen in Umfangsrichtung durch zwei Aramissysteme optisch erfasst. Dabei wird die Fließspannung analytisch durch die aufgezeichnete Umformkraft und die Querschnittsfläche der Probe ermittelt, wobei diese als ideal zylindrisch angenommen wird. Für die Versuchsdurchführung wurde jeweils eine Wiederholrate von n = 3 gewählt. Da typischerweise in der Blechmassivumformung hohe Umformgrade auftreten, wurde unter Anwendung der ermittelten Versuchsdaten eine Fließkurvenapproximation mit anschließender Extrapolation durchgeführt. Eine Gegenüberstellung der experimentellen und approximierten Fließkurven sind in Bild 4 dargestellt.

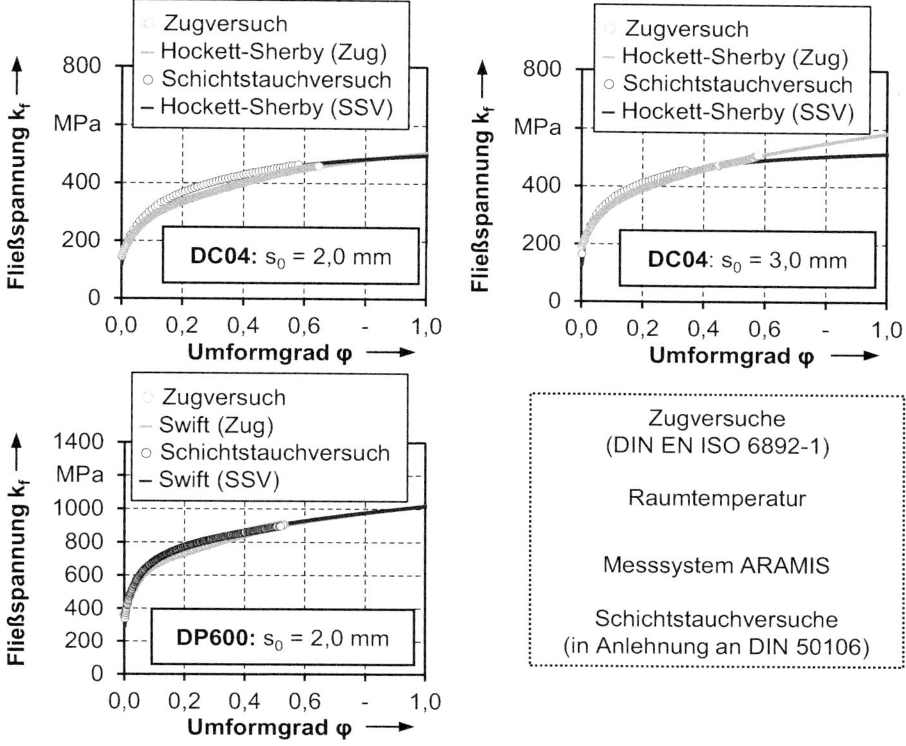

Bild 4: Gegenüberstellung der approximierten und extrapolierten Fließkurven aus dem Zug- und Schichtstauchversuch für die eingesetzten Versuchswerkstoffe DC04 und DP600

Durch Wahl unterschiedlicher mathematischer Ansätze und unter Berücksichtigung einer Näherung der kleinsten Fehlerquadrate wird die Übereinstimmung der Extrapolationsansätze verglichen. Werkstoffabhängig konnten die Ansätze nach Hocket-Sherby [154] und Swift [155]mit einer hohen Modellgüte für die beiden Versuchswerkstoffe mit hoher Güte qualifiziert werden.

4.2 Eingesetzter Schmierstoff

Zur experimentellen Analyse des Einflusses des Schmiersystems auf die Zielgrößen werden im Rahmen dieser Arbeit zwei unterschiedliche Schmierstoffe untersucht, welche für den Einsatz in Massivumformprozessen geeignet ist. Hierfür wurde ein auf Mineralöl basierendes Fließpressöl des Typs Dionol ST V 1725-2 der Firma MKU-Chemie GmbH eingesetzt, welches aus einer Schwefel-Fettöl-Phosphor-Verbindung besteht [156]. Weiterhin wurde ein hochviskoser, wachshaltiger und wassermischbarer Schmierstoff vom Typ Beruforge BF 150 DL der Firma Carl Bechem GmbH angewendet, welcher industriell als Ziehpaste für phosphatfreie Oberflächen zum Einsatz kommt [157]. Beide Schmierstoffe eigenen sich potentiell für den Einsatz für den in dieser Arbeit vorgestellten flexiblen Walzprozess.

4.3 Walzverfahren zur Herstellung von Tailored Blanks

Die experimentellen Analysen zur walztechnischen Herstellung rotationssymmetrischer Tailored Blanks wurden an einer flexiblen Walzanlage durchgeführt, welche am Lehrstuhl für Fertigungstechnologie (LFT) in Kooperation mit der Firma Schnupp GmbH & Co. Hydraulik KG entwickelt und gebaut wurde. Das grundlegende Anlagenkonzept der flexiblen Walzanlage weist Charakteristiken des Drückwalzens auf und wurde erstmals in [12] vorgestellt und eingesetzt. Das zentrale Ziel sowohl beim Drückwalzen als auch des neuartigen flexiblen Walzverfahrens besteht darin, das Halbzeug in einer oder mehreren Raumrichtungen auszudünnen, während gleichzeitig lokale Bereiche gezielt geometrisch aufgedickt werden. Entgegen dem aus der Literatur bekannten kontinuierlichen flexiblen Walzen handelt es sich bei diesem Verfahren um ein diskontinuierliches Verfahren zur Herstellung rotationssymmetrischer Tailored Blanks.

Maschinenaufbau und Funktionsweise

Der grundlegende Maschinenaufbau der flexiblen Walzenlage sowie die Messeinrichtungen sind in Bild 5 dargestellt. Prinzipiell besteht die Anlage aus einem Ober- und einem Unteraufbau, die über ein Säulengestell miteinander verbunden sind. Neben dem Anlagengestell befindet sich im Unteraufbau der Antrieb für die Translations- und Rotationsbewegung des Drehtisches. Die lineare Bewegung wird dabei über einen Synchron-Servomotor [158] und einen Elektrozylinder mit Kugelgewindetrieb [159] mit Keilsystem erzeugt. Während des Prozesses wird der Keil mit einer Steigung von 3° horizontal unter den Rotationstisch geschoben, woraus mit einer Übersetzung von 1:19,08 eine vertikale Vorschubbewegung erzeugt werden kann. Daraus resultiert neben dem Vorteil einer sehr hohen Wiederholgenauigkeit von ± 0,03 mm auch eine signifikante Reduktion der notwendigen Antriebskraft des Synchronmotors. Die rotatorische Bewegung des Drehtisches erfolgt ebenfalls über einen Elektromotor [158], welcher mit einem Umlenkgetriebe ein Übersetzungsverhältnis von 1:13,22 erreicht.

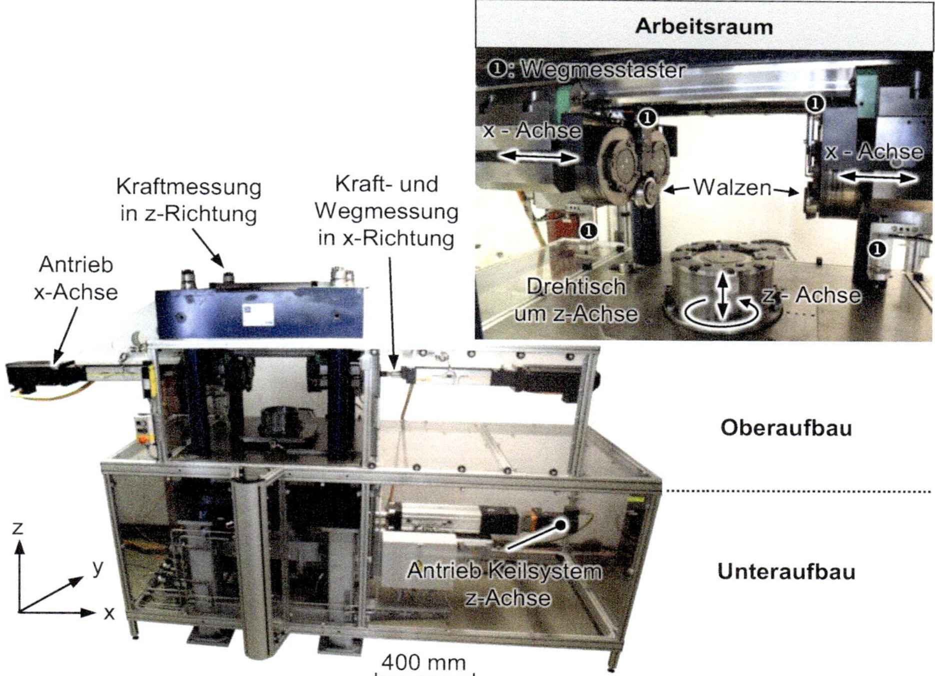

Bild 5: Maschinenaufbau der flexiblen Walzanlage

Zwischen dem Ober- und dem Unteraufbau der Anlage befindet sich der Arbeitsraum, bestehend aus dem Drehtisch mit einem hydraulisch verstellbaren Außenring sowie den beiden Walzwerkzeugen, welche radial um 180° versetzt angeordnet sind. Die Walzenachsen werden nicht aktiv angetrieben, sondern sind rotatorisch frei gelagert. Die stufenlose radiale

Positionierung erfolgt mittels Synchron-Servo-Motoren [158] mit integriertem Tachogenerator [160] und Glasmaßstab [161] zur Positionsmessung auf einer Linearführung. Um eine Auffederung der Walzenachsen zur reduzieren, werden diese jeweils über zwei Stützwalzen geführt. Da im Rahmen dieser Arbeit unterschiedliche Walzengeometrien untersucht werden, erfolgt ein modularer Austausch der Werkzeuge über eine Vierkantaufnahme auf der Walzenachse. In Anlehnung an das Drückwalzen haben sich Doppelkegelrollen prozessbedingt als vorteilhaft erwiesen [12]. Geometrisch definiert sind alle Walzen über ihren Durchmesser, die Breite, den Einlauf- und Glättwinkel sowie den Übergangsradius. Die im Rahmen dieser Arbeit eingesetzten Walzen sind zusammenfassend in Bild 6 dargestellt.

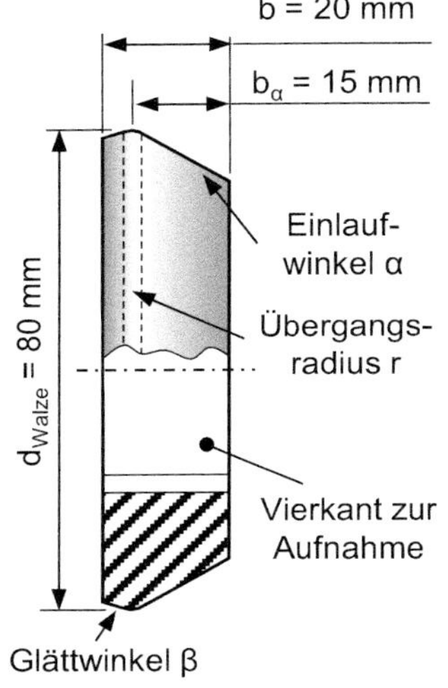

<table>
<tr><th>Nr.</th><th>Einlauf-winkel α in °</th><th>Glätt-winkel β in °</th><th colspan="6">Übergangs-radius r in mm</th></tr>
<tr><td>1</td><td>10</td><td>0</td><td colspan="6">6</td></tr>
<tr><td rowspan="2">2 – 5</td><td rowspan="2">15</td><td>2,5</td><td colspan="3">4</td><td colspan="3">8</td></tr>
<tr><td>7,5</td><td colspan="3">4</td><td colspan="3">8</td></tr>
<tr><td rowspan="3">6 – 10</td><td rowspan="3">20</td><td>0</td><td colspan="6">6</td></tr>
<tr><td>5</td><td colspan="2">2</td><td colspan="2">6</td><td colspan="2">10</td></tr>
<tr><td>10</td><td colspan="6">6</td></tr>
<tr><td rowspan="2">11 – 14</td><td rowspan="2">25</td><td>2,5</td><td colspan="3">4</td><td colspan="3">8</td></tr>
<tr><td>7,5</td><td colspan="3">4</td><td colspan="3">8</td></tr>
<tr><td>15</td><td>30</td><td>5</td><td colspan="6">6</td></tr>
</table>

Bild 6: Geometrische Definition der Walzwerkzeuge

Anlagengrenzen und Sensorik

Wie bereits in Bild 4 gezeigt, ist die Anlage mit mehreren Wegmesstastern und Sensorik zur Kraftmessung ausgestattet. Die Umformkraft in z-Richtung wird am Säulengestell mit vier vorgespannten Zugankern jeweils mit Messunterlagscheiben [162] ermittelt. Die Kalibrierung erfolgte in [12] und ergab eine hohe Übereinstimmung mit einer Abweichung von ± 1,4 %. In x-Richtung erfolgt die Kraftmessung ebenfalls über vorgespannte Kraftmessdosen [163] zwischen der Walzenachse und dem Antrieb mit einer herstellerseitigen Kalibrierung. Dadurch kann der resultierende Kraftfluss der Walzenachse sowohl auf Zug als auch auf Druck gemessen werden. Zur Ermittlung der Maschinen- und Werkzeugauffederung sind weiterhin je Walzenseite zwei pneumatische Wegmesstaster [164] mit einer Messgenauigkeit von ± 0,2 µm verbaut. Dadurch wird jeweils die Auffederung des Walzgerüstes bezogen auf die Grundplatte des Drehtisches sowie die Achsenauffederung in Bezug auf das Walzgerüst messtechnisch erfasst. Die Gesamtauffederung resultiert aus der Summe der einzelnen Auffederungen.

Basierend auf diesem Gesamtaufbau der flexiblen Walzanlage sowie der eingesetzten Sensorik ergeben sich die folgenden, in Tabelle 4 dargestellten Prozess- und Maschinengrenzen.

Tabelle 4: Maschinengrenzen der flexiblen Walzanlage

	Stellgröße	**Wertebereich**
z-Richtung	Vertikalkraft F_z	max. 50 kN
z-Richtung	Vorschubgeschwindigkeit v_z	0,00016 $^{mm}/_{s}$ – 0,16 $^{mm}/_{s}$
z-Richtung	Stichabnahme Δs	max. $\Delta s = (s_0 - 0{,}8)$ mm
x-Richtung	Horizontalkraft F_x	max. ± 10 kN
x-Richtung	Vorschubgeschwindigkeit v_x	0,01 $^{mm}/_{s}$ – 10 $^{mm}/_{s}$
x-Richtung	Walzweg x-Richtung s_x	max. 41 mm
	Tischdrehzahl ω	10 $^{U}/_{min}$ – 100 $^{U}/_{min}$
	Drehmoment Drehtisch	max. 500 Nm

4.4 Geometrie der maßgeschneiderten Halbzeuge

Mit dem Ziel einer grundlegenden Analyse des flexiblen Walzprozesses kommt im Rahmen dieser Arbeit die in Bild 7 dargestellte Halbzeuggeometrie zum Einsatz. Das rotationssymmetrische Dickenprofil (RS100) mit einer umlaufenden 360° Aufdickung weist einen Halbzeugdurchmesser von d_0 = 100 mm auf. Die Materialaufdickung startet bei einer radialen Position von r_i = 40 mm mit einem Übergangsbereich bis r_h = 42 mm, ab welchem eine homogene Materialaufdickung bis zum Außendurchmesser folgt. Die maximale Kavitätstiefe entspricht h = 0,9 mm. Dadurch resultiert geometrisch bedingt ein rechnerisches lokales Aufdickungsvolumen von V_{RS100} = 2.315 mm³. Hierbei handelt es sich um das reine Aufdickungsvolumen, wobei an dieser Stelle das Volumen des ausgedünnten Rondenbereichs addiert werden muss.

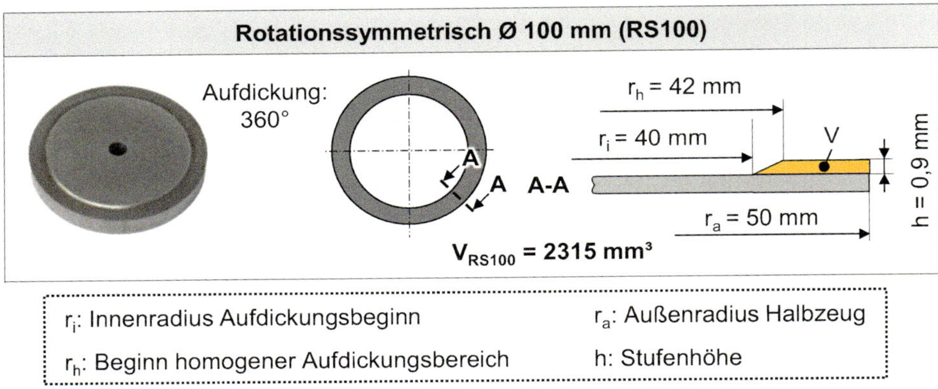

Bild 7: Tailored Blank Geometrie zur Analyse des flexiblen Walzprozesses

4.5 Messmethoden und Anlagen zur Bauteilcharakterisierung

Für die Erarbeitung eines ganzheitlichen Prozessverständnisses werden die versuchstechnisch hergestellten Bauteile sowohl bezogen auf ihre geometrischen als auch mechanischen und topographischen Eigenschaften analysiert. Die erarbeiteten und angewendeten Messmethoden, sowie Anlagen werden in den folgenden Abschnitten vorgestellt.

4.5.1 Geometrische Eigenschaften

Eine geometrische Vermessung der Tailored Blanks hinsichtlich des resultierenden Bauteilvolumens im Aufdickungsbereich, sowie der Rondenkrümmung erfolgte durch eine optische Bauteilvermessung. Dafür wurden die Bauteile zunächst mittels der Systeme ATOS und TRITOP der Firma GOM mbH digitalisiert und im Anschluss mit der Software GOM Inspect ausgewertet (siehe Bild 8 a). Da dieses Messsystem mit einer diffus reflektierenden Oberfläche arbeitet, müssen die Messobjekte zunächst mittels eines Lackes oberflächlich schattiert werden, um dadurch Oberflächenreflexionen zu verhindern. Die resultierende Schicht weist dabei eine Dicke von ca. 0,02 mm auf, welche nach der Messung numerisch kompensiert werden. Bedingt durch die Geometrie der Tailored Blanks ist eine gleichzeitige Erfassung von Ober- und Unterseite nicht möglich. Daher werden auf beide Seiten jeweils drei oder mehr Referenzpunkte aufgebracht. Mittels einer optischen dreidimensionalen Koordinatenerfassung (TRITOP) erfolgt eine Zuordnung der Punktinformationen im Raum, wobei zur mathematischen Bestimmtheit immer drei Referenzpunkte gleichzeitig messtechnisch erfasst werden müssen. Die eigentliche Bauteildigitalisierung der Oberfläche wird im Anschluss mittels Streifenlichtprojektion (ATOS) auf Basis von Triangulation durchgeführt. Dazu projiziert eine Messkopf des Typs ATOS Core 300 ein wechselndes Streifenmuster mit variierenden Linienbreiten auf die Oberfläche des Bauteils und erzeugt dadurch Lichtschnitte, die durch die Geometrie des Bauteils optisch verzerrt werden. Ein ebenfalls in dem Messkopf integriertes Kamerasystem, bestehend aus zwei zueinander ausgerichteten und kalibrierten Objektiven, erfasst mit einem Messbereich von 300 mm x 230 mm x 230 mm bei einer Auflösung von 5 Megapixeln und einem Punktabstand von 0,115 mm die Oberfläche [165]. Bei dieser Messung werden gleichzeitig die Referenzpunkte detektiert, wodurch die Bildinformation räumlich zugeordnet werden kann. Dieser Messablauf erfolgt anschließend in unterschiedlichen Positionen auf Ober- und Unterseite mit variierenden Winkeln, bis eine geschlossene Kontur aus den Einzelaufnahmen erzeugt wurde. Durch Polygonisierung werden die Messdaten zu Oberfläche miteinander verknüpft, sodass ein zusammenhängendes dreidimensionales Abbild des Bauteils entsteht. Mit dieser Messmethode können Messgenauigkeiten von bis zu ± 0,01 mm erreicht werden.

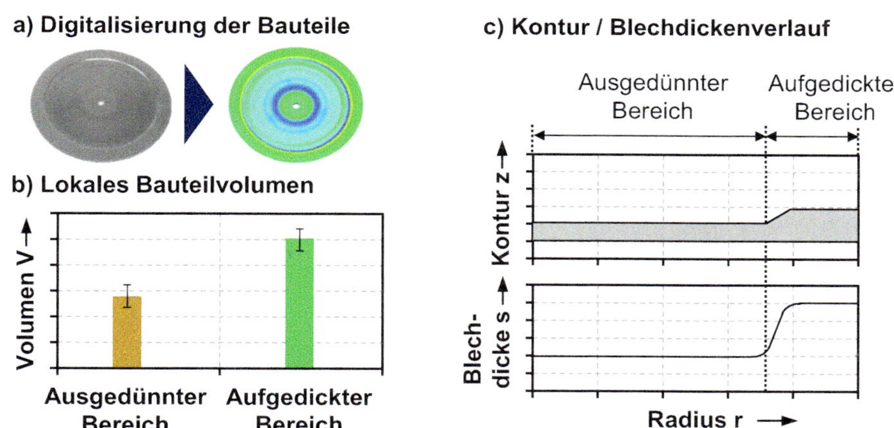

Bild 8: Schematisches Vorgehens zur Charakterisierung – a) Bauteildigitalisierung, b) Lokales Bauteilvolumen, sowie c) Kontur und Blechdickenverlauf

Volumen, Kontur und Blechdicke

Für eine Analyse des Volumens erfolgt, basierend auf dem digitalisierten Modell, ein Export der dreidimensionalen Geometrie im Stereolithographieformat (stl-file). Für eine Quantifizierung des Volumens ist zusätzlich eine Differenzgeometrie notwendig, die den Aufdickungsbereich definiert.

Im Rahmen dieser Arbeit werden die Bauteilvolumina jeweils in den Bereichen innerhalb und außerhalb einer radialen Position r = 40 mm ausgewertet. Beide Modelle werden in der Software CloudCompare zueinander ausgerichtet und die Schnittmenge über eine Mesh-Boolean-Operation miteinander verknüpft. Eine Quantifizierung des Bauteilvolumens erfolgt im Anschluss softwaretechnisch (Bild 8 b). Die Auswertung der Bauteilkontur sowie des Blechdickenverlaufs wird ebenfalls anhand des digitalisierten Bauteils durchgeführt. Hierfür werden jeweils drei Schnitte mit einem Versatz von 120° zueinander gesetzt und die Kontur exportiert. Die Blechdickenermittlung erfolgt mathematisch über eine gerichtete Abstandsberechnung zwischen Ober- und Unterseite der Bauteilkontur. Zur Ermittlung und Darstellung der mittleren Blechdicke wird jeweils der parallele Bereich der Aufdickung gewählt. Da prozessbedingt im Werkzeugspalt eine Gratbildung auftreten kann, wird zur Auswertung ein Bereich zwischen r = 42-48 mm gewählt. In den folgenden Diagrammen für die Kontur und Blechdicke werden gemäß Bild 8 c) jeweils die Mittelwerte über alle drei Messungen dargestellt.

4.5.2 Optische Formänderungsanalyse

Bedingt durch den inkrementellen Prozesscharakter des flexiblen Walzprozesses treten, für die Blechmassivumformung typisch, lokal variierende Spannungs- und Formänderungszustände auf. Für eine ganzheitliche Analyse des Umformprozesses und zum Aufbau eines vollumfänglichen Prozessverständnisses werden im Rahmen dieser Arbeit optische Formänderungsanalysen mittels des Systems ARGUS der Firma GOM mbH durchgeführt. Durch werkstückseitige Berasterung der Oberflächen mit einem Beschriftungslaser des Typs TrueMark Station 5000 der Firma Trumpf wird ein regelmäßig verteiltes Punktemuster (d = 2 mm) aufgebracht. Dies stellt die Referenzoberfläche der Werkstücke dar. Durch den Einsatz der berasterten Bauteile im Umformprozess werden, bedingt durch den inkrementellen Werkzeugkontakt, die Punkte lokal variierend verzerrt. Diese Veränderung kann im Anschluss optisch erfasst werden. Basierend auf dem Referenzmuster sowie durch Maßstäbe neben der Probe erfolgt softwaretechnisch eine photogrammetrische Auswertung der Einzelbilder und eine exakte Zuordnung im dreidimensionalen Raum. Dabei wird neben einer Mittelpunktsbestimmung ebenfalls eine Deformationsanalyse der Rasterpunkte durchgeführt. Durch dieses Vorgehen kann die lokale Formänderung für jeden Messpunkt mit einer Genauigkeit von ± 0,5 % in Abhängigkeit des Punktmusters bestimmt werden [166].

4.5.3 Mechanische und metallographische Analyse

Zur Ableitung prozessseitiger Einflussgrößen und für Rückschlüsse auf resultierende Stoffflussanteile erfolgt neben einer Charakterisierung der Geometrie eine Analyse der mechanischen Eigenschaften, die prozessbedingt durch Kaltverfestigung lokal variiert. Da derartige Untersuchungen nicht zerstörungsfrei möglich sind, erfolgt zunächst eine metallographische Einbettung der zu untersuchenden Proben und Bereiche. Dafür wird zu Beginn unter Vermeidung jeglichen Wärmeeintrags der Untersuchungsbereich herausgetrennt und in Epoxidharz kalt eingebettet. Anschließend werden die Proben mittels Nassschleifen auf einem SiC-Papier in den Körnungen 120 (Partikelgröße 127 µm) und 1200 (Partikelgröße 15 µm) in zwei Stufen präpariert. Die Feinbearbeitung der Oberfläche erfolgt ebenfalls in zwei Stufen mittels einer Oxidpolitur und Partikelgrößen von 3 µm und 50 nm. Für Gefügeuntersuchungen werden die Proben mit einer Oberhoffer-Ätzung in Zusammensetzung nach [167] präpariert und mit einem Lichtmikroskop mit Kameraaufsatz vom Typ BX53M der Firma Olympus optisch erfasst.

Für eine detaillierte Untersuchung der mechanischen Eigenschaften wird die lokale Härteverteilung infolge der Kaltverfestigung durch Mikrohärtemessungen im Probenquerschnitt ausgewertet. Zum Einsatz kommt dafür das Prüfgerät Fischerscope® HM2000 der Firma Helmut Fischer GmbH & Co. KG welches auf dem Eindringprinzip nach DIN EN ISO 14577-1 beruht [168]. Mit diesem Messaufbau kann ein Kraftmessbereich zwischen 0,4 mN und 2000 mN bei einer Genauigkeit von 40 µN und einer Auflösung von ±0,1 nm erreicht werden [169]. Für den Messvorgang selbst kommt eine pyramidenförmiger Vickerseindringprüfkörper mit einem Öffnungswinkel von 136° zum Einsatz, weshalb im Rahmen dieser Arbeit die Härte nach Vickers angegeben wird. Entgegen einer konventionellen Vickershärtemessung bei der sich der jeweilige Härtewert aus den Eindringdiagonalen berechnet, erfolgt bei dieser Messemethode die Kennwertermittlung durch Berechnung mit der definierten Prüfkraft, der Eindringfläche bezogen auf die Eindringtiefe sowie einer spezifischen Indentorkonstanten. Daraus resultiert die Eindringhärte H_{IT}, welche sich nach [168] mit HV-Werten korrelieren lassen. Im Rahmen dieser Arbeit wird diese Korrelation zugrunde gelegt, weshalb auf eine weitere Kennzeichnung als „Umwertungswerte“ verzichtet wird. Für alle durchgeführten Messungen wurde jeweils eine Prüfkraft von 500 mN bei einer Eindringzeit von 5 s und einer Haltezeit von 10 s gewählt. Der Punktabstand der aufgespannten Messfelder variiert dabei je nach Messfeldgröße zwischen 0,1 mm und 0,9 mm. Die Ergebnisdarstellung kann dabei sowohl graphisch in

Form von Konturplots als auch numerisch erfolgen. Die Grundhärte der in Rahmen dieser Arbeit eingesetzten Versuchswerkstoffe und Blechdicken ist in nachfolgend in Tabelle 5 zusammengefasst.

Tabelle 5: Grundhärte Versuchswerkstoffe in den eingesetzten Blechdicken

	DC04		DP600
	2 mm	3 mm	2 mm
Grundhärte	(104,71 ± 4,08) HV0,05	(122,96 ± 7,44) HV0,05	(215,71 ± 19,77) HV0,05

4.5.4 Topographische Untersuchungen

Die topgraphische Analyse der Werkstückoberflächen der maßgeschneiderten Halbzeuge erfolgte mittels eines Tastschnittverfahrens. Zu diesem Zweck wurde ein Perthometer des Typs MarSurf XCR20 von der Firma Mahr eingesetzt. Durch mechanischen Kontakt eines mit Diamant besetzten, kurvenlosen Tasters (Typ MFW-250) wird die Oberfläche taktil vermessen. Die Aufzeichnung und Auswertung erfolgte dabei nach DIN EN ISO 4288 mit einer Messstrecke von 4 mm und jeweils einem kurzwelligen Filter λ_s = 2,5 µm sowie einem langewelligen Filter von λ_c = 0,8 µm [170]. Zusätzlich zum R-Profil wurde ebenfalls das P-Profil als Primärprofil nach DIN EN ISO 4287 ausgeleitet [171]. Um einen statisch aussagekräftigen Kennwert zu erhalten, wurden für jedes Messfeld jeweils fünf Einzelmessungen durchgeführt und der Mittelwert gebildet.

5 Konzeptionierung und Prozessgrenzen eines neuartigen Werkzeugkonzepts

Das grundlegende Ziel dieser Arbeit besteht in der Herstellung von Tailored Blanks mit definierten Halbzeugdurchmessern durch den in Kapitel 4 vorgestellten flexiblen Walzprozess. Mit dem aus der Literatur bekannten Werkzeugaufbau ist aktuell nur die Herstellung von Tailored Blanks mit einem fixen Außendurchmesser von d_o = 180 mm möglich [143] (siehe Bild 9). Die Materialvorverteilung für die Herstellung von maßgeschneiderten Halbzeugen wird dabei über eine Werkzeugkavität im Walztisch realisiert [142]. Dieser Aufbau macht für eine Anwendbarkeit der Tailored Blanks eine nachgelagerte Beschnittoperation des Halbzeugs unumgänglich. Dadurch kann dem übergeordneten Ziel einer ressourceneffizienten Produktion und reduzierten Prozesskettenlängen nicht Rechnung getragen werden kann. In Bild 9 ist schematisch das Werkzeugkonzept nach dem Stand der Technik von [142] skizziert. Dabei wird durch eine Umformwalze ein kombiniert radialer und tangentialer Werkstofffluss infolge einer translatorischen Bewegung der Walzenachse und einer rotatorischen Kinematik des Walztisches erzeugt [172]. Je nach Halbzeuggeometrie wird zusätzlich durch eine um 180° versetzte Walze Werkstoff aus dem äußeren Bauteilbereich zur Materialvorverteilung genutzt und so ein radialer Stofffluss von außen nach innen erzeugt. Durch diesen Werkzeugaufbau wird, wie in Bild 9 dargestellt, zusätzlich ein unkontrollierter Werkstofffluss aus der Kavität heraus in den äußeren Walzbereich ermöglicht. Dies resultiert in einer Durchmesservergrößerung am Umfang [146]. Dieser unkontrollierte Werkstofffluss tritt sowohl in [142] für eine rotationssymmetrische Geometrie als auch in [146] für eine komplexere, zyklisch-symmetrische Materialvorverteilung auf.

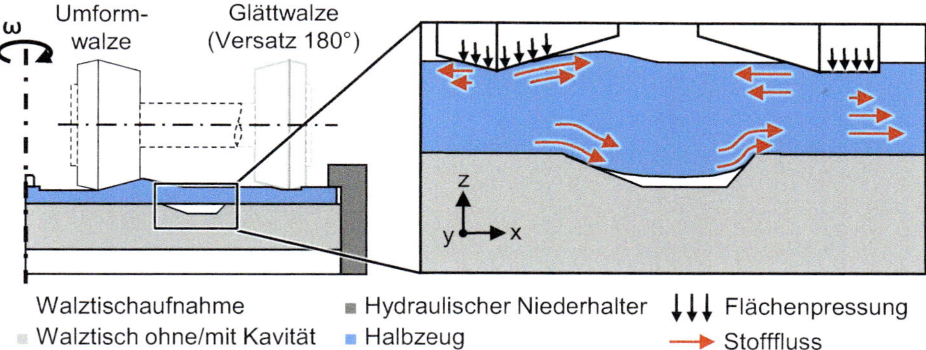

Bild 9: Walzkonzept zur Herstellung von Tailored Blanks mit d_o = 180 mm nach [142]

Durch die Notwendigkeit eines Bauteilbeschnitts stellt dies im Sinne einer Effizienzsteigerung einen Materialverlust dar. Diese Randbedingungen werden nachfolgend für die Anforderungen an einen neuartigen Werkzeugaufbau aufgegriffen, um daraus ein neuartiges und im Sinne der Anwendbarkeit effizientes Werkzeugkonzept abzuleiten. Durch experimentelle Versuchsdurchführungen wird in diesem Kapitel darüber hinaus der erarbeitete Versuchsaufbau für eine grundlegende Prozess- und Einflussanalyse qualifiziert.

5.1 Prozessanforderungen und Konzeptionierung

Neben einer grundsätzlichen Flexibilität und Prozessrobustheit sowie der Montagefähigkeit des Werkzeugaufbaus in die, in Abschnitt 4.3 vorgestellte Walzanlage, sind weitere spezifische Anforderungen an das Werkzeugkonzept zu berücksichtigen. Speziell durch die grundlegenden Zusammenhänge und dem Prozesswissen aus dem Werkzeugkonzept zum flexiblen Walzen von Tailored Blanks mit einem Durchmesser von d_0 = 180 mm müssen speziell die nachfolgend aufgeführten Anforderungen berücksichtigt werden.

Anforderungen an das Werkzeugkonzept

- Radiale Fließbehinderung am Umfang:
  Mit dem Ziel einer umlaufenden Materialvorverteilung im Umfangsbereich ohne Beschnittoperation ist eine radiale Fließbehinderung notwendig. Um die Anwendbarkeit der maßgeschneiderten Halbzeuge in nachfolgenden Umformprozessen sicherzustellen können darüber hinaus im Umfangsbereich nur mittlere Bauteiltoleranzen nach [173] zugelassen werden.
- Kraftfreie Bauteilentnahme:
  Unter Berücksichtigung einer radialen Fließbehinderung muss trotz einer geometrischen Anpassung unterschiedlicher Halbzeuggeometrien eine kraftfreie Entnahme der Tailored Blanks aus dem Werkzeugaufbau gewährleistet werden, um einen nachträglichen Bauteilverzug nach der Umformung quantifizieren zu können.
- Schlupffreie Rotation von Werkzeug und Werkstück:
  Während des Umformvorgangs ist zu jedem Zeitpunkt eine schlupffreie Rotation von Werkzeug inkl. Werkstück zu gewährleisten. Nur dadurch kann ein gleichmäßiger und reproduzierbarer Stofffluss sichergestellt werden.

- Dickenunabhängige Anwendbarkeit von Blechhalbzeugen:
  Um den Einsatz unterschiedlicher Werkstoff mit möglichen Chargenschwankungen der Blechdicke auszugleichen und darüber hinaus eine Übertragbarkeit auf Werkstoffe mit unterschiedlichen Halbzeugdicken zu ermöglichen, ist eine stufenlose Positionierung des Werkzeugs vorzusehen.
- Modularer Aufbau:
  Um eine Übertragbarkeit des neuartigen Walzkonzepts auf weitere Halbzeuggeometrien und –durchmesser zu ermöglichen, ist ein segmentierter Aufbau von Vorteil. Dadurch können ressourcensparend und effizient einzelne Werkzeugkomponenten ausgetauscht werden.

Konzeptionierung

Unter Berücksichtigung dieser zuvor genannten Anforderungen wurde das in Bild 10 dargestellte Prinzip des Werkzeugaufbaus für die Montage in der flexiblen Walzanlage erarbeitet. Entgegen der bisherigen Ausführung zur Positionierung des Halbzeugs durch einen umlaufenden Niederhalter (vgl. Kapitel 4.3) wird bei diesem Konzept eine Positionierung des Halbzeugs durch einen Distanzring mit exakt definiertem Innendurchmesser realisiert. Der Distanzring stellt eine Fließbehinderung dar, womit ein Werkstofffluss in radialer Richtung verhindert wird. Durch diese Ausführung ist keine Nacharbeit für eine Anwendbarkeit der Halbzeuge in nachgelagerten Umformprozessen notwendig. Gleichzeitig kann durch eine stufenlose Verstellbarkeit des Niederhalterrings eine werkstoffbedingte Chargenschwankung ausgeglichen oder der Einsatz von Blechhalbzeugen variierender Blechdicken ohne Umbau eingesetzt werden.

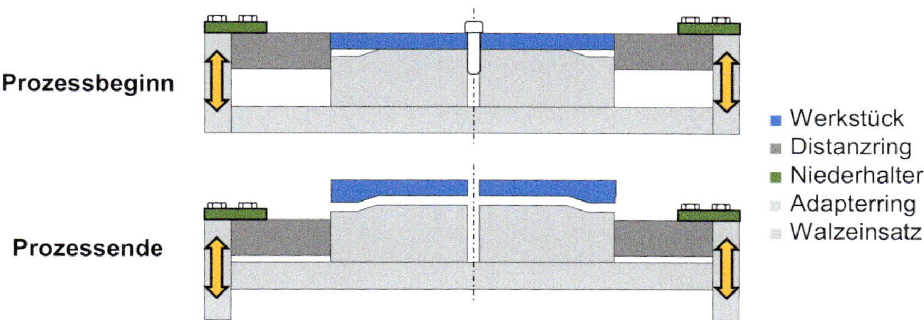

Bild 10: Konzept mit Halbzeugpositionierung über Distanzring zu Prozessbeginn und Prozessende

Durch die Positionierung des Halbzeugs im Umfangsbereich kann darüber hinaus eine freie Umformung walzenseitig ermöglicht werden. Die stufenlose Positionierung durch den Niederhalterring hat den Vorteil, dass die maßgeschneiderten Halbzeuge nach dem Umformprozess kraftlos entnommen werden können. Nach dem Walzprozess wird lediglich der Distanzring vertikal translatorisch verfahren, wodurch der Werkzeugkontakt zum Walzeinsatz bestehen bleibt. Dadurch wird eine geometrische Veränderung der Halbzeuge durch die Bauteilentnahme verhindert.

Durch die flächige Kontaktzone zwischen Halbzeug und Walzeinsatz, sowie am Umfang zwischen Werkstück und Distanzring kann in Kombination mit einer zentrischen Positionierung über eine Schraube eine schlupffreie Rotation ermöglicht werden. Ein radial auftretender Stofffluss, welcher für eine Materialvorverteilung induziert wird, kann in diesem Aufbau zusätzlich zu einer Klemmwirkung des Halbzeugs im Werkzeugaufbau beitragen. Darüber hinaus können durch die Modularität des Aufbaus unterschiedliche Halbzeuggeometrie durch variierende Walzeinsätze realisiert werden. Für eine Variation des Halbzeugdurchmessers ist neben dem Walzeinsatz nur eine Anpassung des Distanzrings notwendig.

5.2 Aufbau und Funktionsweise des neuartigen Werkzeugkonzepts

Für eine experimentelle Umsetzung des neuartigen Werkzeugkonzept findet die in Abschnitt 4.3 vorgestellte flexible Walzanlage Anwendung. Durch den flexiblen Anlagenaufbau und die Möglichkeit einer Erweiterung vorhandener Messtechnik können alle notwendigen Prozesskenngrößen messtechnisch erfasst werden. Im Folgenden wird auf die konstruktive Umsetzung des Werkzeugaufbaus, sowie die daraus resultierende Kinematik eingegangen. Bedingt durch die Modifikation wird außerdem eine Analyse der Maschinensteifigkeit sowie prozessbedingte Maschinengrenzen analysiert.

5.2.1 Werkzeugaufbau und Kinematik

Der gesamte Werkzeugaufbau mit dem Drehtisch zur Anbindung an die Walzanlage ist in Bild 11 a) dargestellt. Der Grundaufbau besteht dabei aus den Führungsringen und modular aufgebauten Walztischeinsätzen. Die exakte Positionierung des Werkzeugaufbaus im Drehzentrum erfolgt über einen zweigeteilten Führungsring, welcher mit einer Passung im Niederhalterring montiert ist. Wie in Bild 11 b) dargestellt, kommt dem

Führungsring gleichzeitig die Aufgabe der Kammerung des Halbzeugs, der Übertragung der rotatorischen Bewegung und des Auswerferprozesses zu teil. Um eine axiale Translation bei gleichzeitiger Vermeidung einer Verklemmung zu ermöglichen, wurde der untere Ring im Durchmesser 0,1 mm kleiner gefertigt. Die Anbindung des Führungsrings zum Niederhalter erfolgt während des gesamten Umformprozesses über einen Adapterring. In diesen Aufbau können die modularen Werkzeugeinsätze positioniert und werkzeugseitig geführt werden. Um während der rotatorischen Bewegung des Drehtisches eine konstante Rotation des Halbzeugs und damit des Werkzeugeinsatzes zu gewährleisten, werden die Werkzeugeinsätze mit einer Mitnehmerscheibe verstiftet und verschraubt. An diese Mitnehmerscheibe sind am Umfang drei Mitnehmergeometrien in einem Versatz von 120° angeordnet, welche durch das Negativ in dem unteren Führungsring eingepasst sind. Dadurch kann zu jedem Zeitpunkt Schlupf zwischen dem Walztischeinsatz und dem Führungsring ausgeschlossen werden.

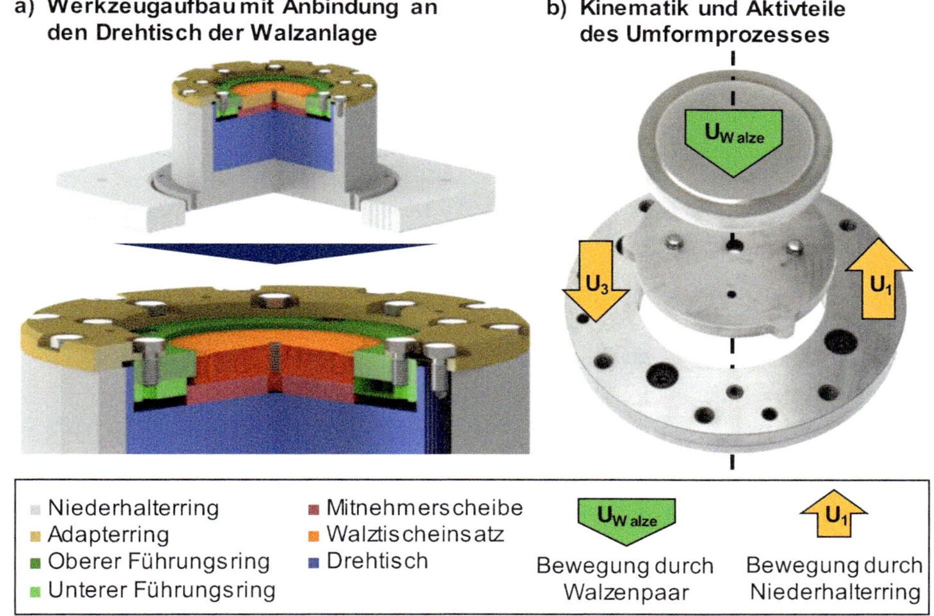

Bild 11: a) Modularer Werkeugaufbau mit neuem Werkzeugkonzept in der Konstruktion zur Anbindung an die Walzanlage sowie b) Kinematik und Aktivteile des Umformprozesses

Die Kinematik des Umformprozesses besteht im Wesentlichen aus dem eigentlichen Umform- und dem Auswerferprozess. Durch mechanische Anschläge des Niederhalterrings wird zu Prozessbeginn der Führungsring hydraulisch in axialer Richtung geklemmt, sodass je nach Blechdicke des

Halbzeugs eine Kammerung zwischen Walztischeinsatz und Führungsring entsteht. Nachfolgend wird der gesamte Werkzeugaufbau über den Drehtisch in Rotation versetzt und durch Kontakt der Walzen mit dem Halbzeug startet der eigentliche Umformprozess. Zu Prozessende kann durch Entfernung der mechanischen Anschläge der Niederhalterring zusammen mit dem Führungsring hydraulisch mit einem Maximaldruck von 100 bar vertikal verfahren werden. Durch Werkzeugkontakt der Adapterplatte des Walztischeinsatzes auf dem Drehtisch wird dadurch eine Auswerferkraft erzeugt, wodurch die das fertige Tailored Blank aus dem Werkzeug entnommen werden kann.

5.2.2 Verfahrensbedingte Prozessgrenzen sowie Ermittlung der Maschinensteifigkeit des flexiblen Walzprozesses

Basierend auf dem neuartigen Werkzeugkonzept werden vor einer grundlegenden Prozessanalyse zunächst die Prozessgrenzen experimentell und analytisch ermittelt. Diese lassen sich gemäß Tabelle 6 in prozessseitige und geometrische Grenzen unterteilen, welche nachfolgend auf Basis der Erkenntnisse in der Literatur erweitert werden. Einen zusätzlichen limitierenden Faktor stellt weiterhin die Werkzeug- und Maschinensteifigkeit der Anlage dar, welche ebenfalls in den nachfolgenden Abschnitten experimentell untersucht wird.

Tabelle 6: Prozessgrenzen des flexiblen Walzprozesses

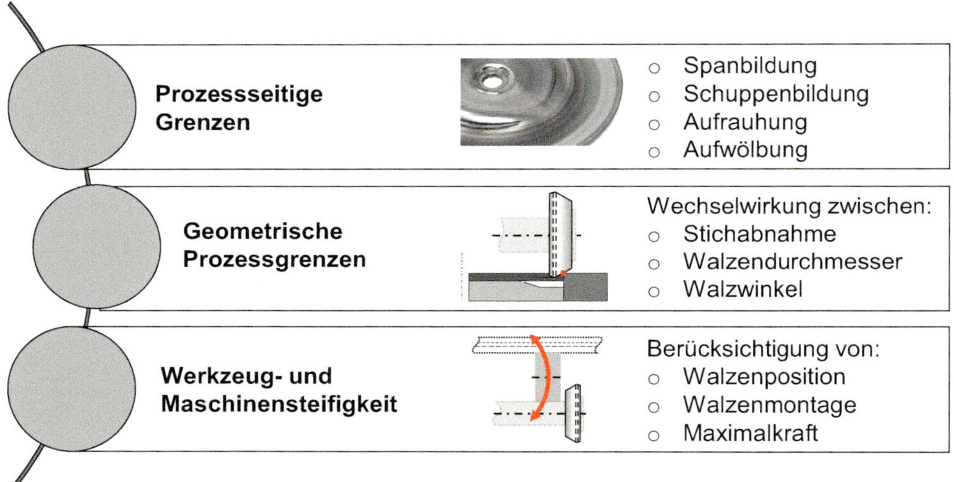

Prozessseitige Grenzen

Wie in Abschnitt 4.3 gezeigt, weist das flexible Walzverfahren in einigen Aspekten charakteristische Merkmale des Drückwalzverfahrens auf. Der Unterschied liegt in der Geometrie der gedrückten Fläche, da im Gegensatz zu dem flexiblen Walzen bei Drückwalzprozessen in der Regel rohr- oder stabförmige Bauteile umgeformt werden (vgl. Abschnitt 2.3.1). Bedingt durch den inkrementellen Werkzeugkontakt zwischen Walzwerkzeug und Werkstück, welcher sich in Abhängigkeit der Prozessführungsstrategie auf gestreckten oder gestauchten Bahnkurven über die Werkstückoberfläche bewegt, können werkstoffabhängig verschiedene Versagensarten auftreten. Bei dem in der Literatur bekannten Werkzeugkonzept zur Herstellung von maßgeschneiderten Halbzeugen mit einem Rondendurchmesser von d_0 = 180 mm sind die Oberflächendefekte einer Spanbildung, Aufrauhung und Schuppenbildung bereits bekannt [12].

Spanbildung (siehe Bild 12) tritt dabei vor allem durch die Wahl hoher Stichabnahmegrade auf. Durch die Werkstoffanhäufung vor der Umformwalze kann es durch den inkrementellen Umformprozess bei einem Überwalzen derselben Bereiche zu einer Werkstoffablösung kommen. Durch eine übermäßige Wulstbildung führt ein Werkzeugkontakt an der Einlaufkante der Umformwalze zu einer Kerbwirkung, wodurch der Stoffzusammenhalt aufgelöst wird. Durch ein anschließendes Überwalzen dieser Bereiche besteht die Gefahr einer Ablösung, wodurch wiederum zu Spanbildung aufritt[12].

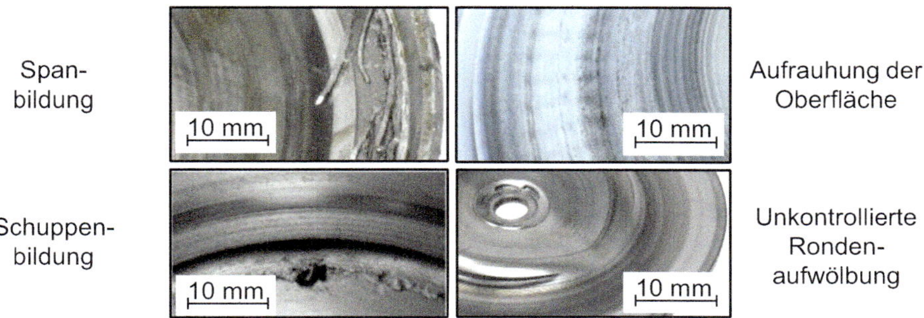

Bild 12: Oberflächendefekte nach [12] sowie geometrischer Prozessfehler durch Aufwölbung

Neben einer Spanbildung kann es je nach Prozessführungsstrategie zu einer Aufrauhung der Oberfläche durch den Werkzeugkontakt führen (vgl. Bild 12). Vergleichbare oberflächennahe Prozessfehler sind in der Literatur beim Drückwalzen bekannt. Heidel et al. [174] konnten diesen Effekt auf eine Scherung entlang der Werkstückwandung zurückführen. Dieser Zusammenhang lässt sich durch den Einsatz flächiger Halbzeuge auf den flexiblen Walzprozess übertragen. Durch die Veränderung des Werkzeugkonzepts und die dadurch resultierende Veränderung der Prozessführungsstrategie ist das Auftreten des in [12] beschriebenen Prozessfehlers der Schuppenbildung mit dem neuen Werkzeugkonzept nicht existent. Dieser Prozessfehler tritt nur durch eine gegenläufige Prozessführung auf, was in dem neuartigen Werkzeugaufbau keine Relevanz darstellt.

Die bisherige Strategie für eine Positionierung der Halbzeuge auf dem Werkzeug für eine walztechnische Herstellung von Tailored Blanks ist eine axiale Klemmung über einen hydraulischen Niederhalter am Umfangsbereich [145]. Wie in Kapitel 5 gezeigt, wird dadurch ein Stofffluss in radialer Richtung ermöglicht. Infolge einer Kammerung des Halbzeugs (wie in Abschnitt 5.2.1 gezeigt) liegt eine Fließbehinderung am Umfang vor, wodurch der radiale Stofffluss behindert wird. Je nach Prozessführungstrategie kann durch die Induzierung eines betragsmäßig hohen Stoffflusses ein radialer Stofffluss entgegen der Vorschubbewegung der Umformwalze auftreten. Dies resultiert in einer erhöhten Druckbeanspruchung des Halbzeugwerkstoffes in Richtung des Rondenzentrums. Je nach Werkstoffeigenschaften und Verfestigungszustand infolge des flexiblen Walzprozesses kann dies zu einer unkontrollierten Rondenaufwölbung durch das Ausknicken in axialer Richtung führen (siehe Bild 12). Ein Werkzeugkontakt an der Einlaufkante kann in Abhängigkeit der Aufwölbungshöhe, analog zur Spanbildung, auch einen Verlust des stofflichen Zusammenhalts begünstigen. Diese Oberflächendefekte müssen daher in den nachfolgenden Kapiteln bei der Prozessanalyse zwingend berücksichtigt werden und stellen eine Prozessgrenze dar.

Geometrische Prozessgrenzen
Neben einer Berücksichtigung der prozessseitigen Grenzen resultieren die konstruktiven Werkzeugveränderung in geometrischen Prozessgrenzen, welche während des Walzprozesses berücksichtigt werden müssen. Bedingt durch einen rotationssymmetrischen Werkzeugeinsatz mit einem abgesetzten Außenring kombiniert mit einer senkrecht dazu angeordneten Walze ist der Verfahrweg der Umformwalze geometrisch limitiert. Wie in Bild 13 ersichtlich, wird der maximale Walzweg durch die Walzengeometrie limitiert, da ab einer radialen Position r eine Kollision mit dem Führungsring resultiert. Die Berechnung der größtmöglichen radialen Position ist auf Basis der geometrischen Zusammenhänge in Gl. 2 zusammengefasst (siehe Bild 13).

$$r = \sqrt{\Delta s^2 + \frac{{d_0}^2}{4} - d_{Walze} \cdot \Delta s - \frac{\Delta s}{\sin \alpha_{UW}}} \qquad (2)$$

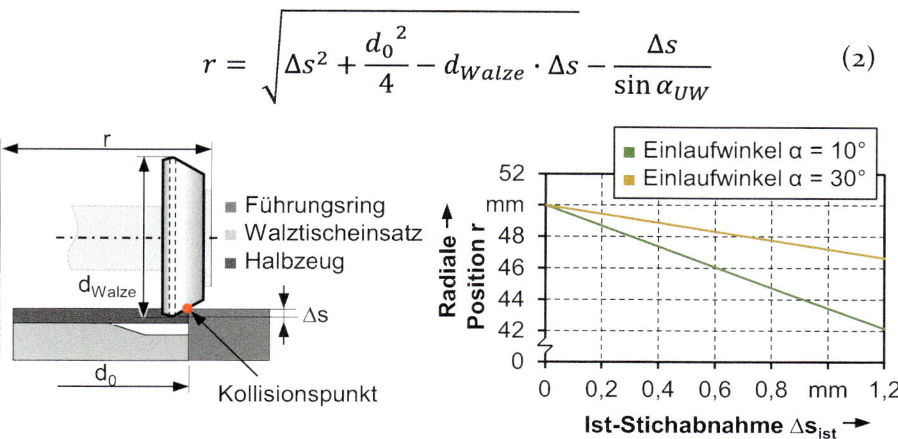

Bild 13: Geometrische Prozessgrenze durch den neuartigen Werkzeugaufbau

Neben der Stichabnahme Δs und dem Halbzeugdurchmesser d_0 hat vor allem der Walzendurchmesser d_{Walze} und der Einlaufwinkel α_{UW} einen limitierenden Einfluss. Der nicht umgeformte, äußere Bereich stellt im Sinne der Materialvorverteilung für die Herstellung maßgeschneiderter Halbzeuge keinen Werkstoffverlust dar. Durch den stetigen Übergang infolge des Einlaufbereichs der Umformwalze resultieren für eine Anwendung in nachgelagerten Umformprozessen keine Spannungsspitzen. Der aus diesem Zusammenhang resultierende radiale Versatz der Umformwalze ist anhand eines Wertebereichs zwischen $\alpha_{UW} = 10°$ und $\alpha_{UW} = 30°$ in Abhängigkeit der realen Stichabnahme in Bild 13 zusammengefasst. Vor allem bei hohen Ist-Stichabnahmen und geringen Einlaufwinkeln ist der radiale Versatz besonders zu berücksichtigen.

Durch die werkzeugkonzeptabhängige freie Umformung ohne umlaufenden Niederhalter kann es, bezogen auf die Prozessparameter, vor allem im Ausgangszustand zu einer axialen Aufwölbung des Halbzeugs am Umfang kommen. Durch das axiale Einstechen der Umformwalze zur Erreichung der Soll-Stichabnahme wird sowohl vor als auch hinter der Umformwalze Werkstoff verdrängt. Dies ist nach [23] vergleichbar mit einem Eindrückverfahren unter Anwendung eines geschmierten Keils. Dadurch wird vor der Umformwalze ein radialer Druckspannungszustand erzeugt, mit der Folge einer Werkstoffanhäufung. Eine radiale Translation der Umformwalze verstärkt diesen Einfluss zu Prozessbeginn, wodurch eine Aufwölbung gefördert wird. Gleichzeitig bedingt die radiale Vorschubbewegung eine Vergrößerung des Rondendurchmessers. Wird zu Prozessbeginn eine zu hohe Stichabnahme gewählt, wird dieser Effekt zusätzlich verstärkt, mit der Folge einer Abscherung des Werkstoffes durch die um 180° versetzte Umformwalze (vgl. Spanbildung Bild 12). Die Rondenaufwölbung wird dabei sowohl von der Stichabnahme als auch von dem Halbzeugwerkstoff und der Halbzeugdicke infolge des Flächen- und Widerstandsmoments beeinflusst.

Maschinenauffederung
Bedingt durch den inkrementellen Charakter und die daraus resultierende punktförmige Krafteinleitung während des Walzprozesses treten hohe lokale Kräfte auf, wodurch die Werkzeug- und Maschinenauffederung begünstigt wird. Wie in Abschnitt 4.3 im Anlagenaufbau gezeigt, sind die Walzenachsen jeweils über eine Linearführung und zwei Stützwalzen mit der Traverse verbunden, welche wiederum über ein Säulenführungsgestell mit dem Unteraufbau gekoppelt ist. Durch die daraus resultierende einseitige, freie Lagerung der Walzenachsen ist die Maschinenauffederung von der Montage der Walze abhängig (siehe Bild 14). Je nach Prozessführung ist durch eine um 180° verdrehte Montage eine veränderte Auffederungscharakteristik zu erwarten, da sich die Position des Krafteinleitungspunkts global verändert. Durch eine Variation des Hebelarms steigt das Moment mit der Folge einer gesteigerten Auffederung. Vor allem unter dem Gesichtspunkt der Erarbeitung einer Auslegungsmethode muss dieser Zusammenhang berücksichtigt werden. Dabei muss eine Unterscheidung der Walzenmontage bezogen auf die Vorschubrichtung nach „innen → außen" und „außen → innen" getroffen werden (vgl. Schema Bild 14). Da durch den flexiblen Aufbau der Walzanlage grundsätzlich eine stufenlose radiale Positionierung der beiden Walzenachsen in einem Bereich zwischen $9\ \text{mm} \leq r \leq 50\ \text{mm}$ realisiert werden kann, wird die Maschinenauffederung zur Berücksichtigung des Traversenaufbaus an diesen Positionen in fünf Stufen experimentell untersucht. Wie in Bild 14 dargestellt, wird die Auffederung der Walzenachsen jeweils mit einem Messtaster (vgl. Abschnitt 4.3) im Bereich des Übergangsradius der Walzwerkzeuge bestimmt. Die Auffederung resultiert dabei aus der Steifigkeit der Walzenachse bezogen zur Linearführung des Walzgerüsts. Unter Einfluss der Prozessgrenzen durch die maximal realisierbare Vertikalkraft und den auftretenden Umformkräften in vorangegangenen Untersuchungen in [12] wird die Auffederung für einen Bereich zwischen $0\ \text{kN} \leq F_z \leq 80\ \text{kN}$ ermittelt.

Wie in Abschnitt 4.3 beschrieben, handelt es sich bei dem flexiblen Walzprozess um eine weggebundene Umformung. Bedingt durch den Anlagenaufbau werden die resultierenden Umformkräfte in z-Richtung immer als Gesamtkraft über das Säulenführungsgestell bestimmt. Eine Unterscheidung zwischen der linken und rechten Walzenachse ist dadurch nicht möglich. Je nach Werkzeugkontakt können somit unterschiedliche Kraftverhältnisse auftreten, weshalb keine wegbasierte Kompensation der Auffederung möglich ist. Aus diesem Grund werden in den nachfolgenden Untersuchungen jeweils die Soll-Stichabnahmen als Steuergrößen genutzt. Für die Ableitung einer ganzheitlichen Auslegungsmethode werden die resultierenden Auffederungen durch eine Kompensation der Steuergröße berücksichtigt.

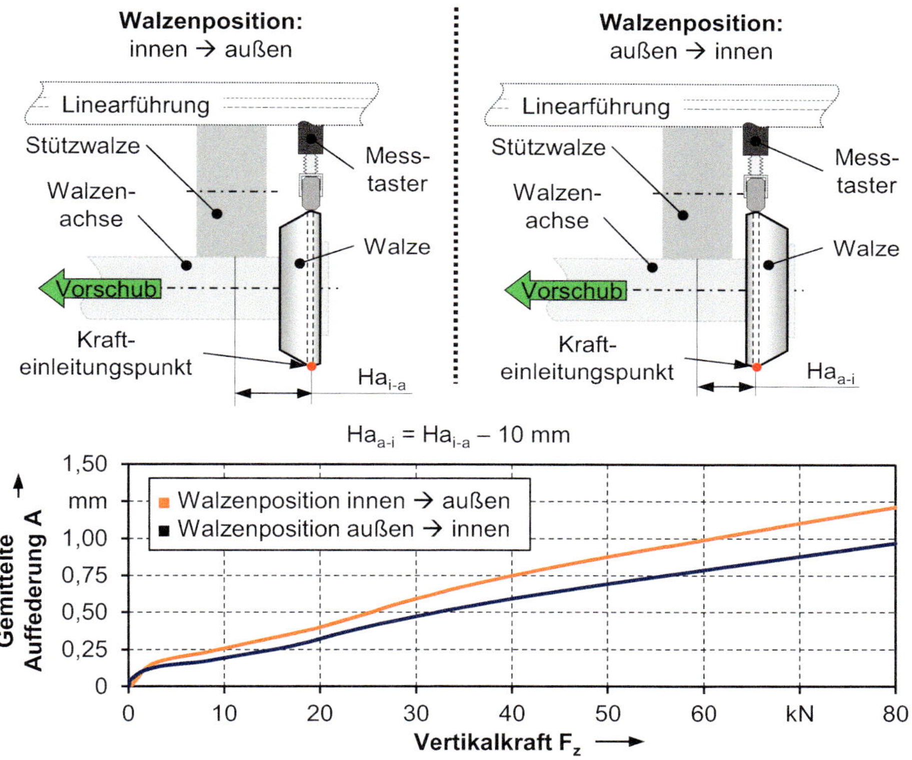

Bild 14: Anlagenspezifische Maschinenauffederung in Abhängigkeit der Walzenposition und Vertikalkraft F_z

In den Untersuchungen zum Einfluss der radialen Werkzeugposition auf die resultierende Auffederung konnte kein signifikanter Einfluss ermittelt werden. Ein Vergleich der Auffederungs-Kraft-Kurven ergibt in dem analysierten Kraftbereich eine mittlere Abweichung von ± 5 µm, was auf Basis der Anlagensteuerung zu vernachlässigen ist. Dies ist auf die hohe Steifigkeit der Traverse zurückzuführen, wodurch eine homogene Kraftverteilung im Oberaufbau erfolgt. Aus diesem Grund sind in Bild 14 nur die gemittelten Auffederungs-Kraft-Kurven in Abhängigkeit der Walzenmontage dargestellt. Bei der Positionierung wird zwischen „innen → außen" mit dem Abstand $Ha_{i\text{-}a}$ und „außen → innen" mit $Ha_{a\text{-}i}$ unterschieden. Die Differenz beträgt bezogen auf die Mittenposition der Stützwalze 10 mm. Es ist zu erkennen, dass bis zu einer Umformkraft von F_Z = 4 kN bei beiden Anordnungen eine vergleichbare Gesamtauffederung vorliegt. Dies liegt zum einen an der elastischen Verformung der Walzenachse begründet, zum anderen an dem Montageabstand zwischen Walzenachse und Stützwalzen. Mit steigender Umformkraft ist ein Anstieg der Auffederungen zwischen der Walzenposition i-a und a-i zu erkennen, wobei die maximale Auffederungsdifferenz bei der Maximalkraft von F_Z = 80 kN mit ΔA = 0,25 mm erreicht wird.

5.3 Zusammenfassende Bewertung des neuartigen Werkzeugaufbaus

In diesem Kapitel wurde ein neues Werkzeugkonzept für einen flexiblen Walzprozess zur Herstellung maßgeschneiderter Halbzeuge mit prozessangepasster Materialvorverteilung erarbeitet. Grundlage für das Konzept stellt das in der Literatur etablierte flexible Walzverfahren dar, mit dem Tailored Blanks mit einem fixen Außendurchmesser von d_o = 180 mm umformtechnisch hergestellt werden können. Mit dem neuartigen Werkzeugkonzept wird die Möglichkeit geschaffen, durchmesserangepasste Halbzeuge herzustellen und so eine nachgelagerte Beschnittoperation zu vermeiden. Zur Erreichung dieses Teilziels wurden zunächst auf Grundlage des Prozesswissens und der Ursachen-Wirkzusammenhänge des bestehenden Walzverfahrens Anforderungen an das neue Werkzeugkonzept abgeleitet. Dabei stellt vor allem die Fließbehinderung am Umfang eine besondere Herausforderung dar, da darauf aufbauend im Vergleich zu dem bestehenden Werkzeugaufbau angepasste Stoffflussanteil resultieren. Auf Basis der erarbeiteten Anforderungen wurde ein neuartiger Werkzeugaufbau konzipiert und experimentell realisiert.

Durch diese grundlegende Prozessanpassung verändern sich die in [12] untersuchten Prozessfehler teilweise. Vor einer grundlegenden Prozessanalyse wurde daher eine Analyse möglicher Prozessfehler durchgeführt, um weiterführend vorliegende Prozessgrenzen zu untersuchen. An dieser Stelle wird das bereits erarbeitete Grundlagenwissen des flexiblen Walzprozesses für einen Übertrag der Ursachen-Wirkzusammenhänge herangezogen. Dabei konnte gezeigt werden, dass sich die bereits bekannten prozessseitigen Grenzen Spanbildung, Aufrauhung der Oberfläche und

Schuppenbildung übertragen lassen, da diese Effekte auf den Walzprozess selbst zurückzuführen sind. Durch das neue Werkzeugkonzept tritt allerdings ein neuer Prozessfehler einer unkontrollierten Rondenaufwölbung in Richtung des Rondenzentrums auf. Dieser Prozessfehler ist vermeintlich auf einen unkontrollierten Stoffrückfluss zurückzuführen, welcher durch die Kammerung des Halbzeugs in Kombination mit einem radialen Stofffluss der Umformwalze basiert. Neben den prozessseitigen Grenzen resultieren aus dem neuen Werkzeugkonzept neue geometrische Prozessgrenzen. Durch eine Kammerung des Halbzeugs wird der radiale Verfahrweg der Umformwalze und die radiale Positionierung der Glättwalze begrenzt. In diesem Zusammenhang wurden basierend auf den geometrischen Zusammenhängen die Grenzen des maximalen Walzweges definiert. Dabei konnte die Stichabnahme, der Halbzeugdurchmesser, der Walzendurchmesser und der Einlaufwinkel der Umformwalze als Einflussfaktoren identifiziert werden.

Darüber hinaus soll die Werkzeug- und Maschinenauffederung im Rahmen der Ableitung einer ganzheitlichen Auslegungsmethode zur Herstellung von Tailored Blanks durch einen flexiblen Walzprozess berücksichtigt werden. Dieser Einfluss konnte ebenfalls in diesem Kapitel quantifiziert werden. Für die radiale Position des Werkzeugkontaktes zwischen Walze und Halbzeug konnte kein Einfluss auf die Auffederung identifiziert werden. Demgegenüber hat die Montagerichtung der Walze in Bezug auf die Vorschubrichtung („innen → außen“ oder „außen → innen“) einen signifikanten Einfluss. Wird der Walzhub von innen nach außen ausgeführt, so ist der Abstand $H_{i\text{-}a}$ um 10 mm weiter in Richtung des Rondenzentrums verschoben als bei einer Montage mit möglichem Walzhub von außen nach innen. Diese Vergrößerung des Hebelarms bedingt eine veränderte Steifigkeit und damit eine größere kraftabhängige Auffederung, welche bei den weiteren Untersuchungen bzw. in der Auslegungsmethode berücksichtigt werden muss.

6 Grundlegende Prozess- und Einflussanalyse sowie Erarbeitung von Ursachen-Wirkzusammenhängen

Durch Einsatz der in Kapitel 4 vorgestellten flexiblen Walzanlage und dem in Kapitel 5 erarbeiteten Werkzeugkonzept sowie den Auswertemethoden wird im Folgenden das grundlegende Prozessverhalten zur walztechnischen Herstellung maßgeschneiderter Halbzeuge mit dem neuartigen Werkzeugaufbau analysiert. Dafür wird zunächst die grundlegende Prozesscharakteristik untersucht und darauf aufbauend relevante Zielgrößen für den prozesssicheren Einsatz der Tailored Blanks abgeleitet. Für ein ganzheitliches Prozessverständnis wird der Einfluss aller Prozessstellgrößen in einer Signifikanzanalyse untersucht und basierend auf definierten Zielgrößen bewertet. Diese Untersuchungen bilden die Grundlage für eine umfassende Analyse der Ursachen-Wirkzusammenhänge der Prozessparameter. Weitergehend wird die Möglichkeit einer Erweiterung der Prozessgrenzen durch mehrere aufeinanderfolgende Walzhübe, sowie dessen Wechselwirkung untereinander analysiert. Abschließend erfolgt die Zusammenführung des erarbeiteten Prozesswissens in eine ganzheitliche Auslegungsmethode.

6.1 Prozesscharakteristik und Zielgrößendefinition

Für eine grundlegende Bewertung des Walzprozesses unter Anwendung des neuartigen Werkzeugkonzepts und zur Analyse der Übertragbarkeit von Prozessführungsstrategien nach dem Stand der Technik werden Referenzversuche auf Basis des Prozesswissens aus den Arbeiten von Hildenbrand et al. [141] und Vogel et al. [143] durchgeführt, bei denen ein Rondendurchmesser von $d_0 = 180$ mm angewendet wurde. Die Prozessparameter werden zunächst in Anlehnung an bestehende Prozessführungsstrategien unter Berücksichtigung des reduzierten Rondendurchmessers und der Prozessgrenzen aus Kapitel 5 definiert. Eine Zusammenfassung der Prozessparameter ist in Tabelle 7 dargestellt. Diese Referenzparameter werden in den folgenden Abschnitten sowohl für Untersuchungen der Prozessrobustheit als auch für eine grundlegende Analyse der Prozesscharakteristik angewendet. Für die nachfolgenden experimentellen Versuchsdurchführungen kommt als Halbzeugwerkstoff der weiche Tiefziehstahl DC04 mit einer Ausgangsblechdicke von $s_0 = 2$ mm zum Einsatz.

Tabelle 7: Prozessparameter des Referenzversuchs

Prozessparameter	Wertebereich
Stichabnahme Δs	0,4 mm
Bezogener Vorschub v_b	1,0 $^{mm}/_{U}$
Tischdrehzahl ω	1 $^{U}/_{s}$
Umformwalze α_{UW} / β_{UW}	15° / 5°
Glättwalze α_{GW} / β_{GW}	15° / 0°
Walzweg x	29 mm

Zunächst wird die Prozessrobustheit durch die Reproduzierbarkeit des flexiblen Walzprozesses unter Anwendung des neuartigen Werkzeugkonzepts bewertet. Anhand der Prozessparameter des Referenzversuchs werden zehn identische Umformversuche mit den Referenzparametern durchgeführt und hinsichtlich ihrer geometrischen Abweichung der Blechdickenverteilung im ausgedünnten (15 mm ≤ x ≤ 40 mm) und aufgedickten Bereich (40 mm ≤ x ≤ 50 mm) sowie des erzielten Materialvolumens verglichen. Auf Grundlage der digitalisierten Rondengeometrie resultiert im Aufdickungsbereich eine mittlere Blechdickenabweichung von $\delta s = \pm 9{,}11$ µm und im ausgedünnten Bereich von $\delta s = \pm 9{,}96$ µm. Dies entspricht einer prozentualen Abweichung von ± 0,52 % bzw. ± 0,46 % was im Rahmen der Messgenauigkeit zur Bauteilcharakterisierung als vernachlässigbar eingestuft werden kann. Die Auswertung des Bauteilvolumens im Aufdickungsbereich ergibt eine mittlere Standardabweichung von lediglich $\delta V = \pm 41$ mm³, was eine mittlere Abweichung von ± 0,68 % bezogen auf das Initialvolumen darstellt.

Zur Bewertung des Einflusses der Blechanisotropie auf die Formfüllung der Materialvorverteilung wird durch richtungsabhängige Messungen unter 0°, 45° und 90° zur Walzrichtung die Blechdicke bewertet. Eine Auswertung der Blechdicken ergibt bei diesen Untersuchungen eine sehr geringe mittlere Blechdickenabweichung von $\delta s = \pm 2{,}03$ µm im aufgedickten und $\delta s = \pm 1{,}58$ µm im ausgedünnten Bereich. Übereinstimmend mit Untersuchungen zu walztechnisch hergestellten Tailored Blanks unter Anwendung von Halbzeugen mit einem Durchmesser von $d_0 = 180$ mm in [12] ist durch das neuartige Werkzeugkonzept kein signifikanter Einfluss der Blechanisotropie aufgrund der rotatorischen Kinematik und den Stoffflussanteilen erkennbar. Auf dieser Grundlage werden in den folgenden Untersuchungen die Ergebnisse repräsentativ jeweils anhand einer Ronde gemittelter Kenngrößen dargestellt.

Grundlegende Prozesscharakteristik

Bei dem flexiblen Walzprozess mit dem neuartigen Werkzeugkonzept wird ein Stofffluss durch eine kombinierte Dreh- und Vorschubbewegung der Walzwerkzeuge in Bezug auf die Halbzeugoberfläche erzeugt. Die Kontaktfläche wandert dabei im globalen Koordinatensystem inkrementell auf einer Spiralbahn radial, je nach Vorschubgeschwindigkeit, über die Werkstückoberfläche. Durch die Einstellung einer definierten Stichabnahme wird eine Vertikalkraft (F_Z) induziert, siehe Bild 15. Aufgrund der Geometrie der Walzen in Form einer Doppelkegelrolle kombiniert mit der Vorschubbewegung der Umformwalze liegt außerdem eine Radialkraft (F_r) vor.

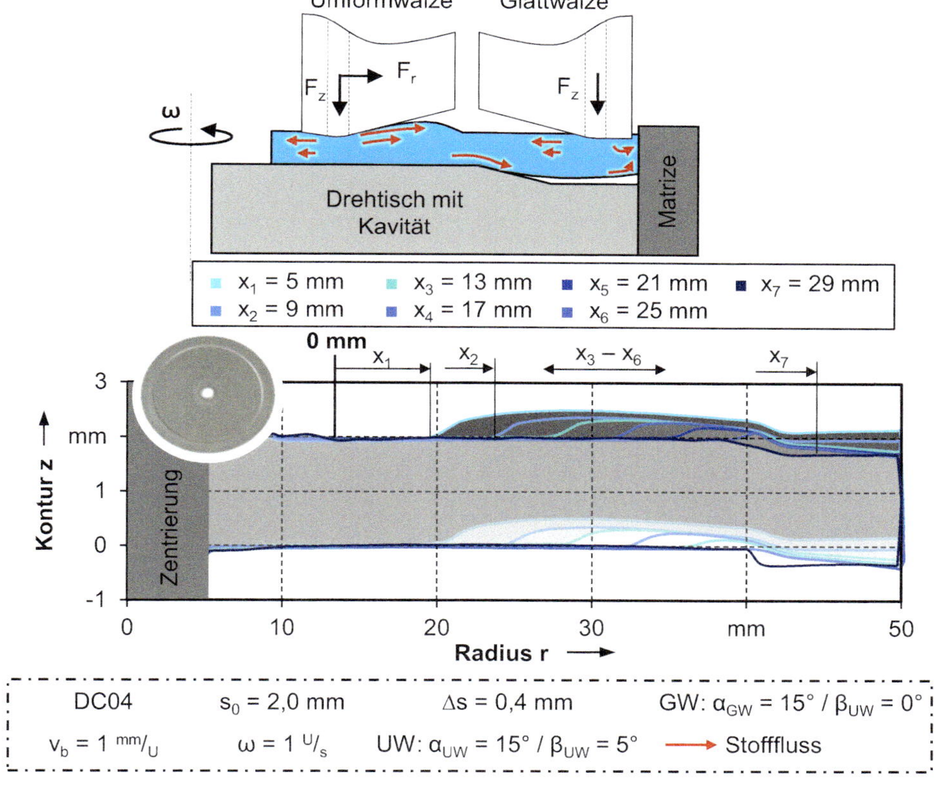

Bild 15: Kraft- und Spannungskomponenten sowie Evolution des flexiblen Walzens

Als Folge entsteht ein kombiniert radial-tangentialer Stofffluss vor der Umformwalze. Dabei ist zu berücksichtigen, dass im Verhältnis zur Oberfläche des Halbzeugs die Kontaktfläche sehr gering ist, welche je nach Walzengeometrie in einem Bereich von ca. 0,4 % variiert. Durch diesen punktförmigen Werkzeugkontakt wird der Werkstoff nur lokal zwischen der Walze und dem Drehtisch plastifiziert. Da bei diesem Verfahren, wie in Bild 15 erkennbar, der Materialfluss in die gleiche Richtung wie die Vorschubrichtung der Walze gerichtet ist, weist das Verfahren Ähnlichkeiten zum Gleichlaufabstreckdrücken auf. Unterschied besteht allerdings in den Spannungskomponenten während des Umformprozesses. Während nach Neugebauer [40] beim Gleichlaufdrücken der nicht abgestreckte Werkstoff vor der Drückwalze spannungsfrei abfließen kann, findet bei dem vorliegenden Werkzeugkonzept zum flexiblen Walzen eine Kammerung der Ronde am Umfang statt. Dadurch liegt eine Fließbehinderung in radialer Richtung vor, wodurch der Werkstoff senkrecht zur Blechdicke ausweicht und somit eine Formfüllung der Werkzeugkavität stattfindet. Entgegen dem Walzkonzept mit großem Halbzeugdurchmesser in [143] kann ein unkontrollierter radialer Werkstofffluss über die Werkzeugkavität hinaus verhindert werden. Untersuchungen zu dem Einsatz maßgeschneiderter Halbzeugoberflächen in dem flexiblen Walzprozess in [147] haben ergeben, dass dadurch die Formfüllung im Aufdickungsbereich gesteigert werden kann. Je nach Prozessparameter tritt neben dem angestrebten Stofffluss in Richtung der Kavität allerdings auch ein ungewollter Stoffrückfluss entgegen der Vorschubrichtung zum Rondenzentrum auf. Dies kann werkstoffabhängig den in Abschnitt 5.2 beschriebenen Prozessfehler des Ausknickens zur Folge haben (vgl. Bild 12). In Abhängigkeit der Steifigkeit des Halbzeugs tritt neben der Werkstoffanhäufung vor der Walze eine definierte Aufwölbung der Ronde auf. Diese Entwicklung ist in Bild 15 anhand von sieben Versuchen mit einem variierenden Walzweg von $x_1 = 5$ mm bis $x_7 = 29$ mm zur Evolution des Walzprozesses dargestellt. Dabei ist die Kontur im Schnitt über den Bauteilradius aufgetragen, wobei der Walzweg bei einer radialen Position von $r = 14$ mm mit dem Beginn der Umformzone bei $x_0 = 0$ mm definiert ist. Es ist zu erkennen, dass die Aufwölbung mit steigendem Walzweg reduziert und so Werkstoff angestaucht wird. Dies ist in der Anordnung der Umform- und Glättwalze begründet. Bei vollständigem überwalzen der Ronde bis $x_7 = 29$ mm wird der Werkstoff in den Aufdickungsbereich der Kavität verdrängt und Material vorverteilt.

Diese grundlegenden Zusammenhänge spiegeln sich in dem Spannungszustand in der Umformzone wieder. Als Folge des radialen Stoffflusses und der Kammerung und Einglättung durch die Glättwalze am Rondenumfang des Halbzeugs liegt in radialer Richtung ein Druckspannungszustand vor. In axialer Richtung unterliegt der Werkstoff durch den Walzenkontakt und die Umformkraft F_Z einer Druckbeanspruchung. In tangentialer Richtung wird durch die Rotation ω des Drehtisches Werkstoff angehäuft und durch die Rotation überwalzt. Die Umformwalze stellt eine Fließbehinderung dar, wodurch tangential eine Druckbeanspruchung vorliegt. Mit dem inkrementellen nächsten Zeitschritt ändern sich diese Spannungszustände und folglich das Fließverhalten in Abhängigkeit des Werkstoffzustands vor der Umformwalze. Dieser Spannungszustand ist weiterhin abhängig von den gewählten Prozessparametern und der Prozessführungsstrategie. Das Auftreten eines komplexen Spannungszustands ist ein typisches Merkmal in der Blechmassivumformung [16]. Es bleibt festzuhalten, dass der vorliegende Walzprozess aus umformtechnischer Sicht eine Kombination aus Walzen zur Blechausdünnung und einem Anstauchen des Halbzeugwerkstoffes in radialer Richtung zur Aufdickung im Kavitätsbereich entspricht.

Halbzeugeigenschaften der Tailored Blanks im Referenzprozess
Für die Grundlagenuntersuchung und zum Aufbau eines ganzheitlichen Prozessverständnisses des flexiblen Walzprozesses wird auf Basis der Prozessparameter aus Tabelle 7 der Referenzversuch mit dem Versuchswerkstoff DC04 durchgeführt. Dabei werden neben den geometrischen Eigenschaften die mechanischen Halbzeugeigenschaften des Referenzprozesses untersucht. Die Ergebnisse sind zusammengefasst in Bild 16 dargestellt. In Bild 16 a) ist exemplarisch der Querschnitt in Gefügeaufnahmen im mittleren Walzbereich sowie im Übergangsbereich zwischen Walzbereich und Aufdickungsbereich dargestellt. Dabei ist qualitativ zu erkennen, dass sich walzenseitig eine Rillenstruktur in regelmäßigen Abstanden ausbildet. Durch die Überlagerung der Rotation des Walztisches mit der Vorschubbewegung der Walzenachse wandert die Kontaktfläche in einer Spiralform über die Oberfläche. Prozessseitig ist dies vergleichbar mit dem Abstreckdrücken [66], mit dem Unterschied der Kontaktfläche senkrecht zur Blechebene. Im Übergangsbereich der Werkzeugkavität ist zu erkennen, dass eine Umlenkung des Stoffflusses vorliegt, wodurch eine Veränderung der Gefügestruktur in Form einer Kornlängung begünstigt wird.

Weiterhin werden, in Bezug auf die spätere Anwendbarkeit, die geometrischen Eigenschaften experimentell untersucht. In dem überlagerten Diagramm der Bauteilkontur und Blechdicke des Tailored Blanks in Abhängigkeit des Rondenradius in Bild 16 b) ist erkennbar, dass zwischen $r = 6$ mm und $r = 12$ mm eine homogene Blechdicke von $s = 2$ mm vorliegt. Erst ab der Position von $r = 14$ mm reduziert sich die Blechstärke auf $s = 1{,}8$ mm. Dies liegt in der geometrischen Positionierung der Walzenachse und dem daraus resultierenden Walzweg, sowie den Walzwerkzeugen begründet. Im Anschluss ist eine homogene Ausdünnung des Werkstoffes bis ca. $r = 35$ mm zu erkennen. Der Werkstoff wird durch den Walzprozess radial verdrängt mit der Folge einer Ausdünnung im Walzbereich. Mit weiterer Zunahme der radialen Position ist ein leichter Anstieg gefolgt mit einer

Blechdickenreduktion bis r = 40 mm zu verzeichnen. Direkt im Anschluss steigt die Blechdicke auf s = 2,16 mm bis r = 42 mm. Dieser Zusammenhang basiert auf dem Einlaufbereich der Werkzeugkavität, der die Materialvorverteilung geometrisch definiert. Der Anstieg vor dem Kavitätseinlauf stellt einen unkontrollierten Materialrückfluss durch das inkrementelle Überwalzen der Übergangszone dar. Der anschließende homogene Bereich wird durch Einglättung des Werkstoffes durch die Glättwalze erreicht. Im Querschnitt, dem Konturplot, ist zu erkennen, dass nach dem flexiblen Walzprozess keine vollständig ebene Rondengeometrie erreicht wird, sondern ausgehend vom Walzbeginn eine Verwölbung auftritt.

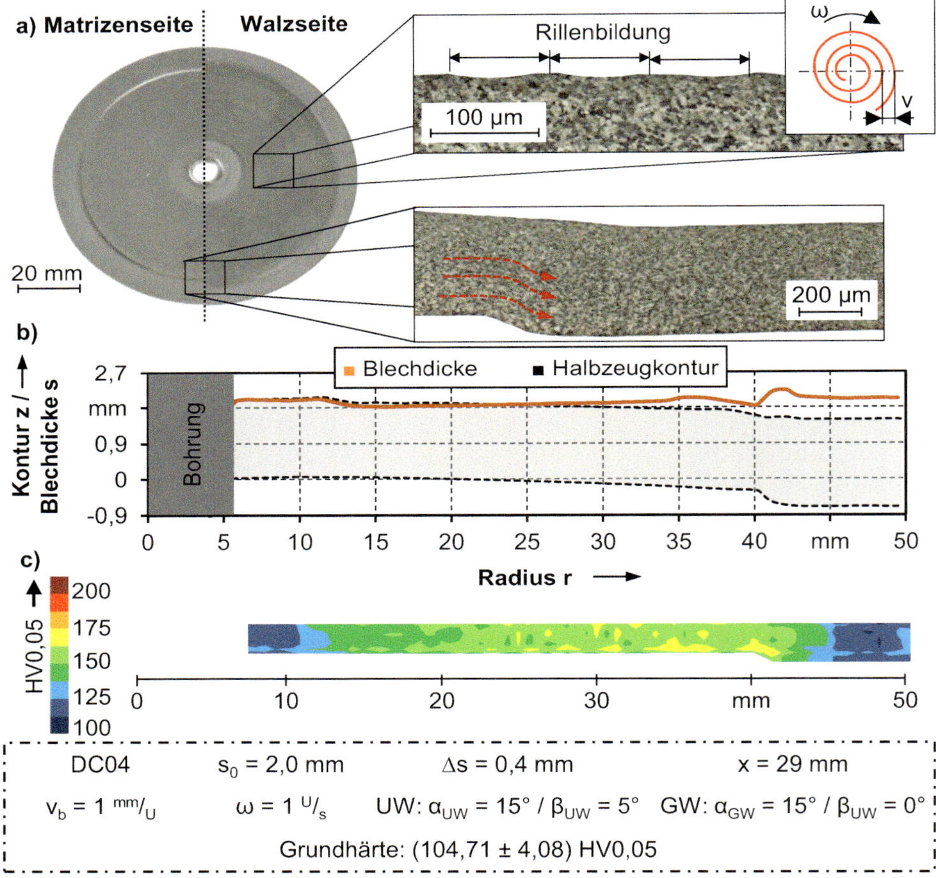

Bild 16: Geometrische und mechanische Eigenschaften der Tailored Blanks im Referenzversuch aus DC04 mit s_0 = 2,0 mm

Neben den geometrischen Halbzeugeigenschaften sind in Bild 16 c) des Weiteren die mechanischen Halbzeugeigenschaften über den Rondenquerschnitt ausgewertet. Während im inneren Rondenbereich bis r = 14 mm keine Veränderung der Härte erkennbar ist, steigt diese im Walzbereich (14 mm ≤ r ≤ 39 mm) um 43 % im Verhältnis zur Grundhärte auf (149,35 ± 6,87) HV0,05 infolge der umforminduzierten Kaltverfestigung an. Infolge der lokal variierenden Spannungs- und Formänderungszustände ist eine lokale Variation des Härtezustands zu verzeichnen. Durch den radialen Materialfluss in den Aufdickungsbereich und den Kontaktdruck der Umformwalze steigt die Härte bis zur Übergangszone an. Demgegenüber erhöht sich die Härte im Aufdickungsbereich (42 mm ≤ r ≤ 50 mm) nur geringfügig um ca. 25 % auf (130,86 ± 14,31) HV0,05. Dabei ist zu erkennen, dass die Härteverteilung im Verhältnis zum gesamten Aufdickungsbereich am äußersten Rand leicht höhere Werte aufweist. Ursächlich dafür ist die Kammerung der Ronde am Umfang. Durch den Führungsring wird eine radiale Durchmesservergrößerung verhindert, wodurch infolge des Kontaktdrucks am Außenradius die Verfestigung und damit die Härte ansteigt.

Zielgrößendefinition

Auf Grundlage der Analyse zu den Halbzeugeigenschaften des Referenzversuchs wird im Folgenden eine Definition relevanter Zielgrößen für die Herstellung von Halbzeugen mit maßgeschneiderten Eigenschaften vorgenommen. Voraussetzung ist eine repräsentative Definition der Kenngrößen hinsichtlich der Bauteilqualität und einer prozesssicheren Anwendbarkeit in nachfolgenden Umformoperationen. Dabei wird der Fokus auf die Quantifizierbarkeit der Zielgrößen gelegt, um damit gleichzeitig eine reproduzierbare Messung zu gewährleisten.

Das zentrale Ziel des flexiblen Walzprozesses liegt in der Materialvorverteilung zur gezielten Prozessbeeinflussung nachfolgender Umformoperationen. Daher ist bauteilseitig das relevantestes Prozessergebnis der Grad der Ausformung der Materialvorverteilung in der werkzeugseitigen Kavität. Die Grenze der notwendigen Ausformung kann dabei nicht pauschalisiert werden, da dies abhängig von dem nachgelagerten Prozessschritt ist. Um dennoch eine Quantifizierung der Materialvorverteilung zu ermöglichen, wird das Materialvolumen als Gesamtvolumen V_A im Aufdickungsbereich 40 mm ≤ r ≤ 50 mm ausgewertet (vgl. Bild 8). Dabei ist zu berücksichtigen, dass dieser Kennwert zur Vergleichbarkeit der Prozessführungsstrategien immer das Gesamtvolumen im Aufdickungsbereich wiederspiegelt. Für die Anwendbarkeit der maßgeschneiderten Halbzeuge ist dieses Materialvolumen essentiell für die Prozessauslegung.

Speziell für eine prozesssichere Weiterverarbeitung der Tailored Blanks bezüglich des notwendigen Werkzeugspalts und Toleranzen in Folgeprozessen spielt die Maßhaltigkeit der Halbzeuge eine wichtige Rolle. Während der Halbzeugdurchmesser durch die Kammerung definiert ist und nur durch eine elastische Auffederung des Distanzrings beeinflusst wird, ist die Ebenheit infolge der Umformung nicht geometrisch definiert. Zur Quantifizierung wird die Rondenkrümmung als Bauteilbewertungsgröße herangezogen. Für einen Vergleich untereinander wurde ein Auswerteverfahren erarbeitet, wobei der Auswerteablauf in Bild 17 dargestellt ist. Bei diesem Verfahren werden Krümmungskreise an die Bauteilkontur gelegt und an definierten radialen Positionen der Radius ausgewertet. Der Messabstand ist aufgrund der Facettengröße des Streifenlichtprojektionssystems der Bauteildigitalisierung mit 0,1 mm festgelegt. Aus den Radien der Krümmungskreise wird anschließend eine mathematische Funktion abgeleitet. Da in Bauteilbereichen ohne oder mit sehr kleiner Krümmung ein unendlich großer Wert für den Radius erreicht wird, ist der Krümmungswert definiert als die Fläche der Umkehrfunktion der Radiusfunktion in einem Definitionsbereich zwischen r = 14 mm und r = 50 mm. Der Walzbereich deckt sich mit dem Auswertebereich der Radiusfunktion.

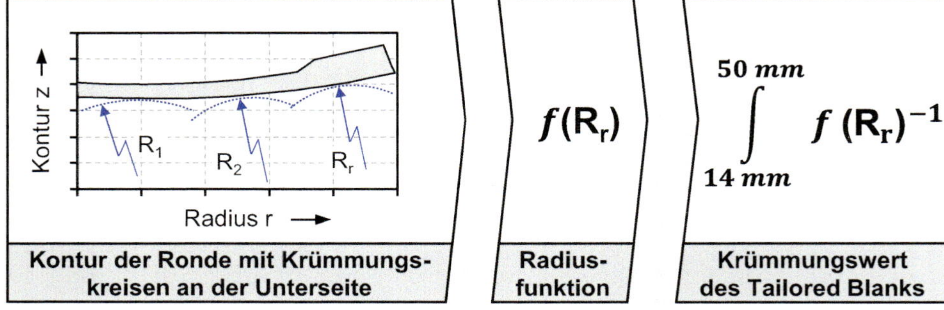

Bild 17: Methodische Vorgehensweis zur Charakterisierung der Rondenkrümmung

Der Vorteil dieser Auswertemethode liegt in der allgemeingültigen und übertragbaren Anwendbarkeit unabhängig der Rondengeometrie. In Untersuchungen von Opel [12] wurde die Aufwölbung als Näherung der Steigung mittels einer Ausgleichsgeraden bezogen auf den Durchmesser des Tailored Blanks ermittelt. Dieses Auswerteverfahren ist durch die Definition der Bezugspunkt stark fehleranfällig und dadurch benutzerabhängig. Bei der erarbeiteten Auswertemethode hat der Halbzeugdurchmesser keinen Einfluss auf den Krümmungswert und ermöglicht so einen direkten Vergleich der Krümmungen untereinander. In Bild 18 ist exemplarisch ein Vergleich der Aufwölbungshöhe unterschiedlicher Halbzeugaufwölbungen mit dem Krümmungswert K dargestellt. Durch experimentelle Gegenüberstellung der jeweiligen maximalen Aufwölbungshöhen mit dem Krümmungswert K ist ein logarithmischer Zusammenhang des Krümmungswerts erkennbar.

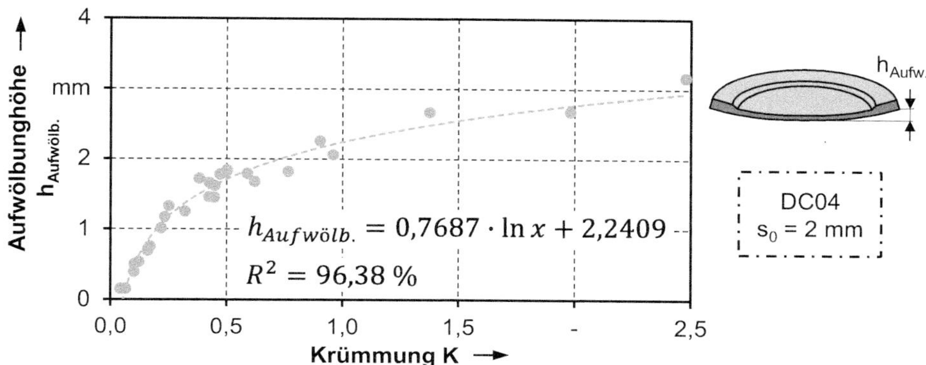

Bild 18: Vergleichende Gegenüberstellung der Rondenkrümmung in Abhängigkeit der Halbzeugkontur

Unter der Voraussetzung des inkrementellen Umformvorgangs beim flexiblen Walzprozess muss für eine versagensfreie Weiterverarbeitung die Oberflächenbeschaffenheit der Tailored Blanks bei der Prozessauslegung berücksichtigt werden. Dabei spielt der Einsatzzweck der maßgeschneiderten Halbzeuge eine übergeordnete Rolle. Um beispielsweise bei Ziehprozessen Bauteilversagen durch Bodenreiser zu verhindern [141], dürfen nur geringe Profiltiefen auf den Bauteiloberflächen erreicht werden. Wie auf Basis der Referenzversuche (Bild 16) zu erkennen, ist vor allem durch den inkrementellen Werkzeugkontakt bezogen auf die Halbzeugoberfläche eine Veränderung des Oberflächenprofils stoffflussbedingt unvermeidbar. Um in nachgelagerten Umformprozessen das Auftreten lokaler Kerbwirkungen zu vermeiden, wird die Oberflächenstruktur anhand der Profiltiefe P_Z bewertet.

Werkzeugseitig unterliegt der Walzprozess durch die punktförmige Krafteinleitung einer hohen Werkzeugbelastung. Um die Beständigkeit der Komponenten gegen Gewalt- und Ermüdungsbruch in der Prozessauslegung berücksichtigen zu können [175], wird die mechanische Beanspruchung in Form der Kontaktkraft in vertikale Richtung als Kraft F_Z für die Zielgrößendefinition herangezogen.

Eine Auflistung der vier zuvor definierten Zielgrößen, welche im Folgenden für die Bewertung und Bereichsdefinition des flexiblen Walzprozesses eingesetzt wird, ist in Bild 19 zusammengefasst. Unter Berücksichtigen dieser Bauteilgrenzen kann eine prozesssichere Herstellung und Weiterverarbeitung der Tailored Blanks sichergestellt werden, weshalb diese Zielgrößen die Grundlage für die folgenden Untersuchungen darstellen.

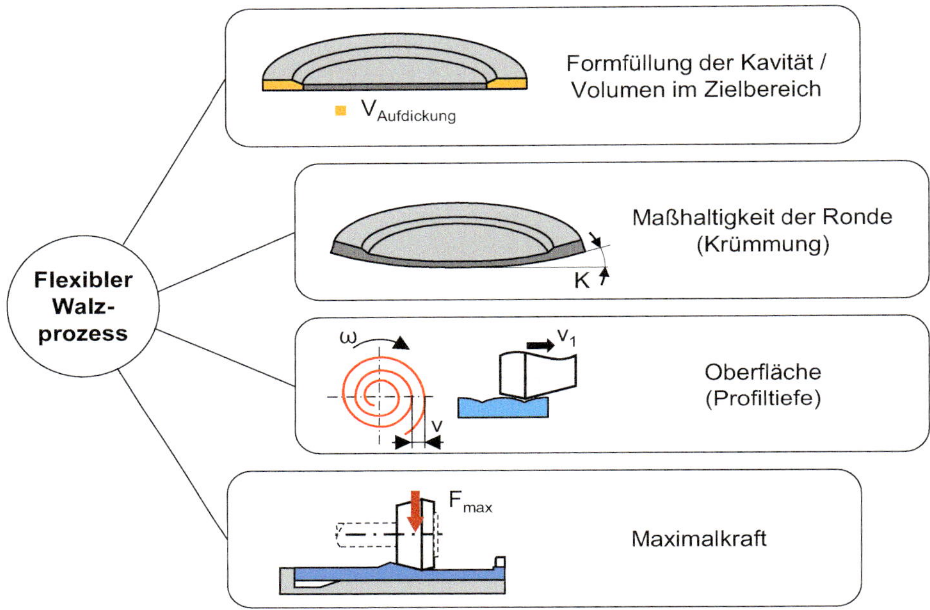

Bild 19: Zielgrößen für die Tailored Blanks für eine prozesssichere Weiterverarbeitung

6.2 Identifikation von Einflussgrößen und Signifikanzanalyse

Der Fokus dieses Abschnitts liegt in einer grundlegenden Identifizierung und Erforschung von Prozesseinflussgrößen des flexiblen Walzprozesses, welche im Rahmen der Blechmassivumformung zur Herstellung von Tailored Blanks eine Veränderung der Halbzeugeigenschaften bewirken. Dazu werden zunächst alle Prozesseinflüsse des Umformprozesses erfasst. Diese können zwischen werkzeug-, werkstück- und prozessseitigen Einflussgrößen unterschieden werden (siehe Bild 20).

Aus Sicht der Werkzeugtechnik sind der Walztischeinsatz und die Walzen aktiv im Eingriff. Unter der Voraussetzung der Herstellung von maßgeschneiderten Halbzeugen, die auf Grundlage nachfolgender Umformoperationen prozessangepasst ausgelegt werden, wird der Werkzeugeinsatz nicht aktiv als Einflussgröße berücksichtigt. Da jeweils ein Walzenpaar während des Prozesses im Eingriff ist, wird werkzeugseitig jeweils zwischen den Geometrien der Umform- und Glättwalze unterschieden. Definitionsgemäß sind die Walzen als Doppelkegelrollen ausgeführt, wodurch der Einlaufwinkel $\alpha_{UW/GW}$, der Glättwinkel $\beta_{UW/GW}$ und der Übergangsradius $r_{UW/GW}$ die Walzengeometrie vollständig beschreibt. Der Durchmesser und die Breite der Walzen werden dabei konstant gehalten. Da der flexible Walzprozess in Grundzügen Parallelen zum Abstreckdrückwalzen aufweist, sind die Wertebereiche in Anlehnung an vorliegende Forschungsergebnisse gewählt worden (vgl. Kapitel 2). Durch Untersuchungen von Lütkenhorst [176] konnte ein direkter Zusammenhang zwischen dem Einlaufwinkel und dem Werkstofffluss sowie bezogen auf die Prozesskräfte beim Drückwalzen erarbeitet werden. Der Glättwinkel hat nach [177] beim Drücken nur einen signifikanten Einfluss auf die Oberflächenqualität der Werkstücke. Zur Vermeidung von Kerbwirkungen und Belastungsspitzen der Werkzeuge sind die Übergangsbereiche der Doppelkegelrollen mit einem tangentialen Arbeitsradius versehen. Die Auswahl des geeigneten Radius erfolgt unter Berücksichtigung der Werkstofffestigkeiten und -dicken des Halbzeugs meist empirisch [40].

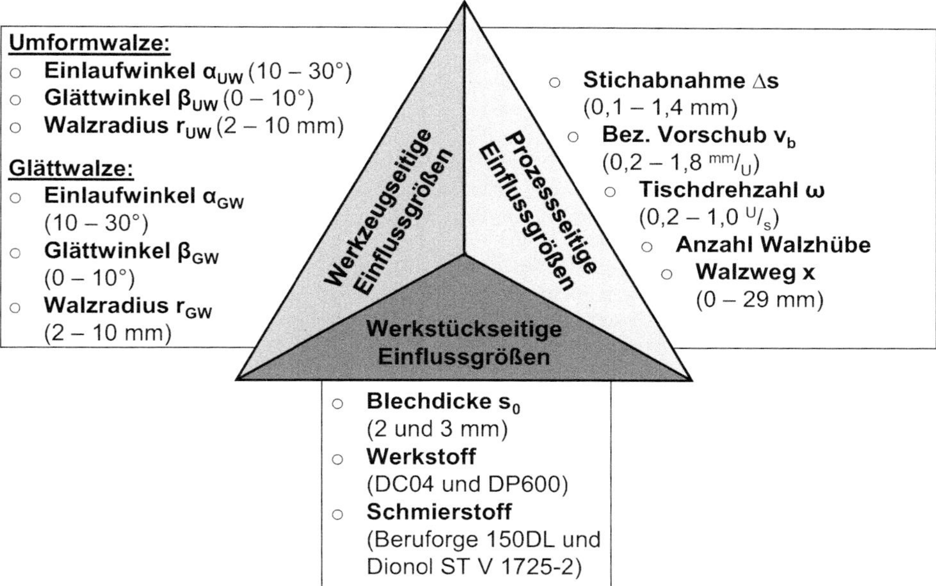

Bild 20: Faktoren und Wertebereiche der Prozesseinflussgrößen

Werkstückseitig haben bezüglich der mechanischen Halbzeugeigenschaften vor allem der eingesetzte Werkstoff und die Ausgangsblechdicke s_0

einen Einfluss auf das Prozessergebnis (siehe Bild 20). Dabei soll im Rahmen der Untersuchungen für Analysen der Übertragbarkeit der weiche Tiefziehstahl DC04 und der höherfeste Dualphasenstahl DP600 modellhaft eingesetzt werden. Diese bilden die Grundlage für die Ableitung der übergeordneten Auslegungsmethode. Aber auch der Schmierstoff muss für eine vollumfängliche Einflussanalyse berücksichtigt werden. Vierzigmann hat in [178] Untersuchungen für eine Qualifizierung unterschiedlicher Schmierstoffe vorgenommen, die einen Einsatz in der BMU ermöglichen. Dabei zeigte der wachsbasierte Schmierstoff Beruforge BF150DL die vielversprechendsten Ergebnisse, was in [179] exemplarisch durch einen Fließpressprozess qualifiziert wurde. Durch den inkrementellen Werkzeugkontakt beim flexiblen Walzen wird zur Erweiterung der Prozessgrundlagen darüber hinaus neben dem wachsbasierten Schmierstoff ein Fließpressöl des Typs Dionol ST V 1725-2 eingesetzt. In Untersuchungen von Runge [180] konnte besonders der Einsatz von druckunempfindlichen Schmierstoffen zu einem lokal höheren Werkstofffluss führen. In Untersuchungen zum konventionell Walzen konnte außerdem gezeigt werden, dass vor allem Schmierstoffe auf Palmöl- und Mineralölbasis die größten realisierbaren Stichabnahmen ermöglichen [23].

Prozessseitig wurden in ersten Untersuchungen von Opel [12] bereits die Prozesseinflussgrößen der Stichabnahme Δs und des bezogenen Vorschubs v_b ohne Analyse der physikalischen Zusammenhänge identifiziert (vgl. Bild 20). Bedingt durch das neuartige Werkzeugkonzept ist eine Erweiterung dieser Erkenntnisse zu untersuchen, da sich durch vorliegende Fließbehinderungen (vgl. Kapitel 5) Spannungs- und Formänderungszustände einstellen. Die Stichabnahme ist dabei anlagenseitig auf ein Maximum von 1,4 mm begrenzt, was bei einer Ausgangsblechdicke von $s_0 = 2$ mm einer Blechdickenreduktion von 70 % entspricht. In Untersuchungen von Kleditzsch [79] konnte gezeigt werden, dass größere Stichabnahmen ein Bauteilversagen begünstigen und damit für des flexible Walzen nicht zielführend ist. Der bezogene Vorschub als Prozesseinflussgröße geht einher mit der Tischdrehzahl ω. In Grundlagenuntersuchungen in [181] wird ersichtlich, dass dabei kein signifikanter Einfluss der Skalierbarkeit des Verhältnisses zwischen Vorschub und Tischdrehzahl vorliegt. Aus diesem Grund wird im Folgenden der bezogene Vorschub als Prozesseinflussgröße herangezogen. Die Grenzen sind dabei auf Grundlage der Maschinengrenzen definiert, mit dem Hintergrund einer möglichen Skalierbarkeit. Weitere Einflussgrößen sind die Anzahl der Walzhübe und der Walzweg x. Dabei ist zu berücksichtigen, dass bzgl. der Anzahl der Hübe keine aussagekräftigen Grundlagenkenntnisse in Bezug auf das neuartige Walzkonzept vorliegen. Aus diesem Grund wird für diese Einflussgröße kein Grenzwert definiert und nachfolgend experimentell untersucht. Auf Grundlage der Prozessgrenzen aus Abschnitt 5.2.2 wird der Walzweg x unter Berücksichtigung der Walzengeometrien für einen Bereich zwischen 0 mm ≤ x ≤ 28 mm festgelegt.

Da durch die Prozessflexibilität des Walzprozesses eine sehr hohe Anzahl an Einflussfaktoren vorliegt, wird zunächst eine Prozessparameterbewertung zur Beurteilung des Einflusses auf die Halbzeugeigenschaften vorgenommen. Dafür wird ein teilfaktorieller Versuchsplan mit einer Auflösung der Stufe IV angewendet. Für die grundlegende Bewertung werden die Prozessgrenzen im Wertebereich der Prozessparameter in zwei Stufen festgelegt, welche auf den Grenzwerten basieren. Eine Gegenüberstellung der variablen und konstanten Einflussfaktoren ist in Tabelle 8 zusammengefasst.

Tabelle 8: Prozessparameter und Faktorstufen zur Analyse des Prozesseinflusses

Prozessparameter			
Prozessparameter	Anzahl der Stufen	Faktorstufen	Einheit
Stichabnahme Δs	2	0,1 / 0,4	mm
Bezogener Vorschub v_b	2	0,2 / 1,8	$^{mm}/_{U}$
Einlaufwinkel Umformwalze α_{UW}	2	10 / 30	°
Glättwinkel Umformwalze β_{UW}	2	0 / 10	°
Walzradius Umformwalze r_{UW}	2	2 / 10	mm
Tischdrehzahl ω	2	0,2 / 1	$^{U}/_{s}$
Einlaufwinkel Glättwalze α_{GW}	2	10 / 30	°
Glättwinkel Glättwalze β_{GW}	2	0 / 10	°
Walzradius Glättwalze r_{GW}	2	2 / 10	mm
Schmierstoff	2	Dionol ST V 1725-2 / Beruforge 150DL	
Konstante Prozessparameter			
Werkstoff	DC04; s_0 = 2 mm		
Walzweg x	29 mm		

Ziel dieser Untersuchung liegt in der grundlegenden Analyse der Haupteinflüsse zur Reduktion des Versuchsumfangs ohne Berücksichtigung der Wechselwirkung einzelnen Einflussfaktoren. In den nachfolgenden Untersuchungen werden die Ursachen-Wirkzusammenhänge erarbeitet. Aufgrund des weggebundenen Walzprozesses wird für die Einflussanalyse zunächst der Werkstoff (DC04) und die Blechdicke (s_0 = 2 mm) konstant gehalten. Der Walzweg wird unter Berücksichtigung der geometrischen Prozessgrenzen auf das Maximum von x = 29 mm festgelegt, um geometrisch bedingt eine möglichst hohe Formfüllung der Werkzeugkavitäten zu erreichen.

Die Ergebnisse der experimentellen Signifikanzanalyse für das Materialvolumen V_A und die Krümmung K ist in Bild 21 dargestellt. Dabei sind die jeweiligen Prozesseinflüsse bezogen auf die Prozessparameter für alle vier Zielgrößen zusammengefasst. Zur Sicherstellung der statistischen Aussagekraft der mathematischen Modelle liegt nach [182] ab einem Bestimmtheitsmaß von 80 % eine hohe Modellgüte vor. In einem Bereich zwischen 60 % und 80 % ist von einer akzeptablen Güte auszugehen. Bei einer Prognostizierbarkeit von R^2 = 96,7 % weist vor allem die Stichabnahme Δs und der bezogene Vorschub v_b einen hohen Einfluss auf das erzielbare Materialvolumen V_A auf (vgl. Bild 21).

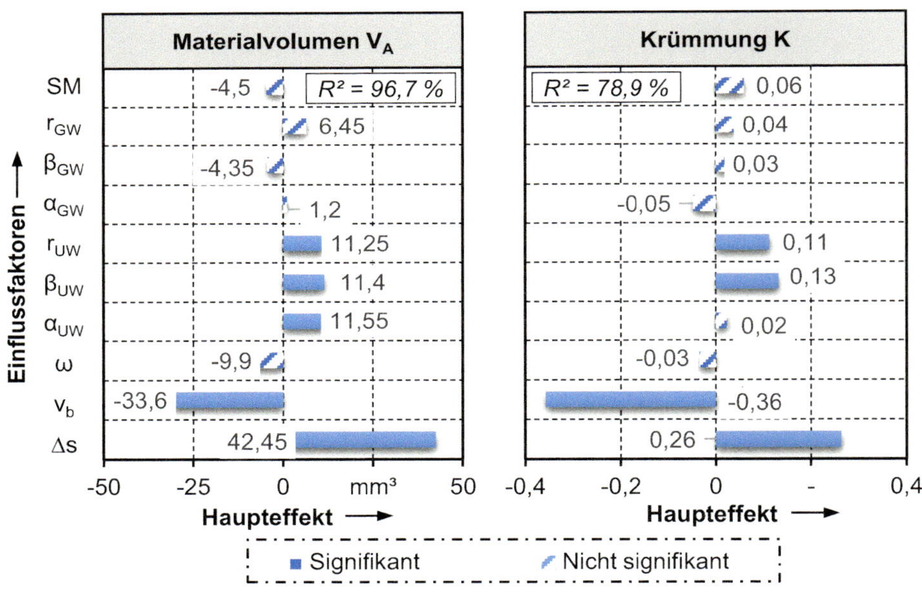

Bild 21: Einfluss der Prozessparameter auf das Materialvolumen V_A und die Krümmung K

Während der Einfluss der Stichabnahme rein auf geometrischen Zusammenhängen und der gedrückten Fläche während des Umformprozesses basiert, ist der bezogene Vorschub auf den inkrementellen Charakter und damit auf die resultierenden Stoffflussanteile des flexiblen Walzens zurückzuführen (vgl. Bild 22). Mit einer Vergrößerung des bezogenen Vorschubs wird das Materialvolumen negativ beeinflusst. Wie in Abschnitt 6.1 gezeigt wurde, findet eine schrittweise Plastifizierung des Umformbereichs mit linearem Vorschub statt, während ein Teilbereich erneut überwalzt wird. Steigt das Volumen des zu plastifizierenden Werkstoffes an, erhöhen sich die Stoffflussanteile entgegen der Vorschubbewegung, was wiederum eine Reduktion des Aufdickungsvolumens V_A zur Folge hat. Neben der Stichabnahme und dem bezogenen Vorschub ist in Bild 21 ein Effekt der Walzengeometrie der Umformwalze erkennbar. Sowohl der Ein- und Auslaufwinkel als auch der Übergangsradius haben einen vergleichbaren Einfluss auf das Materialvolumen, was vermeintlich auf eine Veränderung der gedrückten Fläche und damit auf den plastifizierten Bereich zurückzuführen ist (vgl. Bild 22). Dieser Zusammenhang konnte von Roy et al. in [74] bereits für das Drückwalzen zylindrischer Körper qualifiziert werden und soll daher nachfolgend auf den flexiblen Walzprozess übertragen werden. Übertragen auf die Werkzeuggeometrie der Glättwalze kann keine signifikante Abhängigkeit auf das erzielbare Aufdickungsvolumen nachgewiesen werden. Durch die Kammerung des Halbzeugs im Umfangsbereich übt die Glättwalze lediglich eine Vertikalkraft in z-Richtung während des radialen Stauchprozesses des Halbzeugs aus und trägt so zur Stoffflusssteuerung im Aufdickungsbereich bei (siehe Bild 22). Durch eine Vergrößerung der Kontaktfläche kann damit tendenziell eine Erhöhung des Aufdickungsvolumens erreicht werden. Insofern ist eine Verringerung des Auslaufwinkels und eine Vergrößerung des Übergangsradius zielführend. Der Einlaufwinkel der Glättwalze hat geometrisch bedingt keinen signifikanten Einfluss.

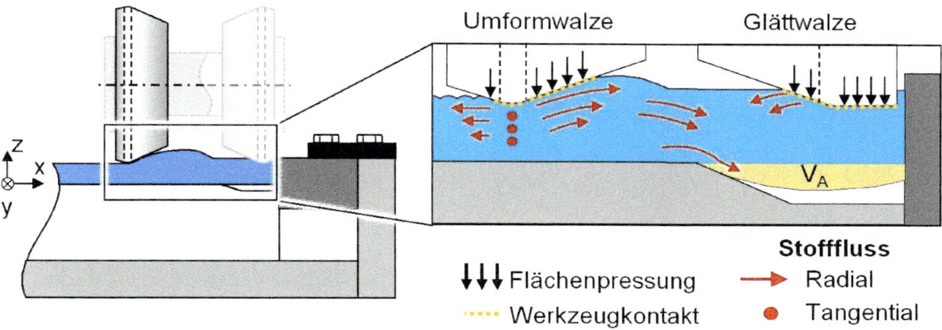

Bild 22: Grundlagenzusammenhänge des Einflusses der Prozessparameter auf V'_A

Bezüglich der Rondenkrümmung wird ein Bestimmtheitsmaß von $R^2 = 78{,}9\ \%$ erreicht, was einer ausreichenden Modellgüte entspricht (Bild 21). Bei dieser Zielgröße liegt für die Stichabnahme und den bezogenen Vorschub eine signifikante Abhängigkeit vor. Das Verhältnis ist ähnlich ausgeprägt wie bei dem Materialvolumen. Dieser Zusammenhang ist auf die unterschiedlichen Stoffflussanteile über die Blechdicke infolge des einseitigen Werkzeugkontakts und die daraus resultierenden Spannungszustände zurückzuführen. Wie in Bild 23 schematisch dargestellt, wird durch den inkrementellen Walzprozess in jedem Zeitschritt vor der Umformwalze Werkstoff angestaut, wodurch Druckspannungen vor der Umformwalze auftreten. Durch die überlagerte translatorische Vorschubbewegung werden walzseitig Zugeigenspannungen induziert. Aufdickungsseitig treten durch den Stoffflussgradienten über die Blechdicke betragsmäßig geringere Spannungen auf. Daraus folgt, dass mit einem gesteigerten Werkstofffluss die Rondenkrümmung durch einen steigenden Spannungsgradienten über die Blechdicke signifikant ansteigt. Dieser grundlegende Zusammenhang begründet ebenfalls die Auswirkung des Übergangsradius und des Auslaufwinkels der Umformwalze. Unter globalen Gesichtspunkten gleicht die Geometrie der Vorschubbewegung einer Spiralbahn welche von innen nach außen gerichtet ist. Durch eine Vergrößerung des Auslaufwinkels verringert sich die gedrückte Fläche, wodurch infolge des Walzenvorschubs größere Zugspannungen eingebracht werden, mit der Folge eines gesteigerten Gradienten über die Blechdicke (siehe Bild 23).

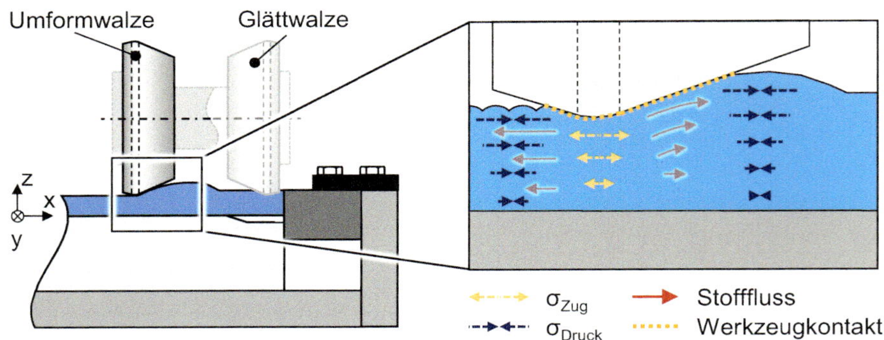

Bild 23: Einfluss des Prozessparameter auf die Krümmung K der Halbzeuge

Mit einer Vergrößerung des Übergangsradius steigt einerseits die Kontaktfläche, andererseits vergrößert sich der Gradient der induzierten Druckspannungen in Blechdickenrichtung. Dieser Unterschied zwischen Walz- und Aufdickungsseite resultiert in einer vergrößerten Rondenkrümmung. Der Einlaufwinkel der Umformwalze hingegen weist keinen signifikanten Einfluss auf, da durch das charakteristische mehrfache Überwalzen bereits gewalzter Bereiche der Spannungszustand beeinflusst wird. Analog zu der Zielgröße des Materialvolumens liegt an dieser Stelle kein Einfluss der Glättwalzengeometrie auf die Rondenkrümmung vor.

Gemäß der Zielgrößendefinition in Abschnitt 6.1, ist in Bild 24 der Einfluss der Prozessparameter auf die die Oberfläche P_z und die Maximalkraft F_{max} zusammenfassend dargestellt.

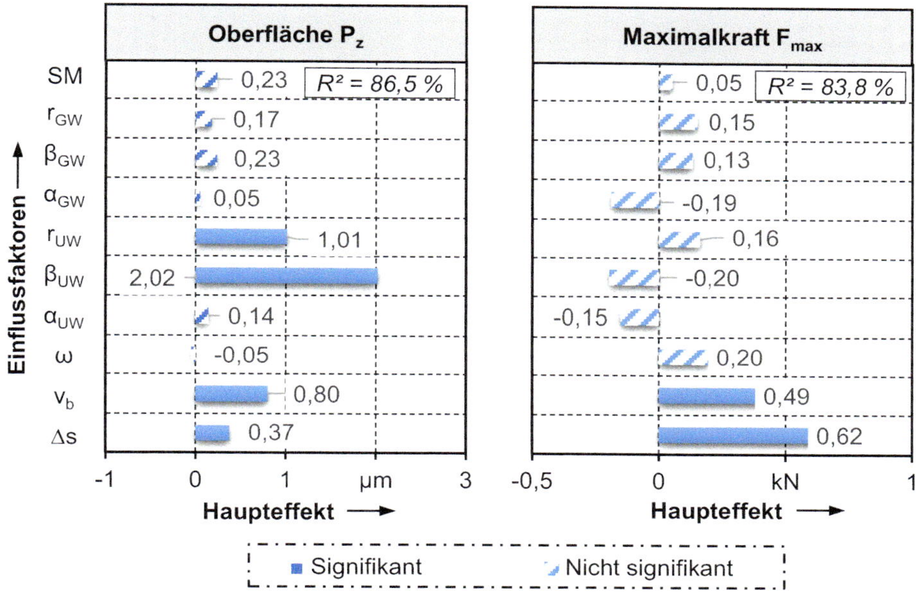

Bild 24: Einfluss der Prozessparameter auf die Oberfläche P_z und die Maximalkraft F_{max}

Bezogen auf die Qualität der Halbzeugoberfläche in Form des Oberflächenprofils P_z ist der größte Einfluss von dem Glättwinkel der Umformwalze gefolgt von dem Übergangsradius erkennbar (R^2 = 86,5 %). Dieser Einfluss deckt sich mit der Literatur in [177], bei dem der Einfluss des Glättwinkels den größten Einfluss auf die Bauteiloberfläche aufweist. Dieser Zusammenhang ist, wie in Bild 25 dargestellt, auf den Stoffrückfluss infolge überwalzter Bauteilbereiche und den inkrementellen Prozesscharakter zurückzuführen. Mit einer Vergrößerung des Auslaufwinkels wird der radiale Stoffrückfluss begünstigt, was in einer oberflächlichen Rillenbildung resultiert. Durch einen Anstieg der plastifizierten Zone unter der Walze wird dieser Effekt infolge der Kaltverfestigung zusätzlich verstärkt. Aus diesem Grund ergibt sich für einen vergrößerten Übergangsradius eine gesteigerte Rillenbildung. Dieser Zusammenhang geht einher mit dem bezogenen Vorschub und der Stichabnahme. Während der bezogene Vorschub den plastifizierten Werkstoffanteil vor der Umformwalze definiert, beeinflusst die Stichabnahme primär die Kontaktflächenverhältnisse durch die Vergrößerung des Stoffrückflusses infolge der Kontaktfläche des Auslaufwinkels (siehe Bild 25). Da die Glättwalze während des Umformprozesses nur im Aufdickungsbereich Kontakt hat und dieser Bereich mehrfach überwalzt wird, ist an dieser Stelle keine Auswirkung auf die Oberfläche vorhanden.

Als vierte Zielgröße ist in Bild 24 der Einfluss der Prozessparameter auf die Maximalkraft F_{max} dargestellt. Die Untersuchungen weisen eine Modellgüte von $R^2 = 83{,}8\ \%$ auf. Es ist erkennbar, dass lediglich die Stichabnahme und der bezogene Vorschub eine signifikante Abhängigkeit bezogen auf die Maximalkraft in z-Richtung aufweisen. Auch an dieser Stelle ist die Kontaktfläche zwischen Walzwerkzeug und Werkstück ursächlich (vgl. Bild 25). Durch den weggebundenen Umformprozess resultiert eine Vergrößerung des plastifizierten Werkstoffvolumens durch die Kontaktfläche in einem Anstieg der Maximalkraft. Dies geht einher mit einer Steigerung der Stichabnahme oder einem Anstieg des bezogenen Vorschubs. Die Walzengeometrie der Umform- und Glättwalze beeinflusst die Kontaktfläche und damit die Umformkraft, weist jedoch keine vergleichbare Signifikanz zu den beiden anderen Prozessparametern auf.

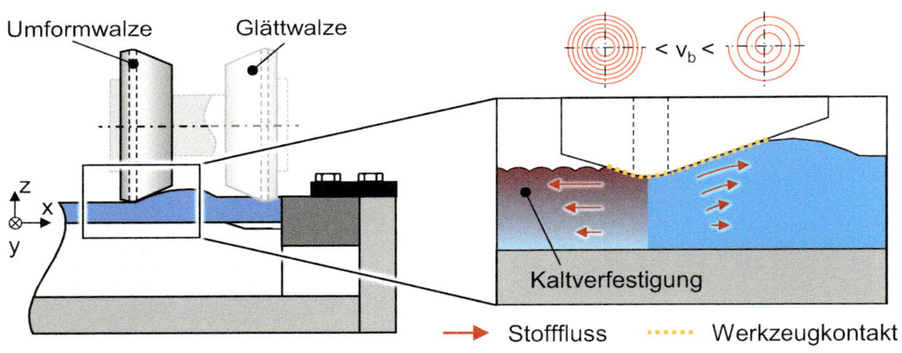

Bild 25: Physikalische Zusammenhänge der Prozessparameter auf die Halbzeugoberfläche und die Maximalkraft

Bei allen Zielgrößen ist jeweils nur eine geringe Abhängigkeit der Tischdrehzahl ω und des Schmierstoffes SM erkennbar. Da der bezogene Vorschub den horizontalen Verfahrweg pro Umdrehung beschreibt, ist die Tischdrehzahl in diesem Prozessparameter bereits impliziert. Eine Veränderung der Drehzahl ist damit einer Skalierung des Umformprozesses gleichzustellen, was in Untersuchungen in [172] keine Auswirkung auf das Umformergebnis darstellt.

6.3 Wissenschaftliche Analyse der Ursachen-Wirkzusammenhänge

Mit der Signifikanzanalyse konnte gezeigt werden, dass die Stichabnahme und der bezogene Vorschub den größten Einfluss auf die Halbzeugeigenschaften der Tailored Blanks aufweisen. Diese Erkenntnisse decken sich mit den Untersuchungen von Opel [12] zu einem Walzkonzept mit d_0 = 180 mm. Darüber hinaus spielt zielgrößenabhängig die Werkzeuggeometrie der Umformwalzen eine wichtige Rolle. Für den Aufbau eines ganzheitlichen Prozessverständnisses werden die Ursachen-Wirkbeziehungen der Prozessparameter und Zielgrößen in einer umfassenden Prozessanalyse untersucht. Um neben dem Einfluss der signifikanten Prozessgrößen auch deren Wechselwirkung zu berücksichtigen, wird ein zentral zusammengesetzter, teilfaktorieller Versuchsplan mit halber Fraktion um Zentrums- und Sternpunkte erweitert, sodass die Orthogonalität und Drehbarkeit ($\alpha = 2$) gewährleistet ist [183]. Die genauen Faktorstufen die daraus resultieren sind im Detail nachfolgend in Tabelle 9 zusammengefasst.

Tabelle 9: Prozessparameter mit Faktorstufen zur Prozessanalyse des flexiblen Walzens

Prozessparameter			
Prozessparameter	Anzahl der Stufen	Faktorstufen	Einheit
Stichabnahme Δs Hub 1	5	0,1 / 0,175 / 0,25 / 0,325 / 0,4	mm
Stichabnahme Δs Hub 2	5	0,5 / 0,6 / 0,7 / 0,8 / 0,9	mm
Bezogener Vorschub v_b	5	0,2 / 0,6 / 1,0 / 1,4 / 1,8	$^{mm}/_{U}$
Einlaufwinkel Umformwalze α_{UW}	5	10 / 15 / 20 / 25 / 30	°
Glättwinkel Umformwalze β_{UW}	5	0 / 2,5 / 5 / 7,5 / 10	°
Walzradius Umformwalze r_{UW}	5	2 / 4 / 6 / 8 / 10	mm
Konstante Parameter			
Werkstoff	DC04; s_0 = 2 mm		
Walzweg x	29 mm		
Schmierstoff	Dionol ST V 1725-2		
Tischdrehzahl ω	1 $^{U}/_{s}$		
Glättwalze α_{GW} / β_{GW}	15° / 0° / 10mm		

Alle nicht signifikanten Einflussfaktoren werden bei den Versuchen konstant gehalten. Neben dem Werkstoff und dem Walzweg, betrifft dies den

Schmierstoff, die Tischdrehzahl und die Werkzeuggeometrie der Glättwalze. Die Wahl des Schmierstoffs fällt durch das Auftreten tendenziell geringerer Umformkräfte und durch höhere Formfüllungen der Kavitäten auf das Fließpressöl Dionol ST V 1725-2. Dies deckt sich mit Untersuchungen von Runge zum Drückwalzen, da bei dem vorliegenden flexiblen Walzprozess ein vergleichbarer Kontaktzustand zwischen Walze und Werkstück vorliegt [180]. Die Tischdrehzahl wird zur Verkürzung der Prozesszeit und dennoch der Erreichung maximaler bezogener Vorschübe auf dem Maximalwert von $\omega = 1\ ^{U}/_{s}$ gehalten und der relative Vorschub entsprechend der Faktorstufen des bezogenen Vorschubs variiert. Die Geometrie der Glättwalze wird entsprechend der Untersuchungen im Referenzprozess mit den Parameter $\alpha_{UW} = 15°$, $\beta_{UW} = 0°$ und $r_{UW} = 10$ mm als konstant festgelegt (siehe Tabelle 9).

Bei den nachfolgenden Untersuchungen soll über die in Abschnitt 6.2 ermittelten signifikanten Prozessparameter hinaus ebenfalls der Einfluss mehrerer Walzhübe untersucht werden. Exemplarisch für ein mehrstufiges Vorgehen werden für die Analyse des Einflusses der Stichabnahme exemplarisch zwei aufeinanderfolgende Walzhübe untersucht. Das Vorgehen für die Versuchsdurchführung und Analysen wird analog zum dem des ersten Walzhubs gewählt. Für eine Maximierung des Aufdickungsvolumens im Zielbereich wird für den zweiten Walzhub das Parameterset mit dem höchstmöglichen Aufdickungsvolumen im ersten Hub eingesetzt. Auf dieser Grundlage werden nachfolgend die Wechselwirkungen zwischen den einzelnen Walzhüben erarbeitet und eine Erweiterung der Prozess- und Formgebungsgrenzen durch weitere Walzhübe analysiert.

In den folgenden Abschnitten werden die Einflussgrößen in Abhängigkeit der in Abschnitt 6.1 definierten Zielgrößen einzeln bewertet. Dabei wird jeweils der Einfluss auf die Zielgrößen, sowie dessen Ursache und Wirkung voneinander separiert untersucht. Die daraus resultierenden Wechselwirkungen werden prozessparameterübergreifend berücksichtigt. Zur statistischen Absicherung und Sicherstellung der Aussagekraft der Zusammenhänge und Wechselwirkungen wurde jeweils vorab ein Test auf Ausreiser und Normalverteilung durchgeführt.

6.3.1 Einfluss der Stichabnahme

Wie in der Signifikanzanalyse in Abschnitt 6.2 gezeigt werden konnte, hat die Stichabnahme den größten Einfluss auf die Halbzeugeigenschaften. Mit dem übergeordneten Ziel einer Materialvorverteilung ist die Stichabnahme als der wichtigste Prozessparameter anzusehen. Der hohe Prozesseinfluss ist somit von den Untersuchungen in [143] zum flexiblen Walzen von Tailored Blanks mit einem Durchmesser von d_0 = 180 mm übertragbar. Je größer die Stichabnahme gewählt wird, desto mehr Materialvolumen steht unter Berücksichtigung geometrischer Abhängigkeiten im Aufdickungsbereich zur Anwendbarkeit in Nachfolgeprozessen zur Verfügung. Dieser Zusammenhang lässt sich gemäß der Untersuchungen aus Kapitel 5 auf das neuartige Werkzeugkonzept zur waltechnischen Herstellung von Tailored Blanks mit definierten Halbzeugdurchmessern und Kammerung übertragen. Für eine Erarbeitung eines grundlegenden Prozessverständnisses ist in Bild 26 der Haupteinfluss der Stichabnahme auf das erzielbare Materialvolumen (Bild 26 a) und die Rondenkrümmung (Bild 26 b) jeweils exemplarisch für zwei Walzhübe dargestellt. Dabei ist erkennbar, dass sowohl im ersten als auch im zweiten Hub das Volumen im Aufdickungsbereich mit einer Erhöhung der Stichabnahme zunimmt. Während im ersten Walzhub bei Δs = 0,1 mm nur ein geringer Volumenzuwachs von 3,5 % zu verzeichnen ist, steigt mit einer Vervierfachung der Stichabnahme auf Δs = 0,4 mm das Volumen auf bis zu V_A = 6.120,21 mm^3 an. Ein vergleichbarer Kurvenverlauf liegt bei dem zweiten Walzhub vor, mit dem Unterschied eines höheren Volumenniveaus.

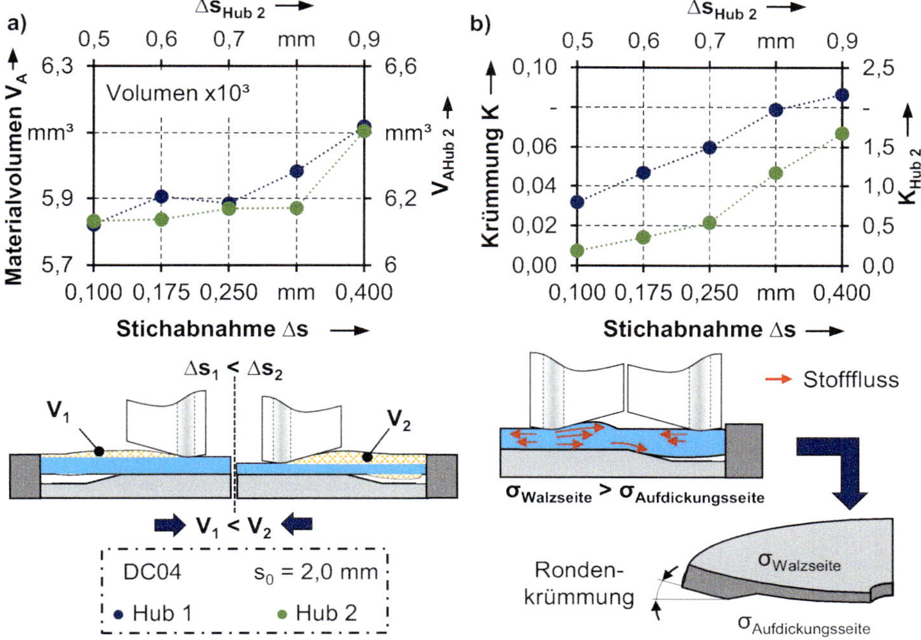

Bild 26: Einfluss der Stichabnahme auf das a) Materialvolumen und die b) Rondenkrümmung

Bei der höchsten Stichabnahme von Δs = 0,9 mm wird dadurch ein betragsmäßiger Zuwachs von ΔV = 783,1 mm³ erzielt. Neben der Zielgröße des Materialvolumens ist in Bild 26 b) ebenfalls der Effekt der Stichabnahme auf die Rondenkrümmung dargestellt. Auch bei dieser Zielgröße ist ein vergleichbares Kurvenverhalten, allerdings ebenfalls mit einem höheren Niveau nach dem zweiten Walzhub zu erkennen. Bereits bei geringen Stichabnahmen steigt die Krümmung der Halbzeuge von K = 0,03 bei Δs = 0,1 mm auf bis zu K = 0,09 bei Δs = 0,4 mm. Durch das erneute Überwalzen im zweiten Hub ist eine Verstärkung der Krümmung zu verzeichnen, wobei die Krümmung auf K = 1,68 bei Δs = 0,9 mm ansteigt.

Wie bereits in der Signifikanzanalyse erkennbar, sind die Effekte der Stichabnahme in Bezug auf die beiden Zielgrößen vermeintlich auf den resultierenden Stofffluss während des Walzprozesses zurückzuführen. Dadurch steigt auf der einen Seite das Volumen im Zielbereich an, auf der anderen Seite erhöht sich durch den einseitigen Werkzeugkontakt der Eigenspannungsgradient zwischen Walz- und Aufdickungsseite, was ein steigendes Krümmungsverhalten zur Folge hat. Mit dem Ziel der Erarbeitung einer ganzheitlichen Auslegungsmethode sollen diese grundlegenden physikalischen Zusammenhänge auf Basis der ermittelten Effekte nachfolgende grundlegend analysiert werden.

Analog zur Signifikanzanalyse wird neben dem Materialvolumen und der Rondenkrümmung der Einfluss der Stichabnahme auf das resultierende Oberflächenprofil P_z (vgl. Bild 27 a) und die Maximalkraft F_{max} (vgl. Bild 27 b) untersucht. Dabei wird das gleiche Vorgehen wie für die Erarbeitung der Zusammenhänge auf das Materialvolumen und die Rondenkrümmung gewählt. Bezogen auf den flexiblen Walzprozess ist für die Entwicklung der Profilspitzenhöhe im ersten Walzhub ein degressiver Verlauf zu erkennen. Bei einer Stichabnahme von Δs = 0,1 mm werden Profilhöhen von P_z = 20,6 µm erzielt, welche mit einer Erhöhung auf Δs = 0,4 mm auf lediglich P_z = 32,0 µm ansteigen. Dies entspricht einer prozentualen Zunahme von 55 %. Wie in Bild 27 a schematisch dargestellt, ist dieser Effekt auf den radialen Stofffluss in Wechselwirkung mit der gedrückten Fläche im Auslaufbereich bezogen auf die Stichabnahme begründet. Vor allem bei geringen Stichabnahmen besteht der primäre Werkzeugkontakt im Übergangsbereich zwischen Einlauf- und Glättwinkel. Auch im zweiten Walzhub ist zunächst ein Anstieg der Profilspitzenhöhe zu erkennen, welche mit einer Erhöhung der Stichabnahme wieder abnimmt. Durch die vergleichsweise, mit dem ersten Hub, hohe Kontaktfläche im zweiten Walzhub kombiniert mit einer Vorverfestigung des Werkstoffes durch den ersten Hub reduziert sich der absolute Stoffrückfluss, wodurch das Niveau der Profilhöhe geringer ausfällt. Eine hohe Stichabnahme hat weiterhin eine geringere Restblechdicke im Walzbereich zur Folge, wodurch der radiale Stoffrückfluss durch den Fließwiderstand gehemmt wird. Eine Vergrößerung der Stichabnahme wirkt sich durch die Kontaktflächenveränderung auf die Umformkraft und deshalb auf die Werkzeugbelastung aus.

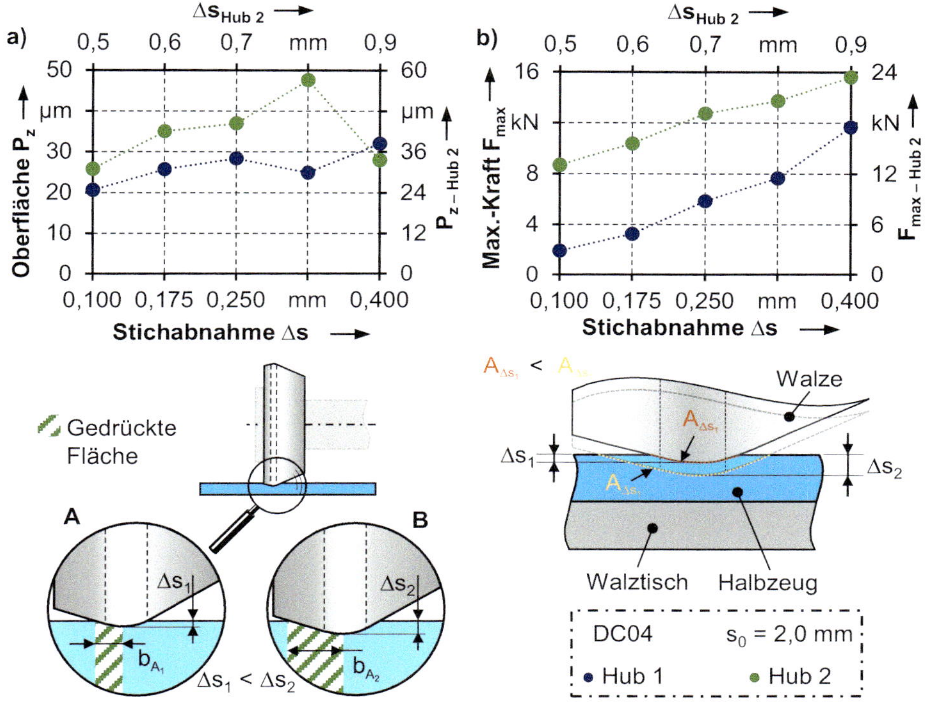

Bild 27: Einfluss der Stichabnahme auf die a) Halbzeugoberfläche und die b) Maximalkraft

Vor allem bei geringen Stichabnahmen sind vergleichsweise geringe Kraftmaxima zu erkennen (siehe Bild 27 b). Während bei Δs = 0,1 mm Umformkräfte von bis zu F_{max} = 1,93 kN notwendig sind, steigen diese im ersten Hub auf bis zu F_{max} = 11,66 kN bei Δs = 0,4 mm an. Tendenziell ist dabei ein progressiver Kurvenverlauf zu erkennen. Im zweiten Walzhub dagegen tritt ein annähernd linearer Zusammenhang auf. Ausgehend von einer Stichabnahme von Δs = 0,5 mm mit F_{max} = 13,04 kN steigt der Kraftbedarf bis zum Stichabnahmemaximum von Δs = 0,9 mm um 79,6 % auf bis zu F_{max} = 23,42 kN an. Ursächlich dafür ist die gedrückte Fläche infolge einer Veränderung der Stichabnahmeverhältnisse. Zur Bewertung dieses Einflusses soll in den nachfolgenden Untersuchungen die gedrückte Fläche bezogen auf die Walzengeometrie im Detail untersucht werden.

Für den Aufbau eines ganzheitlichen Prozessverständnisses werden die gezeigten Effekte und Erklärungsansätze des Einflusses der Stichabnahme mit den physikalischen Grundlagen korreliert. Dazu wird die Umformgradverteilung nach dem Walzprozess und der resultierende, umformbedingte Stofffluss analysiert. Um den Einfluss dieser Stoffflussanteile auf die sich einstellende Geometrie der Halbzeuge zurückführen zu können, wird darüber hinaus die Entwicklung der Umformkraft sowie die Eigenspannungen der Halbzeuge bezogen auf die unterschiedlichen Stichabnahmen analysiert. Zur Bewertung der mechanischen Eigenschaften der Halbzeuge erfolgen außerdem Mikrohärtemessungen im Querschnitt.

Gemäß der Charakteristik des flexiblen Walzprozesses (vgl. Abschnitt 6.1) erfolgt die Materialvorverteilung durch einen radialen und tangentialen Stofffluss unter gleichzeitiger radialer Stauchung des Blechhalbzeugs am Umfang. Durch das definierte axiale Eintauchen der Umformwalze (Stichabnahme Δs) mit der Überlagerung der horizontalen Vorschubgeschwindigkeit (bezogener Vorschub v_b) wird Material vorverteilt. Durch den inkrementellen Charakter des flexiblen Walzens sind mehrere Einflussfaktoren wie lokal adaptierte Reibungszustände durch inkrementellen Werkzeugkontakt, sowie radiale und tangentiale Werkstückverfestigungen infolge des Materialflusses ursächlich. Dieser Zusammenhang wurde von Ufer et al. [87] für das Drückwalzen numerisch untersucht und ist aufgrund der Prozesscharakteristik auf den flexiblen Walzprozess übertragbar. Um dennoch den Einfluss der Stichabnahme prozessseitig für eine Auslegungsmethode trennen und hinsichtlich ihrer Ursache und Wirkung quantifizieren zu können, wurden experimentelle Umformversuche mit anschließender optischer Formänderungsanalyse für beide Walzhübe durchgeführt.

In Bild 28 sind die lokalen Umformgrade der beiden Walzhübe jeweils für die Walz- und die Aufdickungsseite dargestellt. Dabei wird in Hub 1 der Bereich innerhalb der Prozessgrenzen von 0,1 mm $\leq \Delta s_{Hub1} \leq$ 0,4 mm in vier Stufen gleichen Abstands untersucht. Für den zweiten Hub wird ein Bereich von 0,5 mm $\leq \Delta s_{Hub2} \leq$ 0,9 mm ebenfalls in einem Abstand von 0,1 mm gewählt. Bedingt durch die hohen Kontaktdrücke zwischen Walze und Werkstück ist eine optische Detektion der Formänderung im zweiten Hub walzseitig nicht möglich, weshalb für eine Gegenüberstellung die Aufdickungsseite herangezogen wird.

Infolge einer detaillierten Analyse des ersten Hubs ist erkennbar, dass mit zunehmender Stichabnahme der lokale Umformgrad ansteigt. Während walzseitig bei einer Sollstichabnahme von Δs_{soll} = 0,2 mm ein mittlerer

Umformgrad von $\varphi = 0{,}05$ vorliegt, ist bei einer Verdoppelung der Stichabnahme ($\Delta s_{soll} = 0{,}4$ mm) auch eine Verdoppelung auf $\varphi = 0{,}1$ zu verzeichnen.

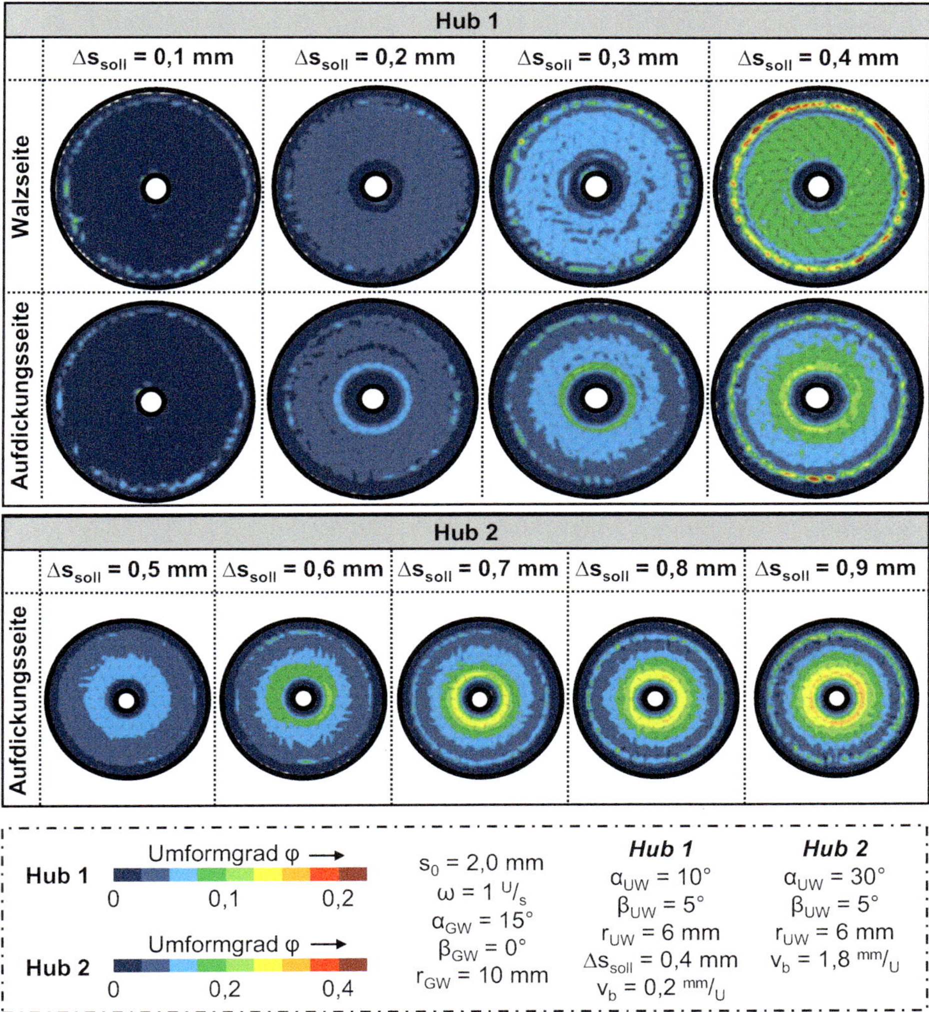

Bild 28: Umformgradverteilung durch das flexible Walzen in Abhängigkeit des Walzhubs

Da es sich bei dem flexiblen Walzprozess um einen weggebundenen Prozess handelt, resultiert prozessbedingt eine Vergrößerung der Stichabnahme in einer Steigerung des Umformgrades. Durch eine erhöhte Stichabnahme steigt walzgeometrieabhängig die Kontaktfläche an, wodurch die notwendige Umformkraft senkrecht zur Blechebene zunimmt. Durch diesen Kraftanstieg steigt einerseits die Maschinen- und Werkzeugauffederung, andererseits reduziert sich durch den progressiven Zusammenhang das Verhältnis zwischen Auffederung und Stichabnahme. Infolge der radialen Vorschubbewegung der Walzenachse wird Werkstoff im Einlaufbereich der Walze angehäuft und bildet charakteristisch für den Walzprozess eine Aufwölbung im freien Umformbereich vor der Walze. Durch das radiale Stauchen des Werkstoffs in der Blechebene resultiert durch die Kammerung des Halbzeugs am Umfang ein Stofffluss in Blechdickenrichtung, wodurch eine Materialvorverteilung resultiert.

Werkzeugseitig beginnt ab einer radialen Position von r = 40 mm der Einlaufbereich der Werkzeugkavität und stellt für den Stofffluss eine Fließbehinderung in Richtung des Rondenzentrums dar. Durch Überlagerung des radial induzierten Stoffflusses durch die Vorschubbewegung der Umformwalze liegt eine hohe Umformung im Übergangsbereich vor. Dieser Zusammenhang ist an der walzenseitigen Umformgradverteilung mit Maximalwerten von $\varphi_{max} = 0{,}2$ erkennbar. Bei einem Vergleich zwischen Walz- und Aufdickungsseite lässt sich ein Unterschied der Homogenität des Umformprozesses feststellen. Während durch den Walzenkontakt ein homogener Eigenschaftsverlauf im Ausdünnungsbereich (14 mm $\leq$ r $\leq$ 40 mm) resultiert, ist aufdickungsseitig ein Gradient in radialer Richtung unabhängig der Stichabnahme erkennbar. Zu Prozessbeginn taucht die Umformwalze in Abhängigkeit der Soll-Stichabnahme bezogen auf die Werkstückoberfläche in Blechdickenrichtung ein.

Um ein gleichmäßiges Eintauchen sicherzustellen, rotiert der Drehtisch konstant. Durch das mehrfache Überwalzen desselben Bereichs wird damit eine verstärkte Ausdünnung begünstigt. Daraus resultiert ein Stofffluss in radiale Richtung, weshalb ein höherer Umformgrad jeweils bei r = 14 mm zu verzeichnen ist. Aufgrund des Werkstoffes vor der Umformwalze und durch den spiralförmigen Vorschub bezogen auf das globale Bezugssystem reduziert sich die Stichabnahme in Bezug auf die radiale Walzenposition. Durch den flächigen Werkzeugkontakt mit dem Walztisch liegt im Vergleich zwischen Walz- und der Aufdickungsseite keine homogene Stoffflussverteilung im Ausdünnungsbereich vor. Dieser Effekt wird durch die Aufwölbung des Halbzeugs vor der Umformwalze prozessabhängig verstärkt. Vor allem bei größeren Stichabnahmen ist dieser Zusammenhang besonders stark ausgeprägt und daher im zweiten Hub deutlicher erkennbar.

Für eine detaillierte Analyse der Auswirkung der Stichabnahme auf den flexiblen Walzprozess werden weiterhin die richtungsabhängigen Stoffflussanteile separiert voneinander untersucht. Während zur Steigerung des Materialvolumens im Aufdickungsbereich vor allem der radiale und tangentiale Stofffluss von zentraler Bedeutung ist, wirken sich die tangentialen Anteile zusätzlich auf die Einglättung der Oberfläche und auf die Homogenität der Materialvorverteilung aus. Die richtungsabhängigen Stoffflussanteile sowie exemplarische Gefügeuntersuchungen an der Stelle des größten Stoffflusses sind in Bild 29 dargestellt. In dem Diagramm der radialen Komponenten ist der positive Anteil als radiale Positionsveränderung in Richtung des Halbzeugumfangs definiert und über den Halbzeugradius aufgetragen. Um den Stofffluss sowohl im inneren als auch im äußeren Rondenbereich untersuchen zu können, wurde ein Bereich zwischen $5\ mm \leq r \leq 50\ mm$ gewählt und in Abständen von 1 mm ausgewertet. Aufgrund der Umformung in zwei Walzhüben sind die resultierenden Anteile im zweiten Walzhub jeweils als kumulierte Stoffflussanteile dargestellt. Für den ersten Hub sind exemplarisch die Stichabnahmen $\Delta s_{soll} = 0{,}2$ mm und $\Delta s_{soll} = 0{,}4$ mm und für den zweiten Hub $\Delta s_{soll} = 0{,}5$ mm, $\Delta s_{soll} = 0{,}7$ mm und $\Delta s_{soll} = 0{,}9$ mm herangezogen worden. Es fällt auf, dass bei allen Stichabnahmen ein lokales Stoffflussmaximum von ca. 0,07 mm bei einer radialen Position von $r = 8$ mm vorliegt. Mit steigender radialer Position fällt der Stofffluss zunächst ab und nimmt ab $r = 14$ mm zu. Dies ist auf den Prozessablauf des flexiblen Walzens zurückzuführen. Durch den Einstechvorgang zu Prozessbeginn wird im Bereich der Umformzone der Werkstoff axial gestaucht. Durch den Ein- und Auslaufwinkel der Umformwalze wird mit dem vollflächigen Werkzeugkontakt Material sowohl im Richtung des Rondenzentrums als auch radial nach außen in Umfangsrichtung verdrängt. Durch die Druckbeanspruchung unter der Umformwalze tritt im Bereich des Übergangsradius kein signifikanter radialer Stofffluss auf. Im weiteren Verlauf steigen die radialen Anteile in Abhängigkeit der Stichabnahmen unterschiedlich stark an.

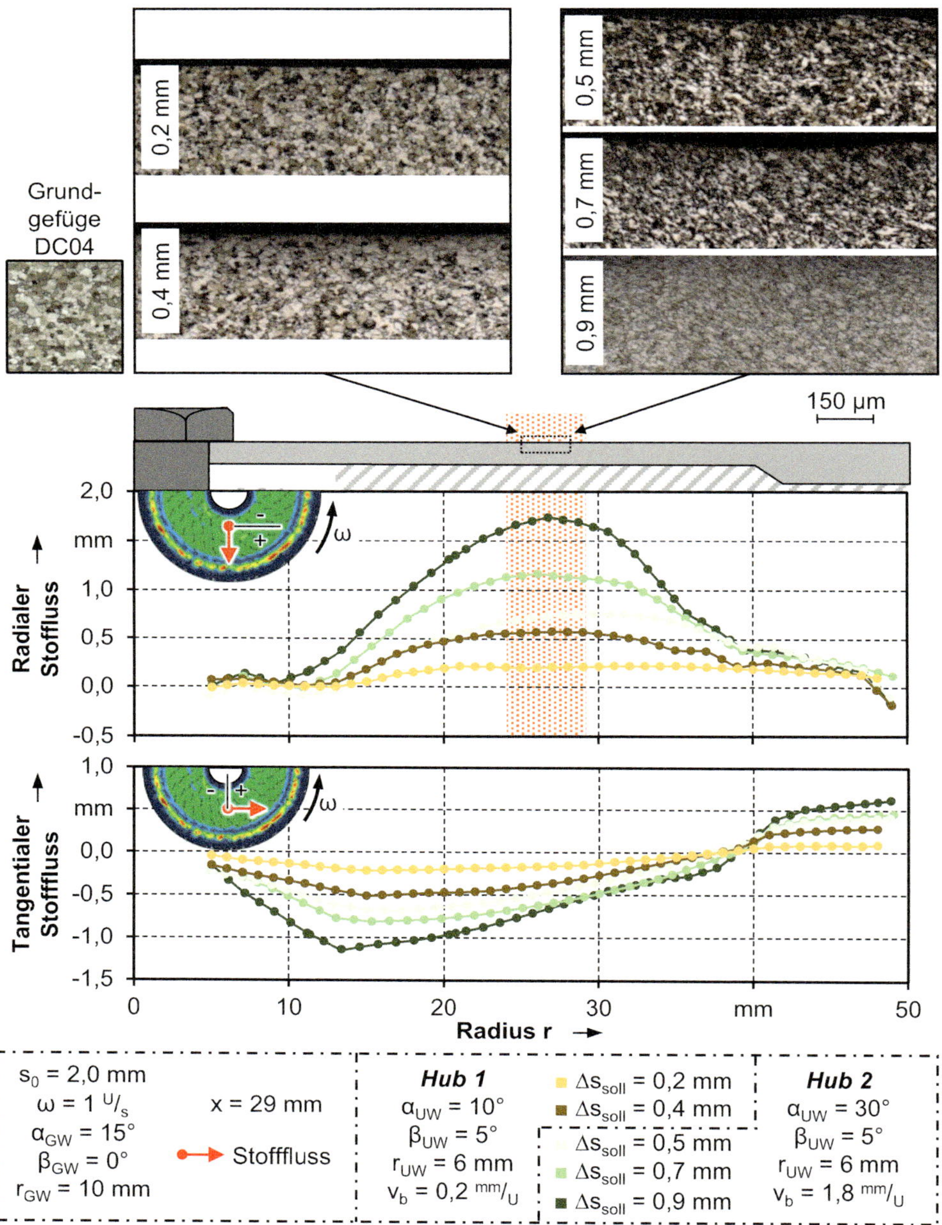

Bild 29: Radialer und tangentialer Stofffluss in Abhängigkeit der gewählten Stichabnahme

Während, wie in Bild 29 erkennbar, bei einer geringen Stichabnahme von Δs_{soll} = 0,2 mm noch ein homogener radialer Stofffluss bezogen auf den Rondenradius auftritt, ist bei Erhöhung der Stichabnahme ein Gradient in radialer Richtung erkennbar. Dabei tritt jeweils das Maximum bei einer radialen Position von r = 28 mm auf und erreicht bei der Prozessgrenze des zweiten Hubs bei Δs_{soll} = 0,9 mm ein Maximum von 1,73 mm. Dieser hohe radiale Stofffluss lässt sich im Gefüge der Halbzeuge belegen. Während bei Δs_{soll} = 0,2 mm nur eine geringfügige Kornlängung zu erkennen ist, tritt durch den Walzprozess eine signifikante Gefügeveränderung bei höheren Stichabnahmen durch den ansteigenden Umformgrad auf. Der Stofffluss in radialer Richtung reduziert sich im Anschluss wieder und erreicht bei allen Stichabnahmen nur noch einen Betrag von 0,15 mm im Aufdickungsbereich. Diese Reduktion des radialen Stoffflusses ist in dem charakteristischen Stauchen und der Walzengeometrie begründet. Durch den anhaltenden Walzenvorschub wird die prozessbedingte Aufwölbung vor der Umformwalze in Wechselwirkung mit der Glättwalze eingeebnet, wodurch ein stauchen in radialer Richtung und somit die Formfüllung der Werkzeugkavität resultiert. Durch die Walzengeometrie mit einer Breite des Einlaufbereichs von 15 mm (vgl. Bild 6) liegt ab der radialen Position von r = 28 mm eine Überdeckung der Umform- und Glättwalze vor, wodurch der radiale Stofffluss infolge des Stauchprozesses reduziert wird. In tangentialer Richtung ist ein ähnlicher Verlauf erkennbar.

In Bild 29 ist der tangentiale Stofffluss entsprechend der Drehrichtung des Halbzeugs als positiv, entgegen der Drehrichtung als negativ aufgetragen. Ähnlich der Wechselwirkung des radialen Stoffflusses bezogen auf die Stichabnahme ist in tangentialer Richtung ein vergleichbarer Verlauf zu erkennen. Je größer die Stichabnahme gewählt wird, desto höher ist der Anteil des tangentialen Stoffflusses. Die größte tangentiale Komponente ist bei r = 14 mm zu erkennen, was auf das mehrfache Überwalzen zu Prozessbeginn zurückzuführen ist. Durch die Abrollbewegung der Walze ist dieser Stoffflussanteil entgegen der Drehrichtung gerichtet und weist deshalb negative Werte auf. Mit zunehmender radialer Position ist durch die Vorschubbewegung der Umformwalze bis zu Beginn des Einlaufbereichs bei r = 40 mm eine konstante Abnahme des Stoffflusses bei allen Stichabnahmen auffällig, wobei jeweils ein Betrag von Null erreicht wird. Dabei hat der inkrementelle Werkzeugkontakt der Walze einen maßgebenden Einfluss. Durch die Abrollbewegung der geschleppten Walze ist im Verhältnis zum Einlaufwinkel der Umformwalze die Kraftkomponente in tangentiale Richtung nur gering, weshalb eine Reduktion des Stoffflusses resultiert.

Mit dem Ziel der Ableitung einer Auslegungsmethode werden zum Aufbau eines ganzheitlichen Prozessverständnisses die Zusammenhänge des Stoffflusses in Abhängigkeit der Stichabnahmen mit den auftretenden Prozesskräften in horizontale und vertikale Richtung korreliert. Nachfolgend, in Bild 30, sind die Vertikalkraft F_z und die Horizontalkraft F_x bezogen auf die radiale Position für beide Walzhübe dargestellt. Bedingt durch auftretendes Messrauschen der Kraftmessdosen sind die Verläufe jeweils mit einem Mittelwertfilter über 13 Messwerte aufgetragen. Der radiale Verlauf ist dabei bezogen auf die Umformzone und somit durch die Prozessgrenze des Walzweges in einem Bereich zwischen r = 14 mm und r = 43 mm dargestellt.

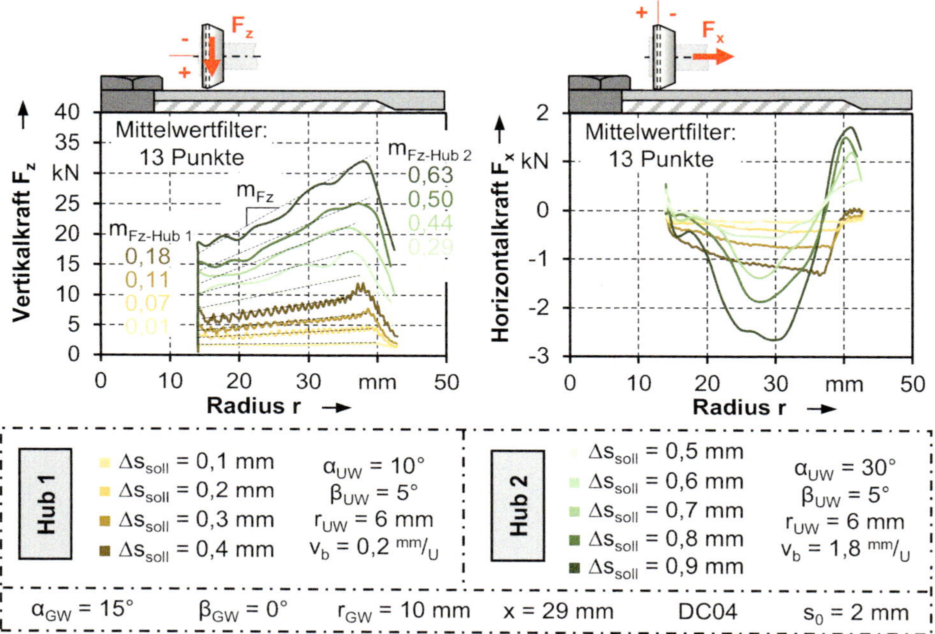

Bild 30: Einfluss der Stichabnahme auf die Horizontal- und Vertikalkräfte während des Walzprozesses

Eine Analyse der Vertikalkraft zeigt, dass der charakteristische Verlauf für beide Walzhübe unabhängig der Stichabnahme identisch ist. Durch den Einstechvorgang bei Prozessbeginn steigt die Vertikalkraft zunächst linear in Abhängigkeit der Einstechtiefe an. Während im ersten Hub eine Kraft von bis zu F_z = 7,2 kN bei Δs_{soll} = 0,4 mm erreicht wird, steigt die notwendige Kraft im zweiten Hub aufgrund von Vorverfestigungen um bis zu 160 % auf max. F_z = 18,7 kN bei Δs_{soll} = 0,9 mm. Mit Erreichen der Soll-Stichabnahme und dem Start der horizontalen Vorschubbewegung durch die Umformwalze ist ein tendenziell linearer Anstieg der Vertikalkraft zu verzeichnen. Dabei wird das Kraftmaximum bei allen Verläufen bis r = 38 mm erreicht, wobei der Kraftverlauf in zwei Bereiche unterteilt werden muss. Während bis zu der radialen Position von r = 28 mm der ansteigende Kraftbedarf durch die Zunahme des Stoffflusses in Richtung des Aufdickungsbereiches begründet ist, resultiert die Kraft ab r = 28 mm aus der Einglättung und das nachfolgende radiale Stauchen des Halbzeugs zwischen Umform- und Glättwalze (vgl. Abschnitt 6.1). Mit der Einglättung des Halbzeugs ab dem Einlaufbereich fällt die Vertikalkraft wieder bis zum Ende des Walzweges stark ab.

Die Entwicklung des Kraftanstiegs bezogen auf die Stichabnahmen weist indes keinen linearen Zusammenhang auf, wie in Bild 30 dargestellt. Während bei geringen Stichabnahmen von Δs_{soll} = 0,2 mm nur ein kleiner Kraftanstieg von m_{Fz} = 0,07 vorliegt, ist bei einer vierfachen Stichabnahme vor Δs_{soll} = 0,8 mm eine siebenfache Steigung von m_{Fz} = 0,50 zu verzeichnen. Dieser Zusammenhang hat seine Ursache in dem betragsmäßig größeren Stofffluss in radiale Richtung mit zunehmender Stichabnahmen. Durch die Werkzeug- und Maschinenauffederung ist bei kleinen Stichabnahmen der Einfluss größer, als bei höheren Stichabnahmen.

Durch Analyse der horizontalen Prozesskraft F_x kann neben der vertikalen Komponente F_z die Auswirkung auf den radialen Stofffluss separiert werden. In Bild 30 sind die horizontalen Kraftverläufe dargestellt. Negative Kraftwerte stellen in diesem Zusammenhang eine Druckbeanspruchung in horizontale Richtung dar, welche als Zug an der Walzenachse durch den radialen Vorschub definiert ist. Bei den Kraftverläufen ist ein Unterschied zwischen den Stichabnahmen im ersten und zweiten Hub erkennbar. Während im ersten Hub bei allen Stichabnahmen ein konstanter Kraftanstieg bis r = 38 mm auftritt, liegt im zweiten Hub das Kraftmaximum bei r = 28 mm. Dieses Verhalten korreliert mit dem radialen Stofffluss und ist auf die Verfestigung des Werkstoffes im ersten Hub zurückzuführen. Durch das radiale Stauchen des Werkstoffes steigt diese an und wechselt die Kraftrichtung, wodurch die Umformkraft ansteigt. Das Maximum wird bei r = 40 mm erreicht, dass den Einlaufbereich der Werkzeugkavität darstellt. Der radiale Stofffluss kann damit direkt aus den Kraftverhältnissen der Vertikalkraft F_z und der Horizontalkraft F_x abgeleitet werden. Dieser Grundlagenzusammenhang bietet die Möglichkeit im Rahmen einer Auslegungsmethode zur Vorhersage der resultierenden Stoffflussanteile bei variierenden Werkstoffverfestigungen.

Besonders der Gradient der radialen Stoffflussanteile über die Blechdicke, welcher aus dem einseitigen Werkzeugkontakt resultiert, beeinflusst die Maßhaltigkeit der Halbzeuge durch die Einbringung von Eigenspannungen maßgeblich. Wie in Bild 31 dargestellt, treten ausgehend von der Umformwalze radiale Stoffflussanteile sowohl in als auch entgegen der Vorschubrichtung auf. Neben axialen und radialen Druckspannungen werden durch die translatorische Vorschubbewegung der Umformwalze radiale Zugspannungen im Bereich des Übergangsradius induziert (Bereich ①). Durch den Stoffrückfluss werden diese Zugspannungen durch überlagerten Druck reduziert (Bereich ②). Infolge des Anstauchens des Werkstoffes vor der Umformwalze treten in Bereich ③ hauptsächlich Druckspannungen auf. Werden die Halbzeuge nach Prozessende ausgeworfen, führt ein Ausgleich diese überlagerten Eigenspannungsanteile zwischen Walz- und Aufdickungsseite zur Verwölbung der Halbzeuge (vgl. Bild 16). Bedingt durch variierende radiale Stoffflussanteile infolge der Stichabnahmen kann dieser Effekt gezielt genutzt werden. Zur Quantifizierung des Einflusses und zur Ableitung von Prozessführungsstrategien wurden die radialen Eigenspannungsverläufe der Halbzeuge unter Einsatz der Röntgendiffraktometrie beidseitig untersucht.

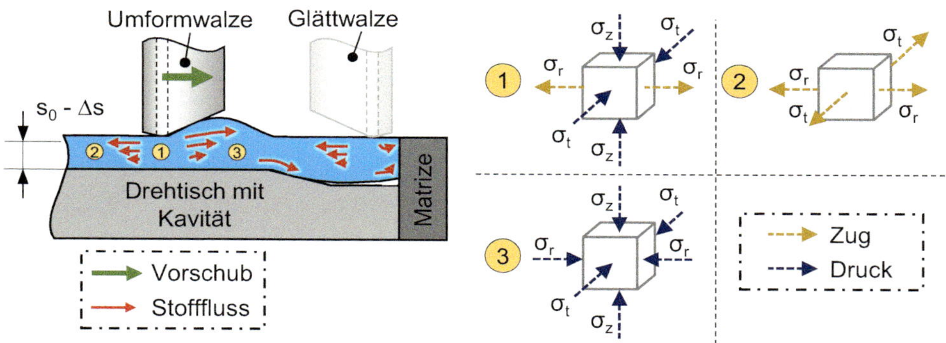

Bild 31: Auftretende Spannungskomponenten während flexiblen Walzprozesses

In Bild 32 sind die radialen Eigenspannungsverläufe unter Berücksichtigung unterschiedlicher Stichabnahmen und Walzhübe dargestellt. Analog zu den vorausgegangenen Untersuchungen wird bei diesen Untersuchungen zwischen dem ersten und dem zweiten Walzhub unterschieden. Um den Einfluss der Stichabnahmevariation analysieren zu können, wurden im ersten Hub Stichabnahmen von $\Delta s_{soll} = 0{,}2$ mm und $\Delta s_{soll} = 0{,}4$ mm, im zweiten Hub von $\Delta s_{soll} = 0{,}6$ mm und $\Delta s_{soll} = 0{,}9$ mm gewählt. Der grundlegende Eigenspannungszustand wird vor allem durch den walzenseitigen Kontaktdruck und den daraus resultierenden Stofffluss beeinflusst. Daher wird ein Messbereich von r = 9 mm (innerste Position der Umformwalze) bis r = 44 mm (Ende des Kontaktbereichs beim Walzen) festgelegt. Analog zur Stoffflussanalyse wird bei diesen Untersuchungen ein Messpunktabstand von 1 mm gewählt. Durch das Messprinzip werden für jeden Messpunkt 13 Wiederholungsmessungen ($\Psi = 0°$ und je 6 x positive und negative Verkippungen) durchgeführt und sind in den Diagrammen durch die Standardabweichung berücksichtigt.

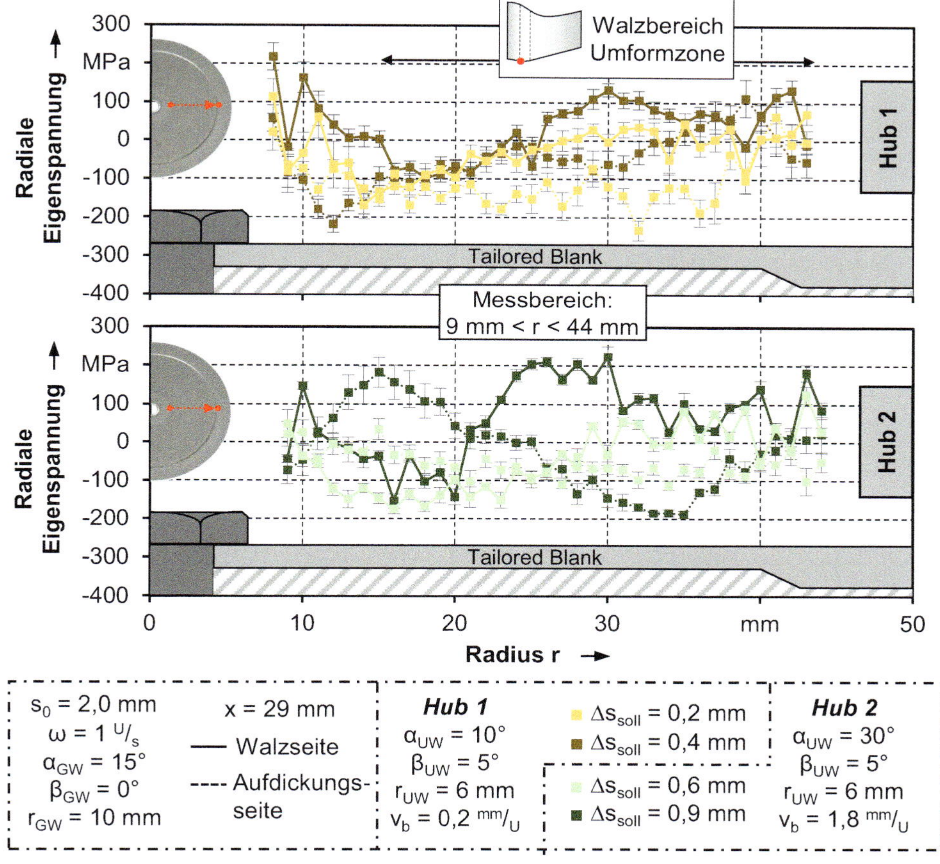

Bild 32: Einfluss der Stichabnahme auf die umformbedingte Induzierung der Eigenspannungsanteile

Wie in Bild 32 zu erkennen, tritt walzseitig in einem Bereich bis r = 11 mm für den ersten Walzhub unabhängig der Stichabnahme eine maximale Zugspannung von σ_{rmax} = 218 MPa ± 35 MPa auf. Mit zunehmendem Radius ist eine Richtungsumkehr in den Druckbereich zu verzeichnen, wobei an dieser Stelle ein Einfluss der Stichabnahme erkennbar ist. Während bei Δs_{soll} = 0,2 mm mit zunehmender radialer Position bereits bei r = 12 mm Druckspannungen vorliegen, tritt mit einer Erhöhung der Soll-Stichabnahme auf Δs_{soll} = 0,4 mm der Druckspannungszustand erst bei r = 14 mm auf. Dieses charakteristische Verhalten ist auf den Beginn des Walzprozesses zurückzuführen. Nach dem Einstechvorgang begünstigt die horizontale Vorschubbewegung der Umformwalze eine Zugbeanspruchung im Übergangsbereich.

Die zentrische Klemmung des Tailored Blanks verstärkt diesen Effekt zusätzlich. Durch die spiralförmig wandernde Kontaktfläche des inkrementellen Umformprozesses wird der Werkstoff vor der Umformwalze angehäuft und im darauffolgenden Zeitinkrement nicht vollständig, sondern in Abhängigkeit der Vorschubgeschwindigkeit erneut plastifiziert. Dies führt zu einem Walkeffekt des Werkstoffes. Ufer et al. konnten diesen Zusammenhang beim Drückwalzen numerisch nachweisen [87]. Durch diesen Zusammenhang werden Druckspannungen an der Rondenoberfläche eingebracht. Während mit zunehmender radialer Position walzenseitig ein Anstieg des Spannungsverlaufs zu erkennen ist, bleibt aufdickungsseitig das Niveau im Bereich $15\ \text{mm} \leq r \leq 38\ \text{mm}$ bei $\sigma_r = -144$ MPa ± 34 MPa annähernd konstant. Dieser Verlauf deckt sich mit dem auftretenden radialen Stofffluss in Bild 29. Durch den einseitigen Walzenkontakt tritt ein Gradient über die Blechdicke auf, wodurch ein Unterschied der Eigenspannungen erreicht wird. Mit Beginn des Kavitätseinlaufs ist kein Unterschied mehr zwischen den Halbzeugseiten zu erkennen. Durch das Leervolumen der Werkzeugkavität findet ein gleichmäßiger radialer Stauchprozess über die Blechdicke statt, sodass beidseitig ein homogener Werkstofffluss auftritt. Damit ist kein signifikanter Unterschied mehr zwischen den beiden Bauteilseiten zu erkennen.

Mit einer Verdoppelung der Stichabnahme auf $\Delta s_{soll} = 0{,}4$ mm ist insgesamt ein Anstieg des Spannungsniveaus zu verzeichnen. Während zu Prozessbeginn bis $r = 20$ mm ein ähnlicher Eigenspannungsverlauf auftritt, steigt dieser bei $r > 20$ mm walzenseitig auf bis zu $\sigma_r = 133$ MPa ± 17 MPa, aufdickungsseitig auf $\sigma_r = -61$ MPa ± 35 MPa an. Durch die höhere Stichabnahme wird ein größerer Stofffluss erzeugt, der durch die Richtungsabhängigkeit in höheren Eigenspannungen resultiert. Gleichzeitig steigt die Kontaktfläche an, wodurch mit dem weggebundenen Umformprozess ein höherer Kontaktdruck erreicht wird. Damit liegt das Eigenspannungsniveau höher, der Spannungsgradient zwischen Walz- und Aufdickungsseite ist mit $\Delta\sigma_r = 66$ MPa bei $\Delta s_{soll} = 0{,}4$ mm aber nur halb so groß wie bei $\Delta s_{soll} = 0{,}2$ mm mit $\Delta\sigma_r = 125$ MPa. Infolge einer größeren Blechdickenreduktion reduziert sich der Stoffflussgradient zwischen der Walz- und Aufdickungsseite, weshalb ein homogenerer Spannungsverlauf erzielt wird.

Durch das höhere Niveau steigt der Spannungsgradient in radialer Richtung, mit der Folge einer Rondenkrümmung nach dem Auswerfen des Halbzeugs durch den Spannungsausgleich.

Durch Anwendung eines zweiten Walzhubs mit einer erhöhten Stichabnahme, wird der Eigenspannungszustand des vorausgegangenen Walzhubs durch Werkstoffverfestigung infolge eines angepassten Werkstoffflusses verändert. Der radiale Spannungszustand in Abhängigkeit des Halbzeugradius ist ebenfalls in Bild 32 abgebildet. Mit einer Erhöhung der Stichabnahme auf Δs_{soll} = 0,6 mm ist verglichen mit dem Eigenspannungsverlauf von Δs_{soll} = 0,4 mm nur ein marginaler Unterschied zu erkennen. Durch die geringe Stichabnahmedifferenzerhöhung von Δs_{Δ} = 0,2 mm dominiert durch den Gradienten über die Blechdicke der Stofffluss auf der Walzseite. Dadurch werden die eingebrachten Zugeigenspannungen im ersten Hub durch die Anhäufung des Werkstoffes auf der Oberseite mit Druckeigenspannungen überlagert, wodurch Walzenseitig nur geringe Eigenspannungen vorliegen. Analog zum ersten Walzhub verschieben sich dadurch die Eigenspannungen aufdickungsseitig in den Druckbereich. Mit einer Erhöhung der Stichabnahme im zweiten Walzhub auf Δs_{soll} = 0,9 mm (Δs_{Δ} = 0,5 mm) ist bei r = 15 mm aufdickungsseitig eine Spannungsumkehr in den Zugbereich zu erkennen. Anschließend reduziert sich die Eigenspannung nahezu konstant in den Druckbereich bis σ_r = -188 MPa ± 15 MPa bei r = 35 mm. Durch hohe Blechdickenreduktion beim Einstechen und das mehrfache Überwalzen des gleichen Werkstückbereiches ist dies zu Prozessbeginn mit einer Art Walzprägeprozess zu vergleichen [184]. Aufdickungsseitig wird infolge des Ein- und Auslaufwinkels der Werkzeuggeometrie ein doppelseitiger radialer Werkstofffluss erzeugt, wodurch eine lokale Aufwölbung des Halbzeugs stattfindet. Dadurch resultieren hohe Zugeigenspannungen. Mit radialer Zustellung der Umformwalze wird der Werkstoff in radialer Richtung gestaucht, wodurch Druckeigenspannungen an der Oberfläche entstehen. Walzseitig ist ein ähnlicher Verlauf wie bei einer geringeren Stichabnahme erkennbar. Durch den stark ausgeprägten radialen Werkstofffluss resultieren oberflächennah hohe Zugspannungen von bis zu σ_r = 223 MPa ± 27 MPa. Analog zum ersten Walzhub gleichen sich die Eigenspannungen durch das Anstauchen der Ronde im Aufdickungsbereich an.

Die lokalen Stoffflussanteile, die zu variierenden Eigenspannungszuständen führen, beeinflussen ebenfalls die mechanischen Eigenschaften der Tailored Blanks. Zur Analyse der mechanischen Werkstückeigenschaften und zur Verifizierung der Eigenspannungsmessungen wurden außerdem

Mikrohärtemessungen im Bauteilquerschnitt durchgeführt. Unter Berücksichtigung der Gesamtstichabnahme sowie der Walzhübe sind in Bild 33 die Härtemessungen quantitativ und qualitativ in Form von Härteplots und –diagrammen für den Versuchswerkstoff DC04 dargestellt.

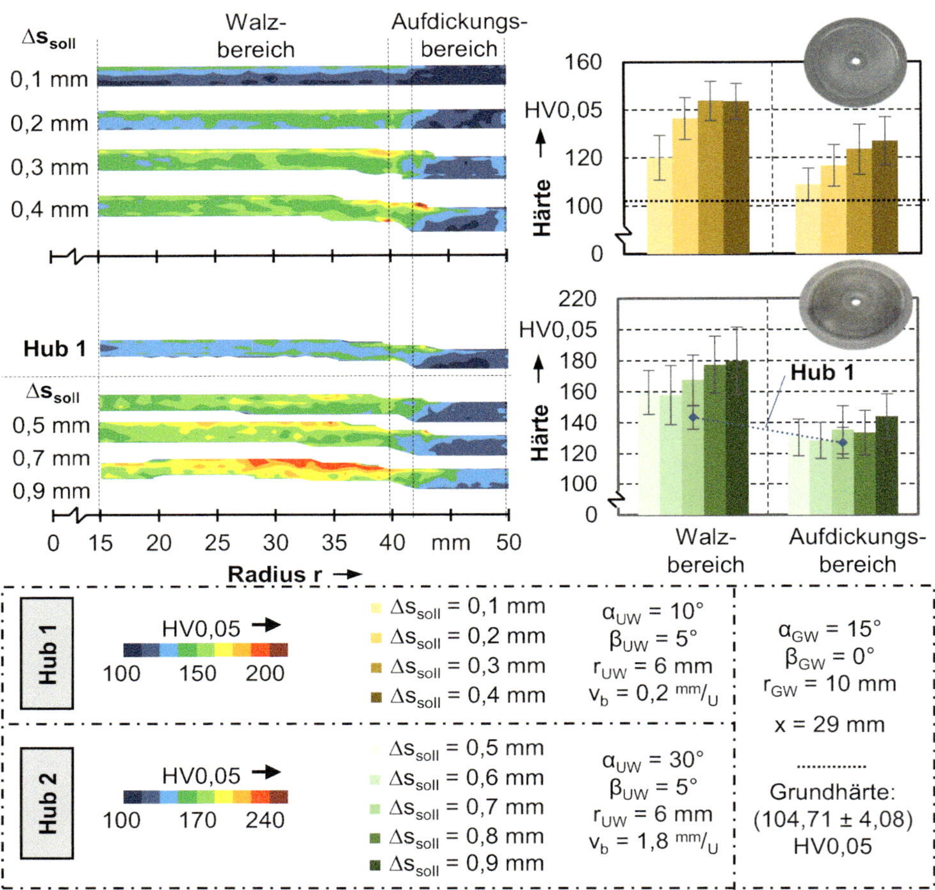

Bild 33: Einfluss der Stichabnahme auf die mechanischen Halbzeugeigenschaften

Es ist zu erkennen, dass im Walzbereich eine höhere Kaltverfestigung verglichen mit dem Aufdickungsbereich vorliegt. Gleichzeitig liegt ein Verfestigungsgradient über die Blechdicke vor, was in [147] auch für das Walzkonzept mit $d_0 = 180$ mm gezeigt werden konnte. Während durch den Walzprozess ein direkter Stofffluss in radialer Richtung induziert wird, wird der Werkstoff im Aufdickungsbereich radial gestaucht. An den Randbereichen der Werkzeugkavität bei r = 42 mm und r = 50 mm ist tendenziell eine höhere Verfestigung erkennbar als in der Mitte der Aufdickung. Durch den Werkzeugaußenring liegt eine Fließbehinderung am Umfang vor, wodurch mit zunehmender radialer Position der Umformwalze der Werkstoff gestaucht wird. Tendenziell ist im ersten Walzhub durch eine zunehmende Stichabnahme ein Anstieg der Härte im Walzbereich zu erkennen, wobei ab einer Stichabnahme von $\Delta s_{soll} = 0{,}3$ mm eine Sättigung zu erkennen ist. Die Härtezunahme im Aufdickungsbereich steigt hingegen annähernd linear. Im zweiten Walzhub ist ein vergleichbarer Zusammenhang erkennbar.

Zwischenfazit

Die Stichabnahme ist, wie bereits in der Signifikanzanalyse gezeigt werden konnte, der Prozessparameter mit dem höchsten Prozesseinfluss bezogen auf eine gezielte Einstellung der Halbzeugeigenschaften. Unabhängig der Anzahl der Walzhübe hat die Stichabnahme einen signifikanten Einfluss auf das übergeordnete Ziel einer gezielten Materialvorverteilung. Für die Volumenzunahme bezogen auf die Differenzstichabnahme pro Walzhub liegt ein progressiver Verlauf zugrunde, was auf die resultierenden Stoffflussanteile in Kombination mit der Maschinenauffederung zurückzuführen ist. Durch den inkrementellen Umformprozess und den einseitigen Werkzeugkontakt begünstigt ein Anstieg der Stichabnahme und damit eine Stoffflusszunahme aber auch den Gradienten der sich einstellenden Zug- und Druckeigenspannungen zwischen Walz- und Aufdickungsseite. Dadurch erhöht sich die Rondenkrümmung, was in einer reduzierten Maßhaltigkeit der Tailored Blanks resultiert. Durch eine Erhöhung der Stoffflussanteile steigt darüber hinaus die Kontaktfläche zwischen Walzwerkzeug und Werkstück, wodurch sich die notwendige Prozesskraft erhöht. Im zweiten Walzhub hat neben einer Veränderung der Kontaktfläche auch die Vorverfestigung einen wichtigen Einfluss. Durch den einseitigen Werkzeugkontakt steigt die Kaltverfestigung mit einer Erhöhung der Stichabnahme vor allem auf der Rondenoberseite stark an, wodurch sich ein Gradient über die Blechdicke einstellt. Vor allem im Bereich der Materialvorverteilung ist hingegen nur eine geringe Verfestigung des Werkstoffes zu verzeichnen. Bezogen auf die Anwendung der maßgeschneiderten Halbzeuge in Folgeprozessen ist dies umformtechnisch zu berücksichtigen.

6.3.2 Erweiterung der Prozessgrenzen

Auf Grundlage der in Abschnitt 6.3.1 erarbeiteten Zusammenhänge für die Stichabnahme soll weitergehend das Potential einer Steigerung des Materialvolumens im Aufdickungsbereich durch einen dritten Walzhub untersucht werden. Dazu wird ein analoges Vorgehen wie in den vorangegangenen Untersuchungen gewählt und vorab Experimente mit einer erhöhten Stichabnahme von $\Delta s > 0{,}9$ mm durchgeführt. Bedingt durch eine Erhöhung der Gesamtstichabnahme besteht das Ziel, das Aufdickungsvolumen durch gezielte Stoffflusskontrolle zu steigern.

Zum Aufbau eines ganzheitlichen Prozessverständnisses wird in Bild 34 unter Berücksichtigung der Gesamtstichabnahme der Einfluss auf das Materialvolumen V_A, respektive des Blechdickenmaximums s_{max}, analysiert. Als Grundlage für die vorangegangenen Walzhübe werden die ermittelten Prozessparameter mit dem erreichbaren Maximalvolumen gewählt. Dabei ist für den ersten Walzhub eine stetige Zunahme des Materialvolumens bis zu einer Gesamtstichabnahme von $\Delta s = 0{,}4$ mm auf $V_A = 6.120{,}64$ mm^3 erkennbar. Mit der Anwendung des zweiten Walzhubs steigt das Materialvolumen auf bis zu $V_A = 6.433{,}94$ mm^3 weiter an. Entgegengesetzt der Zusammenhänge im ersten und zweiten Walzhub ist bei einer weiteren Steigerung der Gesamtstichabnahme im dritten Walzhub eine Reduktion des Materialvolumens im Aufdickungsbereich zu verzeichnen (vgl. Bild 34). Ausgehend von dem Maximalvolumen im zweiten Walzhub, welches die Grundlage für den dritten Walzhub darstellt, folgt eine Reduktion um 6,5 % bei einer Erhöhung der Stichabnahme um $\delta s = 0{,}1$ mm. Dieser Zusammenhang ist in der Gefügeaufnahme in Bild 34 dargestellt und auf die umlaufende Fließbehinderung durch den Distanzring zurückzuführen.

Wie in Abschnitt 6.1 gezeigt, wird die Materialvorverteilung durch eine Kombination aus einem radialen Stofffluss vor der Umformwalze und einem Stauchprozess ebenfalls in radialer Richtung erzielt. Mit einer Erhöhung der Stichabnahme im dritten Walzhub wird infolge der umlaufenden Kammerung des Halbzeugs (vgl. Bild 11) während dem radialen Stauchprozess ein Stoffrückfluss in Richtung des Rondenzentrums induziert. In Bild 34 dies in der Gefügeaufnahme bei einer Stichabnahme von $\Delta s = 1{,}3$ mm durch eine Kornlängung ausgehend von dem Übergangsbereich deutlich erkennbar. Diese Stoffflusskomponente hat eine lokale Aufdickung hinter der Umformwalze im inneren Walzbereich ($14 \text{ mm} \leq r \leq 40$ mm) zur Folge, was in der Blechdickenverteilung des digitalisierten Halbzeugs erkennbar ist. Durch die Vorverfestigung infolge der vorangegangenen Walzhübe wird der Werkstoff direkt hinter der Umformwalze angehäuft. Gleichzeitig reduziert sich dadurch das Gesamtvolumen in Aufdickungsbereich mit der Folge einer verringerten erreichbaren Blechdicke. Da durch einen dritten Walzhub mit dem vorliegenden Aufbau keine weitere Volumensteigerung erzielt werden kann, werden die nachfolgenden Untersuchungen der Prozesseinflüsse auf Basis von zwei Walzhübe untersucht.

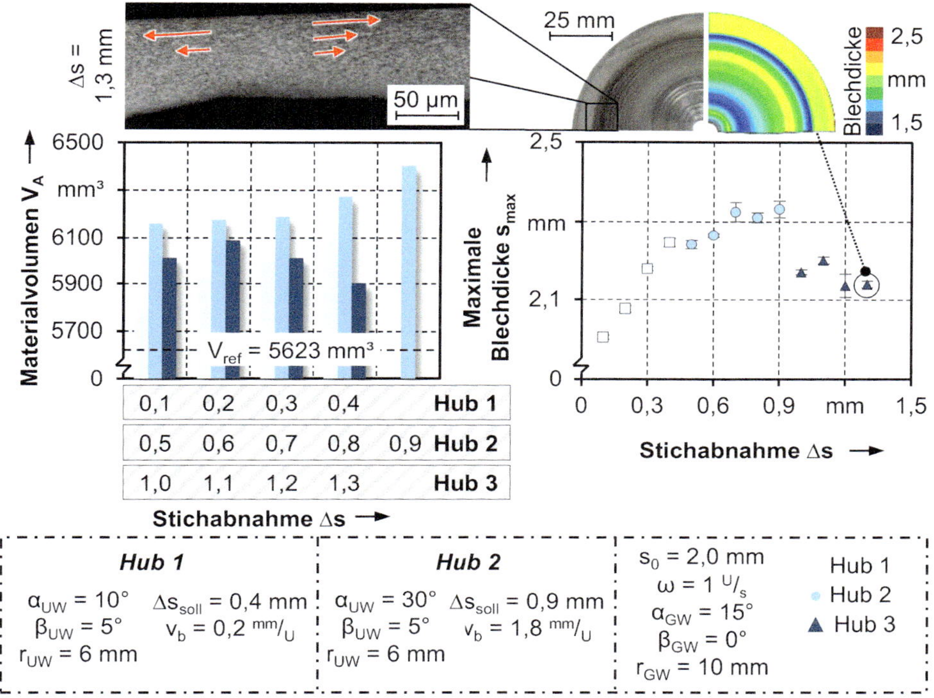

Bild 34: Prozessgrenzen durch Anwendung eines dritten Walzhubs

6.3.3 Einfluss des bezogenen Vorschubs

Wie in der Signifikanzanalyse gezeigt werden konnte, hat neben der Stichabnahme der bezogene Vorschub einen großen Einfluss auf die resultierenden Halbzeugeigenschaften. Der grundlegende Zusammenhang dieses Prozessparameters mit den Zielgrößen Materialvolumen im Aufdickungsbereich, sowie Halbzeugkrümmung ist in Bild 35 dargestellt. Der bezogene Vorschub wird als Wegdifferenz in horizontaler Richtung je Walztischumdrehung definiert. Im globalen Bezugsraum folgt dadurch die Kontaktzone zwischen Umformwalze und Werkstück einer Spiralbahn, welche von innen nach außen gerichtet ist. Definitionsgemäß ist der bezogene Vorschub damit der Abstand der Spiralbahnen zueinander, unabhängig der radialen Walzenposition. Analog zu den vorangegangenen Untersuchungen wird für den bezogenen Vorschub der Einfluss jeweils für zwei aufeinanderfolgende Walzhübe analysiert. Es wird für jeden Walzhub ein Wertebereich zwischen $v_b = 0{,}2\ ^{mm}/_U$ und $v_b = 1{,}8\ ^{mm}/_U$ gewählt.

Für beide Walzhübe ist in Bild 35 zu erkennen, dass sich das Werkstoffvolumen in der Kavität mit einer Erhöhung des bezogenen Vorschubs grundsätzlich verringert. Bei einer quantitativen Gegenüberstellung fällt auf, dass dieser Effekt im ersten Hub deutlich stärker ausgeprägt ist. Während im ersten Walzhub bei einem bezogenen Vorschub von $v_b = 0{,}2\ ^{mm}/_U$ ein Materialvolumen von $V_A = 6.023\ mm^3$ erreicht wird, reduziert sich dieses bis $v_b = 1{,}0\ ^{mm}/_U$ auf $V_A = 5.902\ mm^3$. Mit einer weiteren Erhöhung auf $v_b = 1{,}4\ ^{mm}/_U$ ist ein gleichbleibendes Materialvolumen erkennbar. Bis zur Prozessgrenze von $v_b = 1{,}8\ ^{mm}/_U$ ist ein weiterer Abfall auf $V_A = 5.784\ mm^3$ zu verzeichnen. Auch im zweiten Walzhub ist grundsätzlich eine Volumenabnahme mit einer Erhöhung des bezogenen Vorschubs zu erkennen. Analog zur Stichabnahme ist das höhere Niveau des Aufdickungsvolumens auf die erhöhte Stichabnahme im zweiten Walzhub zurückzuführen. Der Einfluss eines reduzierten Aufdickungsvolumens ist hingegen deutlich geringer, als im ersten Hub. Während bei dem geringsten bezogenen Vorschub von $v_b = 0{,}2\ ^{mm}/_U$ das Materialvolumen auf einen Wert von $V_A = 6.272\ mm^3$ ansteigt, wird mit dem höchsten Vorschub noch immer eine Zunahme auf $V_A = 6.139\ mm^3$ erzielt. Der generelle Prozesseinfluss eines reduzierten Werkstoffvolumens unter Anwendung eines hohen bezogenen Vorschubs ist prozessbedingt auf die Abstände der Walzbahnen zurückzuführen. Dieser Zusammenhang wird daher nachfolgend grundlegend untersucht. Je geringer der Vorschub pro Walztischumdrehung gewählt wird, desto geringer ist der Anteil des verdrängten Werkstoffvolumens, welcher in die primäre Umformzone eintritt. Somit steigt dieser Anteil bei der Wahl eines größeren bezogenen Vorschubs (vgl. Bild 35 a). Dadurch wird neben dem Werkstofffluss auch die Verfestigung und dadurch eine mögliche Fließbehinderung beeinflusst.

In Anlehnung an die in Abschnitt 6.3.1 erarbeitete Wechselwirkung zwischen dem Materialvolumen und der resultierenden Halbzeugkrümmung korreliert mit der Stichabnahme im flexiblen Walzprozess soll dies auch für den bezogenen Vorschub erarbeitet werden. Der grundlegende Einfluss des Werkstoffflusses und des Verfestigungsgradienten über die Blechdicke bezogen auf die Maßhaltigkeit der maßgeschneiderten Halbzeuge wird an dieser Stelle analog zur Stichabnahme vorausgesetzt. Für eine Quantifizierung der Krümmungsentwicklung ist in Bild 35 b) des Einflusses des bezogenen Vorschubs für beide Walzhübe gegenübergestellt.

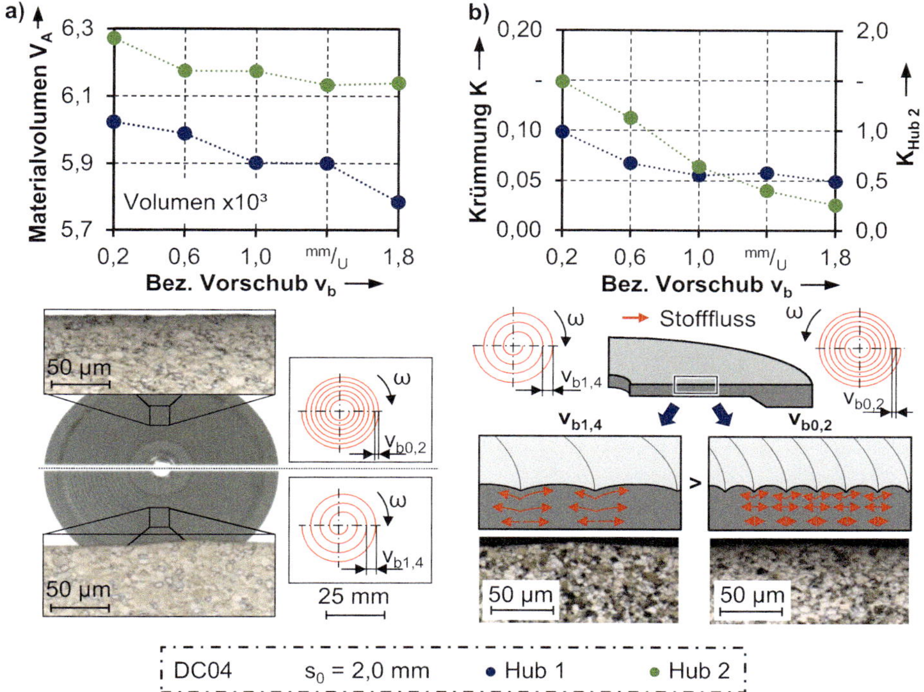

Bild 35: Einfluss des bezogenen Vorschubs auf a) das Materialvolumen und b) die Rondenkrümmung

Walzhubübergreifend ist eine Reduktion der Rondenkrümmung mit einer Erhöhung des bezogenen Vorschubs erkennbar. Die Entwicklung der Rondenkrümmung im ersten Walzhub weißt dabei einen regressiven Verlauf auf. Während bei $v_b = 0{,}2$ mm/U ein Krümmungswert von K = 0,099 vorliegt, reduziert sich dieser auf K = 0,067 bei $v_b = 0{,}6$ mm/U und K =0,055 bei $v_b = 1{,}0$ mm/U. Das Minium wird bei $v_b = 1{,}8$ mm/U mit einer Krümmung von K = 0,049 erzielt. Im zweiten Walzhub ist eine annähernd lineare Krümmungsabnahme mit einer Erhöhung des bezogenen Vorschubs zu verzeichnen. Bei $v_b = 0{,}2$ mm/U liegt verglichen mit dem ersten Walzhub mit K = 1,486 ein um 15-fach höhere Rondenkrümmung nach dem zweiten Hub vor. Auch in diesem Walzhub ist die geringste Rondenkrümung bei $v_b = 1{,}8$ mm/U mit K = 0,253 erkennbar. Der grundlegende Zusammenhang ist an dieser Stelle auf den Abstand der Walzbahnen in Abhängigkeit des bezogenen Vorschubs zurückzuführen. Wie in Bild 35 b) erkennbar, steigt mit einer Erhöhung des bezogenen Vorschubs die inkrementelle Kontaktzone und damit die Verfestigungszustände infolge des Materialflusses. Die physikalischen Zusammenhänge sollen im Laufe dieses Abschnitts vollumfänglich erarbeitet und analysiert werden.

Neben dem Materialvolumen und der Rondenkrümmung wird der Einfluss des bezogenen Vorschubs auf die resultierende Halbzeugoberfläche und die notwendige Maximalkraft analysiert. Durch den inkrementellen Umformprozess infolge der rotatorischen Walztischbewegung überlagert mit dem translatorischen Walzenvorschub wird das resultierende Oberflächenprofil maßgeblich beeinflusst (vgl. Bild 36 a). Mit einem zunehmenden bezogenen Vorschub ist ein progressiver Anstieg der Oberflächenprofiltiefe P_Z zu verzeichnen. Bei einem geringen bezogenen Vorschub von $v_b = 0{,}2\ {}^{mm}/_{U}$ steigt die Profiltiefe verglichen mit einem ebenen Halbzeug auf $P_z = 14{,}43$ µm an. Mit einem Anstieg des linearen Verfahrwegs pro Umdrehung auf $v_b = 0{,}6\ {}^{mm}/_{U}$ erhöht sich die resultierende Profiltiefe auf $P_z = 16{,}83$ µm. Dies entspricht einer Zunahme um ca. 17 %. Wird das Prozesslimit des bezogenen Vorschubs von $v_b = 1{,}8\ {}^{mm}/_{U}$ gewählt, ist eine um 228 % höhere Profiltiefe zu verzeichnen. Im zweiten Walzhub ist ein vergleichbarer Zusammenhang mit einem ebenfalls progressivem Kurvenanstieg zu erkennen. Das höhere Niveau der Profiltiefe ist auf die erhöhte Stichabnahme zurückzuführen. Bedingt durch einen starken Anstieg der Rondenaufwölbung ist eine Auswertung des Oberflächenprofils bei $v_b = 0{,}2\ {}^{mm}/_{U}$ nicht möglich. Wie in Bild 35 b) gezeigt, steigt die Krümmung im zweiten Walzhub auf bis zu $K = 1{,}5$ an. Durch die hohe lokale Krümmung der Ronde ist die Auslenkung des Messtasters für die Erfassung des Oberflächenprofils nicht ausreichend. Bei einem rein qualitativen Vergleich der Oberflächen kann ein analoger Kurvenverlauf wie für den ersten Walzhub vorausgesetzt werden. Die grundlegende Charakteristik der Kurvenverläufe ist auf die richtungsabhängigen Stoffflussanteile infolge des punktförmigen Werkzeugkontakts zurückzuführen. Je größer der bezogene Vorschub gewählt wird, desto größer wird der prozentuale Anteil des umzuformenden Werkstoffvolumens im Primärbereich der gedrückten Fläche der Umformwalze. Gleichzeitig reduziert sich dadurch der Anteil des mehrfach überwalzten Bereichs im Werkzeugauslauf, wodurch eine geringere Fließbehinderung vorliegt. Es findet eine Werkstoffakkumulation hinter der Umformwalze statt, mit der Folge eines gesteigerten Oberflächenprofils. Mit einer Reduktion des bezogenen Vorschubs hingegen werden diese Bereiche mehrfach überwalzt, mit der Folge einer Einglättung der Werkstückoberfläche.

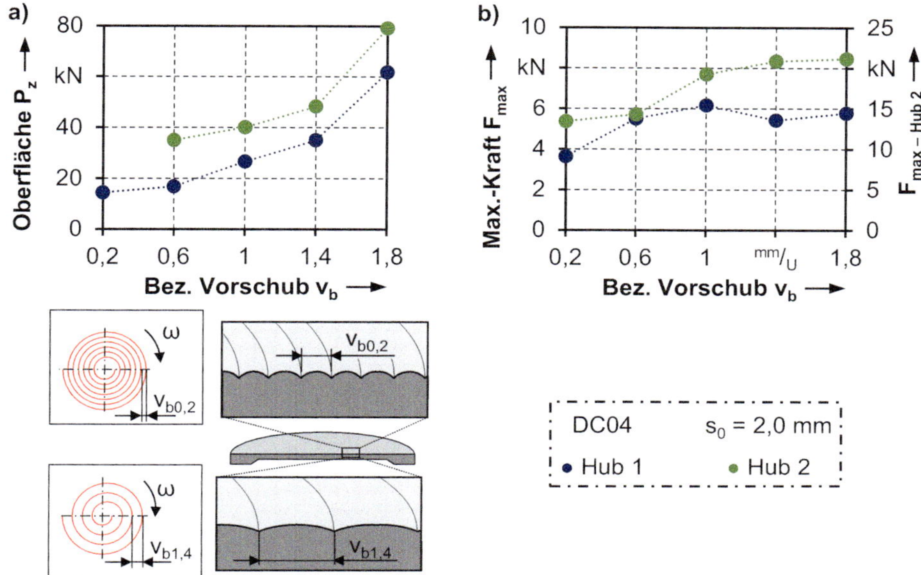

Bild 36: Einfluss des bezogenen Vorschubs auf a) die resultierende Halbzeugoberfläche und b) die notwendige Maximalkraft

Ein ähnlicher Zusammenhang liegt bezogen auf die notwendige Umformkraft zugrunde (siehe Bild 36 b). Mit einer Erhöhung des bezogenen Vorschubs ist walzhubübergreifend ein Anstieg der Maximalkraft erkennbar. Während bei v_b = 0,2 $^{mm}/_U$ im ersten Hub eine Kraft von F_{max} = 3,63 kN notwendig ist, steigt die Umformkraft infolge des weggebunden Prozesses auf bis zu F_{max} = 6,17 kN an. Ein vergleichbarer Verlauf, hier in einem höheren Kraftbereich durch die Kaltverfestigung nach dem ersten Walzhub, liegt für den zweiten Walzhub vor. Die geringsten Umformkräfte treten bei v_b = 0,2 $^{mm}/_U$ mit F_{max} = 13,43 kN auf und steigen auf bis zu F_{max} = 21,14 kN bei v_b = 1,8 $^{mm}/_U$ an. Dieser grundlegende Zusammenhang der Umformkräfte ist auf die primäre Umformzone in Wechselwirkung mit einer mehrfachen Plastifizierung im Auslaufbereich der Umformwerkzeuge zurückzuführen. Der Zusammenhang des auftretenden degressiven Kurvenverlaufs wird nachfolgend anhand einer detaillierten Kraftauswertung in Wechselwirkung mit den auftretenden Stoffflussanteilen analysiert.

Um die grundlegenden physikalischen Zusammenhänge und Wechselwirkungen der signifikanten Prozessparameter bezüglich der Halbzeugeigenschaften für die Ableitung einer ganzheitlichen Auslegungsmethode zu erarbeiten, wird der Einfluss des bezogenen Vorschubs auf den Stofffluss und die mechanischen Eigenschaften nachfolgende in mehreren Stufen untersucht. Während des flexiblen Walzprozesses wird durch den radialen

Stofffluss Werkstoff vor der Umformwalze angehäuft. Mit jedem infinitesimalen Zeitinkrement verändert sich nicht nur die radiale Position der Umformwalze, sondern mit ihr auch die Position der Kontaktflächen im globalen Koordinatensystem. Der Einfluss der Kontaktzone auf die Umformgradverteilung ist in Bild 37 für den ersten Walzhub zwischen $v_b = 0{,}2\ ^{mm}/_U$ und $v_b = 1{,}4\ ^{mm}/_U$, für den zweiten Walzhub zwischen $v_b = 0{,}6\ ^{mm}/_U$ und $v_b = 1{,}8\ ^{mm}/_U$ jeweils in vier Stufen dargestellt.

Die Grenzen wurden auf Grundlage der Prozessanalyse mit dem übergeordneten Ziel einer Maximierung des Aufdickungsvolumens im Kavitätsbereich gewählt. Die verbleibenden Prozessparameter wurden konstant gehalten und sind ebenfalls Bild 37 zu entnehmen. Durch die hohen walzseitigen Kontaktdrücke und den auftretenden dreidimensionalen Stofffluss ist eine experimentelle walzseitige Analyse der Umformung im zweiten Walzhub nicht möglich.

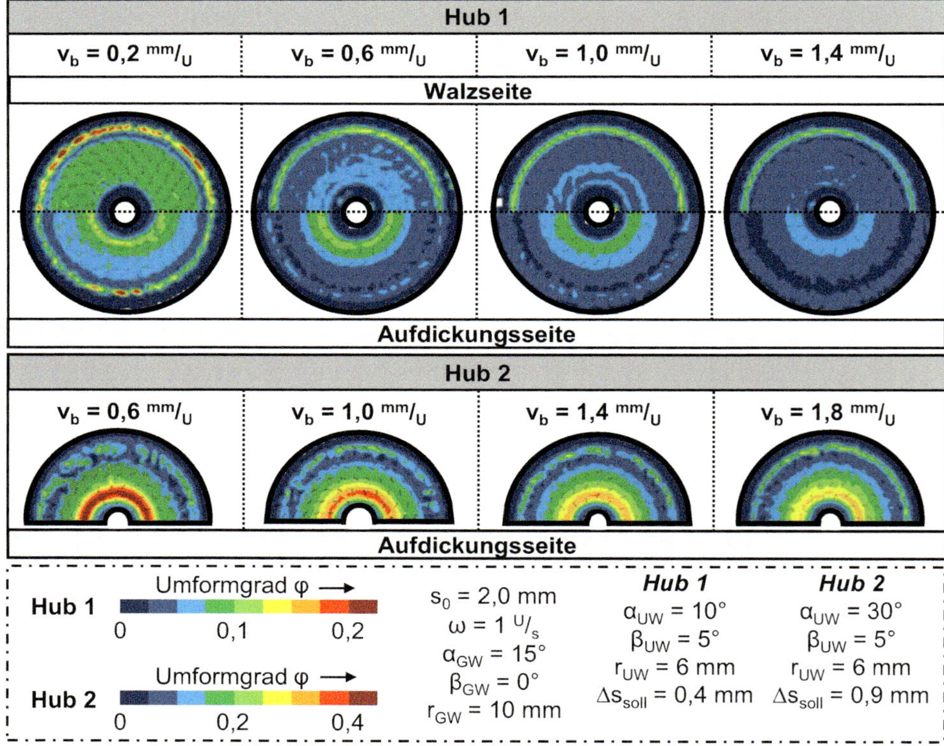

Bild 37: Einfluss des bezogenen Vorschubs auf die Umformgradverteilung der Tailored Blanks

In der Umformgradverteilung mit dem geringsten bezogenen Vorschub im ersten Walzhub bei $v_b = 0{,}2$ $^{mm}/_{U}$ ist erkennbar, dass walzenseitig im Bereich $14\,mm \leq r \leq 40\,mm$ eine homogene Umformgradverteilung von $\varphi = 0{,}1$ vorliegt. Im Übergangsbereich des Einlaufs ist eine Konzentration auffallend, die nach außen hin abnimmt. Aufdickungsseitig ist ein Anstieg bezogen auf die radiale Werkstückposition zu erkennen. Während bei $r = 14\,mm$ Umformgrade von $\varphi = 0{,}13$ erreicht werden, halbiert sich dieser bis zum Kavitätseinlauf auf $\varphi = 0{,}6$. Im Kavitätsbereich ist ein ähnlicher Verlauf wie walzseitig erkennbar. Diese Unterschiede in der Umformgradverteilung sind auf den Werkzeugkontakt und vermutlich den radialen Stofffluss zurückzuführen. Beim Einstechvorgang zu Prozessbeginn bewegt sich die Umformwalze nur linear in vertikale Richtung, wodurch bis zum Erreichen der Soll-Stichabnahme der Anfangsbereich mehrfach überwalzt wird. Dies hat zur Folge, dass annähernd gleiche Umformgrade zwischen Walz- und Aufdickungsseite resultieren.

Mit dem Erreichen der Stichabnahme bezogen auf die Werkstückoberflächen bewegt sich die Kontaktzone durch den geringen horizontalen Vorschub je Umdrehung nur um einen Betrag von 0,2 mm in radiale Richtung nach außen. Durch das mehrfache Überwalzen gleicher Werkstückbereiche ist eine homogene Umformzone vorliegend. Mit steigendem Materialvolumen vor der Umformwalze steigt die notwendige Umformkraft und folglich die Werkzeugauffederung. Dadurch resultieren aufdickungsseitig Inhomogenitäten in radialer Richtung. Mit einer Erhöhung des bezogenen Vorschubs vergrößert sich der Abstand zwischen den Walzbahnen. Dies hat eine Reduzierung des radialen Stoffflusses und damit eine Verringerung des Werkstoffvolumens im Aufdickungsbereich zur Folge. Im zweiten Walzhub ist in Bild 37 ein ähnlicher Verlauf, mit dem Unterschied eines höheren Umformgradniveaus, erkennbar. Durch einen Gradienten in radialer Richtung werden die Eigenspannungen auf der Walz- und Aufdickungsseite beeinflusst. Der Einfluss des bezogenen Vorschubs kann an dieser Stelle als gering eingestuft werden.

Um einen elementaren Zusammenhang zwischen der Umformgradverteilung und dem, in der BMU charakteristisch auftretenden dreidimensionalen Spannungs- und Formänderungszustand [16] zu untersuchen, wird nachfolgend der Einfluss des bezogenen Vorschubs auf den radialen und tangentialen Stofffluss analysiert. Für den grundlegenden Zusammenhang wurden für die beiden Walzhübe jeweils die Extrema als Untersuchungspunkte gewählt. Zur Verifikation sind in Bild 38 neben den richtungsabhängigen Stoffflussanteilen auch Gefügeaufnahmen am Kavitätseinlauf bei $r = 41\,mm$ dargestellt. Bei den Stoffflussanteilen ist zu berücksichtigen, dass es sich im zweiten Walzhub um den kumulierten Stofffluss, basierend auf dem ersten Walzhub handelt.

In Bild 38 a) ist der radiale Stofffluss bezogen auf den Halbzeugradius dargestellt. Bei der Anwendung einer Umformstufe mit $v_b = 0{,}2$ $^{mm}/_{U}$ beginnend bei r = 14 mm ist ein moderater Zuwachs auf bis zu 0,58 mm zu erkennen. Analog zur Analyse der Stichabnahme wird das Maximum bei einer radialen Position von r = 28 mm erreicht. Mit einer Erhöhung des bezogenen Vorschubs auf $v_b = 1{,}4$ $^{mm}/_{U}$, ist nur eine leichte Reduktion der radialen Stoffflusskomponente festzustellen. Die grundlegende Charakteristik ist identisch, mit einem Maximum der radialen Komponente von 0,47 mm. Ein gleicher Zusammenhang ist im zweiten Walzhub festzustellen. Bedingt durch den kumulierten Stofffluss sowie durch Erhöhung der Stichabnahme im Prozess steigt der globale radiale Stofffluss auf 1,81 mm bei $v_b = 0{,}6$ $^{mm}/_{U}$ respektive 1,74 mm bei $v_b = 1{,}8$ $^{mm}/_{U}$ an. Es ist festzuhalten, dass der bezogene Vorschub grundlegend nur einen geringen Einfluss auf die radiale Komponente aufweist.

Allerdings ist der resultierende Stofffluss beim flexiblen Walzprozess BMU-typisch dreidimensional. Einen entscheidenden Einfluss haben die tangentialen Anteile, welche in Bild 38 b) zur Überlagerung mit der radialen Stoffflusskomponente anhand der Grenzwerte der beiden Hübe analysiert wurde. Ein Vergleich der beiden Stoffflussanteile zeigt, dass der bezogene Vorschub einen maßgeblichen Einfluss auf den tangentialen Stofffluss aufweist. So ist erkennbar, dass bei $v_b = 0{,}2$ $^{mm}/_{U}$ ein hoher tangentialer Stofffluss von 0,52 mm auftritt. Bei einer Versechsfachung auf $v_b = 1{,}4$ $^{mm}/_{U}$ reduziert sich diese auf nur 0,07 mm. Dies entspricht einer Reduktion von fast 87 %. Dieser Zusammenhang ist auch beim zweiten Walzhub in Bild 38 erkennbar. Während ein geringer Vorschub eine hohe tangentiale Stoffflusskomponente zur Folge hat, fällt diese mit steigendem Vorschub ab. Bezogen auf das erreichbare Materialvolumen in der Werkzeugkavität stellt dieser Zusammenhang einen entscheidenden Punkt für die Ableitung einer ganzheitlichen Auslegungsmethode dar. Es ist festzuhalten, dass der bezogene Vorschub keine nennenswerte Auswirkung auf den radialen, wohl aber auf den tangentialen Stofffluss hat. Verringert sich der tangentiale Stofffluss aufgrund eines hohen bezogenen Vorschubs, reduziert sich bei gleichbleibendem radialen Anteil das Materialvolumen vor der Umformwalze. Infolgedessen wirkt sich der bezogene Vorschub auf das Verhältnis zwischen den beiden Stoffflussanteilen aus, wodurch eine gezielte Steuerung des Materialvolumens im Aufdickungsbereich möglich ist.

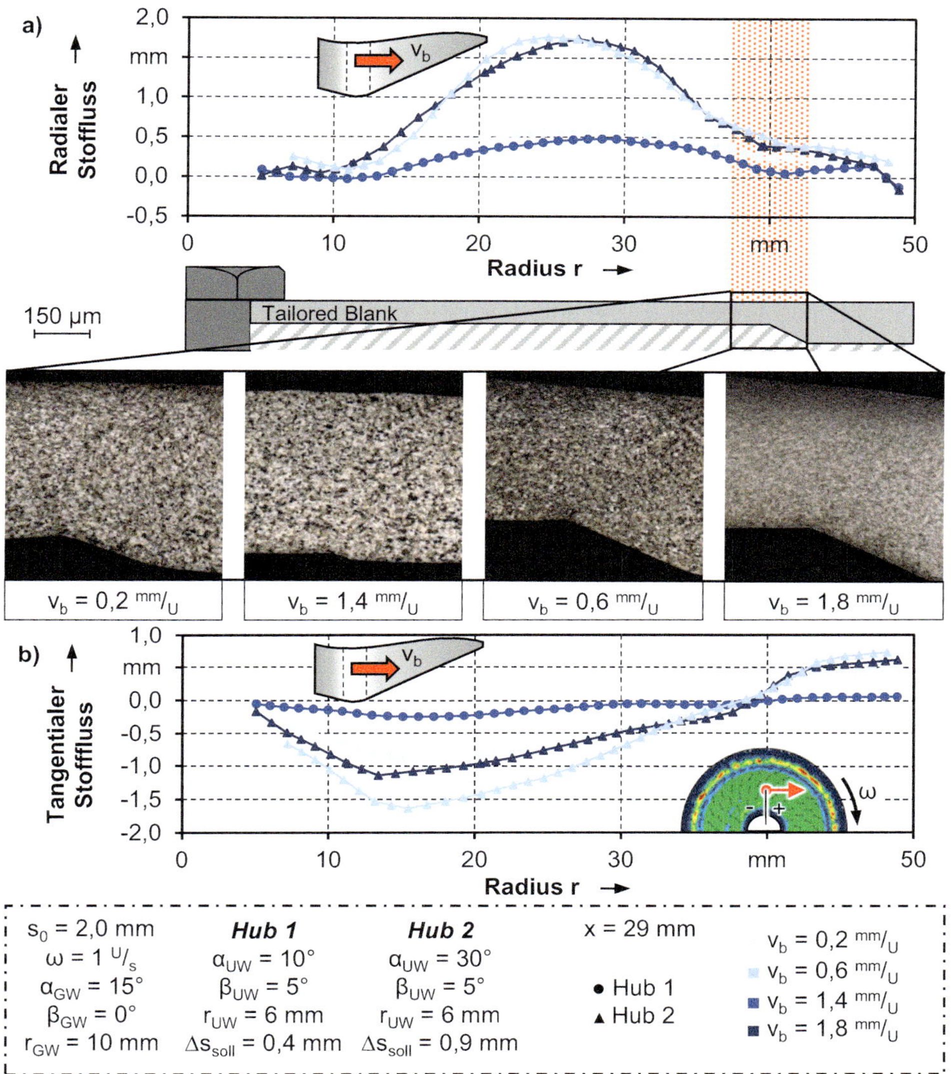

Bild 38: Analyse des Einflusses des bezogenen Vorschubs auf die richtungsabhängigen Stoffflussanteile

Bei einer Variation des bezogenen Vorschubs ändern sich die richtungsabhängigen Stoffflussanteile durch die Plastifizierung des Werkstoffes und damit die erforderliche Umformkraft. Für eine Analyse des ganzheitlichen Zusammenhangs sind in Bild 39 sowohl die Vertikalkraft F_z als auch die Horizontalkraft F_x in Abhängigkeit des bezogenen Vorschubs dargestellt. Der Einfluss des bezogenen Vorschubs ist bei der Vertikalkraft im ersten Walzhub bis $v_b = 1{,}0\ {}^{mm}/_{U}$ nur gering und liegt im Mittel bei

F_z = 7,92 kN ± 0,46 kN. Erst bei einer Vorschubgeschwindigkeit von v_b = 1,4 $^{mm}/_U$ ist ein deutlicher Kraftabfall auf F_z = 5,74 kN ± 0,45 kN zu erkennen. Dies steht in Korrelation zu den richtungsabhängigen Anteilen infolge des tangentialen Stoffflusses. Wird der tangentiale Stofffluss zu gering, kann keine Überlappung der Kontaktfläche mehr gewährleistet werden, wodurch die typische Rillenbildung gemäß des Prozess- und Einflussanalyse (Abschnitt 6.1) auftritt. Dies hat einen Abfall der Umformkraft zur Folge. Im zweiten Walzhub ist für die vertikale Umformkraft mit Zunahme des bezogenen Vorschubs ein Einfluss erkennbar (vgl. Bild 39).

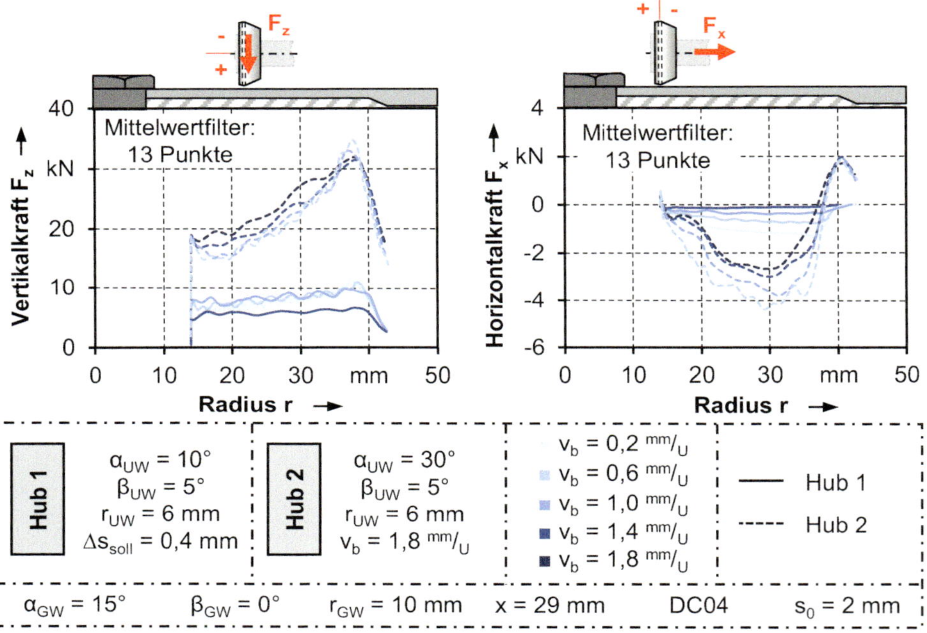

Bild 39: Einfluss des bezogenen Vorschubs auf die Vertikal- und Horizontalkraft des flexiblen Walzprozesses

Bei Vorschüben bis v_b = 1,0 $^{mm}/_U$ können nahezu keine Unterschiede festgestellt werden. Erst mit einer Erhöhung von v_b > 1,0 $^{mm}/_U$ ist ein Kraftanstieg im Bereich zwischen r = 14 mm und r = 30 mm zu verzeichnen. Gleichzeitig fällt die Maximalkraft ab, welche vor dem Kavitätseinlauf erreicht wird. Durch eine Erhöhung des Vorschubs steigt die Kontaktfläche im globalen Bezugssystem an. Um dennoch die Soll-Stichabnahme zu erreichen ist eine höhere Umformkraft notwendig. Wie bereits gezeigt wurde, resultiert dies in einer Reduktion des tangentialen Stoffflusses, was mit einer geringeren Materialanhäufung vor der Umformwalze einhergeht.

Daher ist nur eine geringere Maximalkraft für die Einglättung im Kavitätseinlauf erforderlich. Für die Horizontalkraft F_x ist ein gegenläufiges Verhalten zum bezogenen Vorschub für beide Walzhübe festzustellen. Dabei steigt die notwendige Umformkraft mit einer Reduktion des bezogenen Vorschubs an. Dadurch steigt der tangentiale Werkstofffluss mit einer geringen Vorschubgeschwindigkeit. Dies hat einen Anstieg des Materialvolumens vor der Umformwalze zur Folge, was eine direkte Auswirkung auf die notwendige Umformkraft in horizontaler Richtung darstellt.

Bezogen auf die Maßhaltigkeit der Tailored Blanks sind die Ursache-Wirkbeziehung bezüglich des Stoffflusses mit den resultierenden Eigenspannungen in Bild 40 dargestellt. Auch hier wurden jeweils die radialen Eigenspannungsanteile walz- und aufdickungsseitig gemessen.

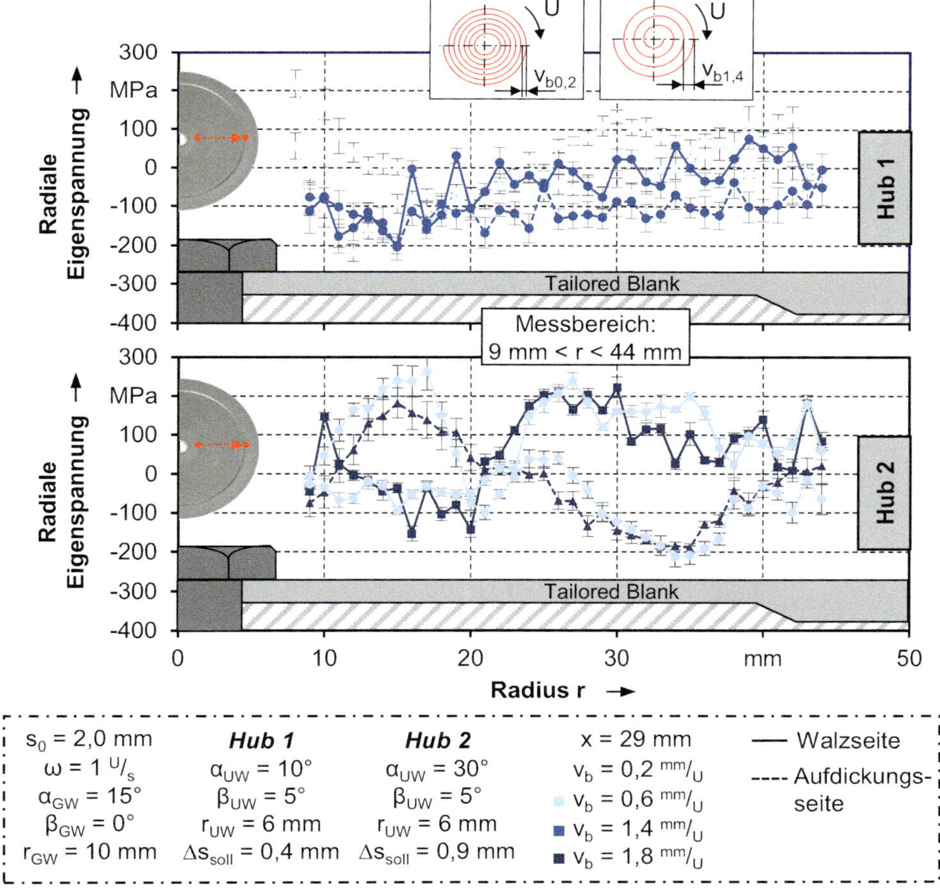

Bild 40: Walz- und aufdickungsseitige Eigenspannungsverhältnisse basierend auf dem bezogenen Vorschub

Wie bereits in Abschnitt 6.3.1 gezeigt werden konnte, spielt vor allem das Verhältnis zwischen Walz- und Aufdickungsseite sowie die auftretenden radialen Zug- und Druckeigenspannungen eine wichtige Rolle. Für eine detaillierte Analyse werden analog zu den Untersuchungen bzgl. der Stichabnahme die Eigenspannungsverläufe in Abhängigkeit des Rondenradius für die Walz- und Aufdickungsseite in Bild 40 untersucht. Vor allem bei dem Einsatz geringer bezogener Vorschübe treten im ersten Walzhub höhere Zugeigenspannungen auf als bei größeren bezogenen Vorschüben.

Zusätzlich ist aber eine inhomogenere Spannungsdifferenz zwischen der Walz- und der Aufdickungsseite zu verzeichnen (siehe Bild 40). Während bei $v_b = 1{,}4\ ^{mm}/_U$ im Bereich 14 mm ≤ r ≤ 40 mm eine mittlere Spannung von $\sigma_r = -80{,}9$ MPa ± 57,9 MPa erreicht wird, steigt die Schwankungsbreite bei $v_b = 0{,}2\ ^{mm}/_U$ auf $\sigma_r = 53{,}2$ MPa ± 79,7 MPa an. Durch die vermeintlich unterschiedlichen Verfestigungen zwischen den beiden Halbzeugseiten infolge des einseitigen Walzenkontakts liegt ein Gradient über die Blechdicke vor. Je geringer der bezogene Vorschub gewählt wird, desto geringer fällt der Abstand der Walzbahnen im globalen Bezugssystem und damit der Anteil der Kontaktfläche bezogen auf die Umformung pro Umdrehung aus. Durch den resultierenden Materialfluss werden folglich höhere Zugspannungen bei geringen Vorschüben auf der Walzseite erzeugt. Durch das mehrfache Überwalzen bereits umgeformter Sektionen steigt der Gradient zwischen Walz- und Aufdickungsseite an. Im zweiten Walzhub ist nur ein geringer Unterschied der Eigenspannungsverläufe bei einer Variation des bezogenen Vorschubs feststellbar (siehe Bild 40). Bedingt durch die Vorverfestigung im ersten Walzhub wirkt sich die Vorschubgeschwindigkeit der Walze pro Umdrehung nur gering auf den Stofffluss aus. Dadurch werden die Eigenspannungsverhältnisse zwischen den beiden Halbzeugseiten nahezu nicht beeinflusst. Die charakteristische Spannungsumkehr vom Zug- in den Druckspannungsbereich der beiden Halbzeugseiten bei einer radialen Position von r = 21 mm ist auf den bereits zuvor beschriebenen Einfluss der Stichabnahme zurückzuführen. Zur gezielten Einstellung der mechanischen Eigenschaften und zur Korrelation mit den Eigenspannungszuständen wir der Zusammenhang der Verfestigung mit dem bezogenen Vorschub für beide Walzhübe in Bild 41 analysiert. Im ersten Walzhub ist durch eine Zunahme des bezogenen Vorschubs im Rahmen der Streubreite kein signifikanter Einfluss im Walz- und Aufdickungsbereich zu erkennen. Ein anderer Zusammenhang stellt sich nach dem zweiten Walzhub dar. Während ein sehr geringer bezogener Vorschub von $v_b = 0{,}2$ mm/U eine hohe Verfestigung im Walzbereich zur Folge hat, reduziert sich diese zunächst um 15 % auf (142,5 ± 10,9) HV0,05 mit einer Erhöhung auf

v_b = 0,6 mm/U, steigt dann aber tendenziell bis v_b = 1,8 mm/U an. Dies korreliert mit der zuvor gezeigten Erhöhung des Kraftverlaufs mit erhöhtem bezogenen Vorschub. Zur Erreichung der Soll-Stichabnahme ist damit eine vergrößerte Kontaktzone zu der Plastifizierung des Werkstoffes notwendig. Bei der Verfestigung des Werkstoffes im Aufdickungsbereich ist im Rahmen der Standardabweichung keine Veränderung festzustellen.

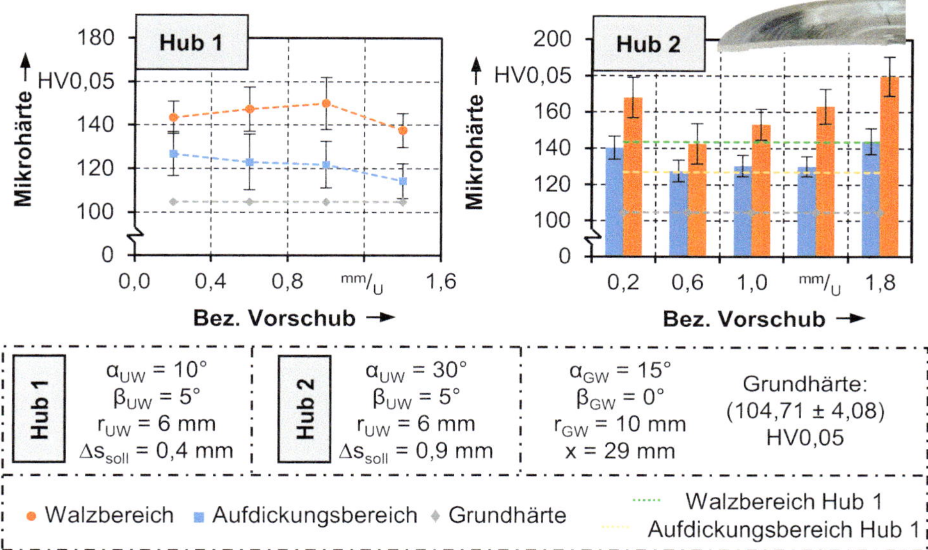

Bild 41: Resultierende mechanische Eigenschaften unter Einfluss des bezogenen Vorschubs

Zwischenfazit

Auf Grundlage der experimentellen Untersuchungen kann der bezogene Vorschub ähnlich der Stichabnahme als signifikanter Prozessparameter für eine gezielte Beeinflussung und Einstellung der Halbzeugeigenschaften angesehen werden. Mit dem übergeordneten Ziel einer Materialvorverteilung liegt für den bezogenen Vorschub aber ein Zielkonflikt bzgl. der Zielgrößen vor. Mit der Wahl geringer bezogener Vorschübe steigt prinzipiell die Formfüllung der Werkzeugkavität. Während bei dem radialen Stofffluss kein signifikanter Einfluss bei Variation des bezogenen Vorschubs zu erkennen ist, reduziert sich der tangentiale Anteil mit einer Erhöhung. Durch einen vergrößerten Abstand der Walzbahnen mit einem höheren Vorschub reduziert sich so das Materialvolumen, da der tangentiale Anteil nicht erneut überwalzt wird. Durch die Werkstoffakkumulation infolge der tangentialen

Anteile erhöht sich folglich aber auch das Oberflächenprofil, was zu einer erhöhten Kerbwirkung bei der Anwendung der maßgeschneiderten Halbzeuge führt. Folglich wirkt sich ein geringer bezogener Vorschub positiv auf das Materialvolumen und die Oberflächenbeschaffenheit aus. Die Einstellung eines geringen bezogenen Vorschubs führt aber auch zu einer reduzierten Maßhaltigkeit infolge einer vergrößerten Rondenkrümmung. Durch den Werkzeugkontakt und die variierenden Stoffflussanteile in Abhängigkeit des bezogenen Vorschubs resultiert ein Eigenspannungsgradient über die Blechdicke. Nach dem Auswerfen des Tailored Blanks hat dieser Spannungsgradient eine Rondenverkrümmung zur Folge. Bezogen auf die mechanische Eigenschaftseinstellung der maßgeschneiderten Halbzeuge ist kein signifikanter Einfluss des bezogenen Vorschubs erkennbar.

6.3.4 Einfluss der Walzengeometrie

Wie in den vorangegangenen Untersuchungen gezeigt werden konnte, führt eine Veränderung der Prozessparameter Stichabnahme und bezogener Vorschub automatisch zu einer variierenden lokalen Kontaktfläche zwischen Walze und Halbzeug. Dieser grundlegende Einfluss korreliert mit den Erkenntnissen aus der Signifikanzanalyse, bei dem die Geometrie der Umformwalze bestehend aus Einlauf- und Glättwinkel sowie Übergangsradius identifiziert werden konnte. Dieser Einfluss ist auf die gedrückte Fläche analog zu Drückwalzprozessen [67] zurückzuführen.

Der grundlegende physikalische Zusammenhang ist in Bild 42 schematisch dargestellt. Dabei kann der Einfluss der unterschiedlichen Walzenzone separiert voneinander untersucht werden.

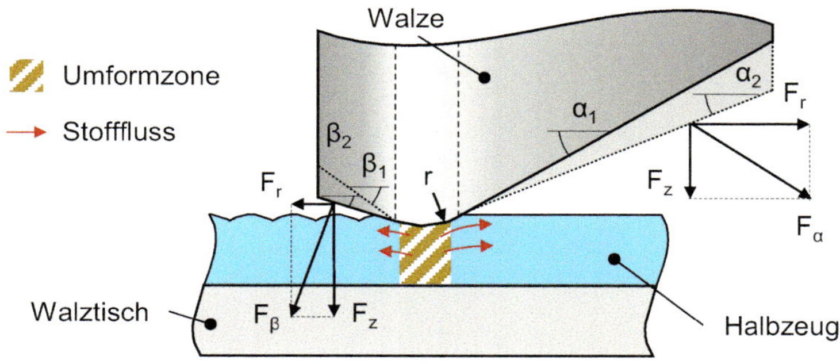

Bild 42: Einfluss der Geometrie der Umformwalze auf die Halbzeugeigenschaften

Mit dem Einstechen der Umformwalze in das Halbzeug steht zunächst die Übergangszone in direktem Werkzeugkontakt. Je nach Übergangsradius wird so ein radialer Stofffluss sowohl in Umfangsrichtung als auch in Richtung des Rondenzentrums erzeugt. In Abhängigkeit des gewählten Radius beeinflusst der Ein- und Auslaufbereich der Umformwalze die gesamte gedrückte Fläche in Abhängigkeit der Einstechtiefe. Die Kontaktfläche im Auslaufbereich wird dadurch je nach Walzwinkel beeinflusst und bringt bei einem großen Auslaufwinkel β_{UW} einen verstärkenden Effekt mit sich. Je größer der Winkel im Auslaufbereich gewählt wird, desto höher wird die radiale Kraftkomponente F_r bei gleichzeitiger Reduktion von F_z. Durch die daraus resultierende Kontaktfläche wird die Materialanhäufung maßgeblich beeinflusst. Ein geringerer Winkel dabei eine höhere Werkstoffverfestigung bei gleichen Stichabnahmeverhältnissen zur Folge. Gleichzeitig wird durch die betragsmäßig höhere Kontaktfläche eine größere Umformzone und damit ein höherer radialer Werkstofffluss entgegen der Vorschubbewegung erreicht. Ein ähnlicher Zusammenhang liegt für den Einlaufwinkel vor. Der Unterschied besteht dabei in dem Ziel eines begünstigten radialen Stoffflusses zu Steigerung des Aufdickungsvolumens in der Werkzeugkavität.

Zur Ableitung eines ganzheitlichen Prozessverständnisses werden nachfolgend die Auswirkungen der Prozessparameterveränderung auf Basis der gedrückten Fläche bewertet. Für die Untersuchungen wird ein idealer Kontaktzustand zwischen Werkzeug und Werkstück vorausgesetzt, wodurch die Kontaktfläche neben der Werkzeuggeometrie von der Stichabnahme analytisch beschrieben werden kann. In Bild 43 ist die Werkzeuggeometrie dargestellt, die die Form eines Doppelkegels aufweist. Dabei lassen sich die drei Zonen des Einlauf-, Übergangs- und Auslaufbereichs unterscheiden. Zur mathematischen Beschreibung wird der Ein- und Auslaufbereich als Kegelstumpf, der Übergangsbereich als allgemein gekrümmte dreidimensionale Fläche beschreiben. Die gedrückte Fläche während des flexiblen Walzprozesses stellt dabei in Abhängigkeit der Stichabnahme die Summe aus den Oberflächen der jeweiligen Zonen dar. Unabhängig von der Stichabnahme ist mit dem Einstechvorgang geometrische bedingt immer der Übergangsbereich zuerst in Kontakt mit dem Werkstück. Die gedrückte Fläche ergibt sich als Schnittmenge einer zweifach gekrümmten, gleichgerichteten Fläche mit einer in Abhängigkeit der Stichabnahme parallelen Ebene.

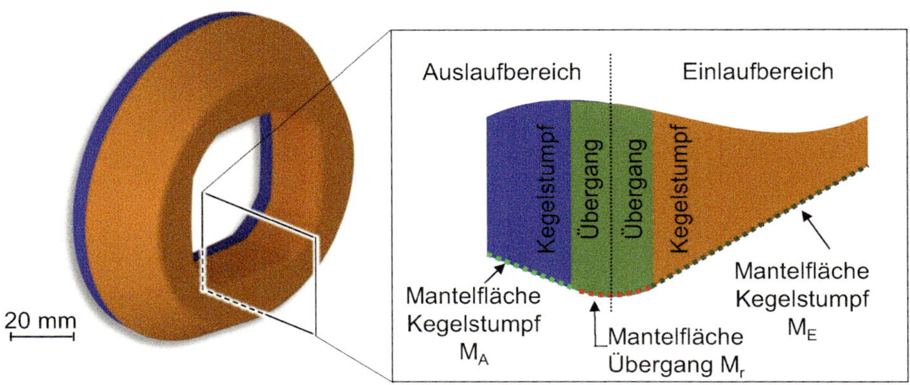

Bild 43: Mathematische Beschreibung der Walzengeometrie mit Übergangsradius

Zur analytischen Beschreibung kann zunächst nach [185] von einem Kreisbogen bezogen auf den Walzenradius ausgegangen werden Gl. (3), wobei der Radius und die Kreissehne eine Abhängigkeit zur Position des Rundungsradius aufweist. Die Position wird von dem Winkel γ des Mittelpunkts des Übergangsradius definiert.

$$b(\gamma) = 2 \cdot R(\gamma) \cdot \sin^{-1} \frac{s(\gamma)}{2 \cdot R(\gamma)} \tag{3}$$

Die Sehne, der Radius und die Kreisbogenhöhe weisen nach den trigonometrischen Beziehungen nach [185] folgende Zusammenhänge auf

$$s(\gamma) = 2 \cdot \sqrt{2 \cdot R(\gamma) \cdot h(\gamma) - h(\gamma)^2} \tag{4}$$

$$R(\gamma) = \frac{d_{Walze}}{2} - r + r \cdot \cos\gamma \tag{5}$$

$$h(\gamma) = r \cdot \cos\gamma + \Delta s - r \tag{6}$$

Durch das Einsetzen und Umformen ergibt sich nach Gl. (7) eine Abhängigkeit der Bogenlänge bezogen auf den Positionswinkel γ.

$$b(\gamma) = 2 \cdot R(\gamma) \cdot \sin^{-1}\left[\frac{1}{R(\gamma)} \cdot \sqrt{R(\gamma)^2 - \left(\Delta s - \frac{d_{Walze}}{2}\right)^2}\right] \tag{7}$$

Die Oberfläche kann als Integral der Bogenlänge über die Kreisbahn des Übergangsradius dargestellt werden Gl. (8). Durch den tangentialen Übergang des Ein- und Auslaufbereichs in den Übergangsbereich kann der Winkel einen maximalen Wert des jeweiligen Walzenwinkels annehmen.

$$M_r = r \cdot \int_0^{\gamma_{\Delta s}} b(\gamma)\, d\gamma \qquad mit \qquad \begin{aligned} \gamma_{\Delta s} &= \cos^{-1}\left(\frac{r - \Delta s}{r}\right) \\ \gamma_{max} &= \alpha/\beta \end{aligned} \tag{8}$$

Steht, bedingt durch die Stichabnahme, der Übergangsbereich vollständig im Walzenkontakt, so erhöht sich die Kontaktzone durch die Kegelstümpfe des Ein- und Auslaufwinkels. Bei dieser Berechnung ergibt sich die Mantelfläche aus der Schnittmenge eines Kegelstumpfes mit einer, parallel zur Drehachse angeordneten Ebene. Grundlage für diese Berechnung ist die allgemeine Kegelgleichung Gl. (9) nach [185]:

$$x^2 + y^2 = \left(\frac{d}{2}\right)^2 \cdot z^2 \tag{9}$$

Für eine Parametrisierung der Mantelfläche in Abhängigkeit der Stichabnahme wird eine Schnittebene im Abstand q zum Werkzeugmittelpunkt definiert, die in der geschnittenen Form eine Sehe g zur Folge hat (nach [185]).

$$g = \sqrt{\left(\frac{d}{2}\right)^2 - q^2} \tag{10}$$

Aus dieser mathematischen Beschreibung ist die Bogenlänge B dieses Abschnitts definiert als

$$B = 2 \cdot \frac{d}{2 \cdot h} \cdot z \cdot \tan^{-1}\left[\sqrt{\left(\frac{d}{2 \cdot h \cdot q}\right)^2 \cdot z^2 - 1}\right] \tag{11}$$

Durch Integration der Bogenlänge bezogen auf die Höhe z kann die gedrückte Fläche des Kegelstumpfsegments berechnet werden

$$M_{\Delta s} = \int B(z) dz \tag{12}$$

Gl. (13) beschreibt die durch Integration ermittelte Stammfunktion der Bogenlänge und ermöglicht die Berechnung der idealen Mantelfläche. Vor allem im Auslaufbereich muss die Walzenbreite von 5 mm berücksichtigt werden, da diese die Kontaktfläche in Abhängigkeit der Stichabnahme begrenzt.

$$M_{A/E} = \frac{d_{Walze}}{2} \cdot \sqrt{\left(\frac{d_{Walze}}{2}\right)^2 + (h_{Walze})^2} \cdot \tan^{-1}\left[\sqrt{\left(\frac{d_{Walze}}{d_{Walze} - 2 \cdot \Delta s}\right)^2 - 1}\right] - \frac{\left(\frac{d_{Walze}}{2} - \Delta s\right)^2 \cdot \sqrt{\left(\frac{d_{Walze}}{2}\right)^2 + (h_{Walze})^2} \cdot 2}{d_{Walze}} \cdot \sqrt{\left(\frac{d_{Walze}}{d_{Walze} - 2 \cdot \Delta s}\right)^2 - 1} \tag{13}$$

Unter Anwendung dieser analytischen Beschreibungen der Kontaktfläche können die unterschiedlichen Kontaktflächenzustände in Abhängigkeit der Walzengeometrie idealisiert berechnet werden. Durch die Lokalisierung der Umformzone im Übergangsbereich zwischen Ein- und Auslaufwinkel steht der Rundungsradius unabhängig der gewählten Stichabnahme immer zuerst im Kontakt mit dem Werkstück (siehe Bild 44 a). Es ist zu berücksichtigen, dass je kleiner der Übergangsradius werkzeugseitig gewählt wird, desto geringer wird die Kontaktfläche im Radiusbereich. Da sich bezogen auf den Umformwinkel die Position der tangentialen Einlaufzone ändert, ist dies in Form der Grenzstichabnahme im Diagramm gekennzeichnet. Vor allem bei geringen Stichabnahmen und geringen Walzwinkeln ist kein signifikanter Unterschied auf die Grenzstichabnahme erkennbar. Mit einem steigenden Walzenwinkel steigt der Einfluss signifikant an, sodass der Übergangsradius einen entscheidenden Einfluss auf die Kontaktfläche darstellt. Der grundlegende Anstieg der Kontaktfläche im Radiusbereichs hingegen fällt annähernd linear aus.

Sobald die Grenzstichabnahme erreicht wird, erhöht sich die Kontaktfläche durch den Kegelstumpf, wodurch die Flächen im Ein- und Auslaufbereich addiert werden. In Bild 44 b) und c) ist jeweils die Stichabnahmedifferenz ab dem Tangentenbereich dargestellt. Die Kontaktfläche M_E im Einlaufbereich weist eine exponentielle Charakteristik auf.

Durch die Breite des Einlaufbereichs von 15 mm sind unabhängig des Einlaufwinkles hohe Stichabnahmen realisierbar. Für die Kontaktfläche M_A des Walzenauslaufs ist eine progressive Charakteristik erkennbar. Während vor allem bei niedrigen Stichabnahme die Kontaktfläche zunächst stärker ansteigt, reduziert sich der Einfluss mit einer Erhöhung der Stichabnahme. Dabei ist die Kenngröße der Kontaktfläche im Hinblick auf den Stofffluss zu differenzieren. Eine hohe Kontaktfläche ist nicht pauschal besser, sondern muss immer in Bezug zum Winkel gesetzt werden. Eine Erhöhung der Kontaktfläche bei großem Walzwinkel führt tendenziell zu einem größeren radialen Stofffluss als eine gleich große Kontaktfläche mit geringerem Walzwinkel. Genau der entgegengesetzte Zusammenhang ist beim Auslaufbereich der Walze erwünscht, da dadurch eine Einglättung begünstigt und ein ungewollter radialer Stofffluss in Richtung Rondenzentrum gehemmt wird.

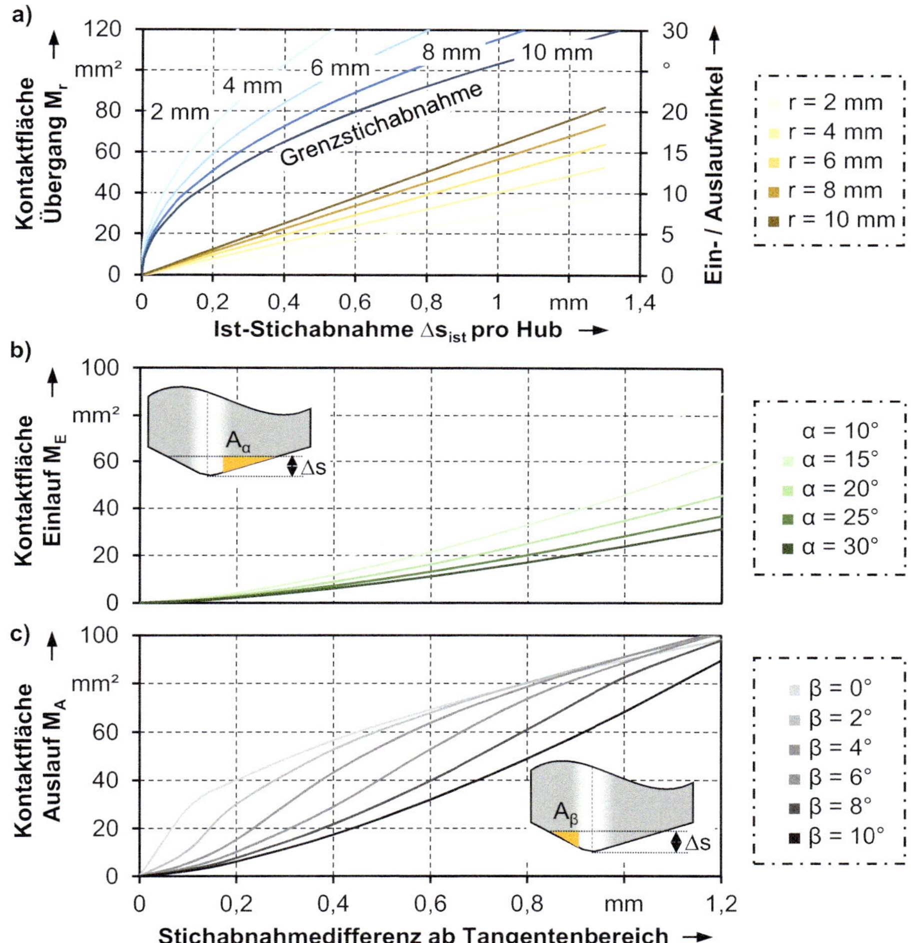

Bild 44: Bereichsabhängiger, analytisch ermittelter Werkzeugkontakt in Abhängigkeit der Walzengeometrie sowie der Stichabnahme im Walzprozess

Dieser grundlegende Zusammenhang deckt sich mit den Erkenntnissen der Prozessanalyse. Während im ersten Walzhub prozessseitig eine Stichabnahme von Δs = 0,4 mm realisiert werden kann, liegt die maximale Stichabnahme im zweiten Walzhub bei Δs = 0,9 mm und damit nur um Δ = 0,5 mm höher. In diesem Bereich ist nur ein geringer Einfluss des Einlaufwinkels auf die geringe Kontaktfläche erkennbar. Vor allem im ersten Walzhub wird dadurch keine signifikante Steigerung des radialen Stoffflusses erreicht, wodurch die Zielgrößen nicht signifikant beeinflusst werden. Demgegenüber ist im zweiten Walzhub ein Einfluss des Einlaufwinkles erkennbar. Durch die Kumulation der Werkzeugauffederung und der Kaltverfestigung im ersten Prozessschritt und die geringfügige Erhöhung der Stichabnahme werden höhere Stichabnahmedifferenzen erreicht. Dies führt bei einem großen Walzwinkel zu einer Erhöhung der Kontaktfläche, mit der Folge einer positiven Beeinflussung des Volumens im Aufdickungsbereich. Ein ähnlicher Zusammenhang ist beim Auslaufwinkel β zu erkennen. Mit einer Reduktion des Winkels steigt die Kontaktfläche. In Kombination mit einem kleinen Winkel stellt dies eine Stoffflussbehinderung gegen die radiale Komponente in Richtung des Rondenzentrums und damit eine Verbesserung der Halbzeugeigenschaften dar.

Verglichen mit den in der Literatur bekannten Verfahren zur Herstellung rotationssymmetrischer Halbzeuge liegen bei dem vorgestellten flexiblen Walzverfahren nur sehr geringe Kontaktflächen vor. Während beim Stauchen [12] ein vollflächiger Werkzeugkontakt vorliegt, lässt sich das Verfahren des Taumelns [13], analog dem untersuchten flexiblen Walzverfahren, bereits den inkrementellen Verfahren zuordnen. Ein Vergleich der resultierenden Kontaktflächen im maximalen und minimalen Zustand ist nachfolgend in Bild 45 gegenübergestellt.

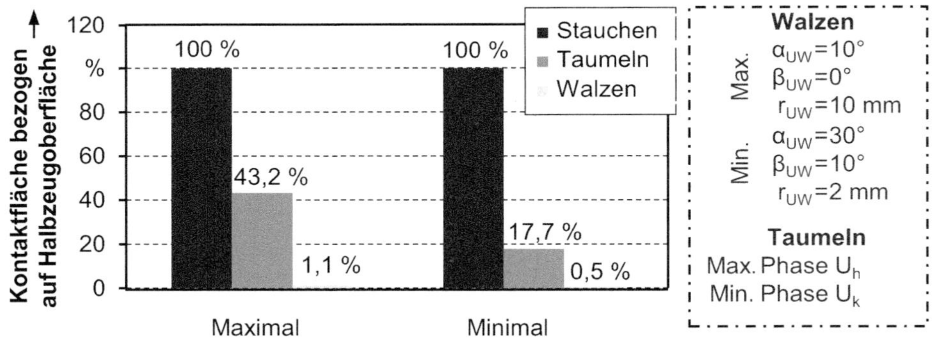

Bild 45: Gegenüberstellung der bezogenen Kontaktflächen für die Herstellung von Tailored Blanks durch Stauchen [12], Taumeln [13] und flexibles Walzen

Das Stauchen stellt mit 100 % die Referenz durch den vollständigen Werkzeugkontakt bei der Umformung dar. Durch die Anstellung einer Werkzeugkomponente beim Taumeln reduziert sich bei einer kreisförmigen Taumelkinematik die Kontaktfläche in der Hochfahrphase auf 43,2 %, respektive 17,7 % im Minimum bei der Konstanthaltephase bezogen auf die

Halbzeugoberfläche [12]. Durch den Werkzeugkontakt zwischen Walze und Halbzeuge ergeben sich für das flexiblen Walzen Kontaktflächen von nur 1,1 % bei einem geringen Ein- und Auslaufwinkel und einem großen Übergangsradius, bzw. 0,5 % bei entgegengesetzten Einstellungen. Durch die stark lokale Werkstoffplastifizierung können auch höherfeste Werkstoffe prozesssicher umgeformt werden.

Zwischenfazit

Bei einer Klassifizierung der drei Geometrieparameter der Walzwerkzeuge hat der Übergangsradius den größten Einfluss auf die Kontaktfläche. Aufgrund des Übergangs der Doppelkegel steht dieser Bereich immer zuerst in Kontakt mit dem Halbzeug und definiert in Abhängigkeit der Stichabnahme den Grenzübergang in den Ein- und Auslaufbereich. Je größer der Übergangsradius gewählt wird, desto geringer wird der Einfluss der Einfluss der Walzwinkel auf die richtungsabhängigen Stoffflussanteile. Vor allem bei geringen Stichabnahmedifferenzen besitzt der Einlaufwinkel unabhängig seines Betrags keinen signifikanten Einfluss auf die gedrückte Fläche. Erst bei größeren Stichabnahmen liegt bei der Wahl geringer Walzwinkel im Einlaufbereich ein höherer Einfluss vor. Aufgrund der resultierenden Breite des Auslaufbereichs liegen, verglichen zum Einlaufbereich, veränderte Kontaktflächenverhältnisse vor. Während bei größeren Auslaufwinkeln eine progressive Zunahme der Kontaktfläche vorliegt, ist bei geringen Auslaufwinkeln ein degressiver Verlauf erkennbar. Dadurch wird, wie bei den Untersuchungen zur Stichabnahme gezeigt, ein Stoffrückfluss vor allem mit größeren Auslaufwinkel reduziert. Diese Zusammenhänge bilden die Grundlage für die Wahl geeigneter Walzwerkzeuge innerhalb der Auslegungsmethode für die Herstellung maßgeschneiderter Halbzeuge.

6.3.5 Analyse von Wechselwirkungen zwischen den Walzhüben

Wie in den vorangegangenen Untersuchungen gezeigt werden konnte, tritt durch den Einsatz aufeinanderfolgender Walzhübe des mehrstufigen Umformprozesses eine Veränderung der Halbzeugeigenschaften auf. Die geometrischen und mechanischen Eigenschaften des ersten Walzhubs stellen dabei die Grundlage für den jeweils darauffolgenden Walzhub dar. Für die

Ableitung einer übertragbaren Auslegungsmethode müssen aber nicht nur die finalen Halbzeugeigenschaften, sondern auch die Wechselwirkungen zwischen den Umformstufen berücksichtigt werden, um so auf variierende äußere Randbedingungen wie z.B. veränderten Halbzeugeigenschaften reagieren zu können.

Wie in den vorangegangenen Abschnitten erarbeitet, weisen die Stichabnahme und der bezogene Vorschub den größten Einfluss auf die Halbzeugeigenschaften auf, wobei jeweils durch die gedrückte Fläche eine Wechselwirkung mit der Walzgeometrie vorliegt. Durch die unterschiedlichen Einstechtiefen liegt aber nur bei der Stichabnahme eine direkte Wechselwirkung zwischen dem ersten und dem zweiten Walzhub vor. Beim bezogenen Vorschub hingegen tritt lediglich eine indirekte Wechselwirkung auf, da prozessabhängig ein zweiter Walzhub geometrisch bedingt nur mit erhöhter Stichabnahme zielführend ist. In Bild 46 sind die Halbzeugeigenschaften zusammenfassend normiert auf die Stichabnahmedifferenz dargestellt. Um gezielt die Wechselwirkung des bezogenen Vorschubs zu separieren, wurde in beiden Walzhüben ein mittlerer bezogener Vorschub von $v_b = 0{,}6\ ^{mm}/_{U}$ gewählt. Für die gezielte Einstellung variierender Stichabnahmedifferenzen sind im ersten Hub Stichabnahmen zwischen $\Delta s = 0{,}1$ mm und $\Delta s = 0{,}4$ mm jeweils in vier Stufen gewählt worden. Die Gesamtstichabnahme und damit die Stichabnahme im zweiten Walzhub beträgt dabei analog zu den vorangegangenen Untersuchungen immer $\Delta s = 0{,}9$ mm. Dadurch können Stichabnahmedifferenzen zwischen $\Delta s_{\Delta} = 0{,}5$ mm und $\Delta s_{\Delta} = 0{,}8$ mm erreicht werden. Zur separierten Analyse dieser Wechselwirkungen werden die Bewertungsgrößen der Halbzeugeigenschaften aus Abschnitt 6.1 herangezogen. Neben der Zielgrößenanalyse erfolgt ebenso eine Bewertung der mechanischen Eigenschaften im Walz- und Aufdickungsbereich.

Dabei wird in Bild 46 ersichtlich, dass mit einem Anstieg der Stichabnahmedifferenz die Zielgrößen des Materialvolumens, der Oberfläche und der Krümmung betragsmäßig kleiner werden. Ausgenommen hiervon ist die notwendige Umformkraft, die eine positive Tendenz aufweist. Diese Zusammenhänge decken sich mit den Grundlagenuntersuchungen zum Einfluss der Prozessparameter. Durch die Wahl geringer Stichabnahmedifferenzen kann ein höheres Materialvolumen im Aufdickungsbereich erreicht werden. Neben einer geringeren Umformkraft und damit einer reduzierten Werkzeugauffederung wird bei geringeren absoluten Stichabnahmen ein homogenerer Werkstofffluss und damit eine Reduzierung eines unkontrollierten Rückflusses erreicht. Allerdings reduziert sich der absolute Werkzeugkontakt zwischen Walzwerkzeug und Werkstück, wodurch nur eine geringere Einglättung der Oberfläche stattfindet.

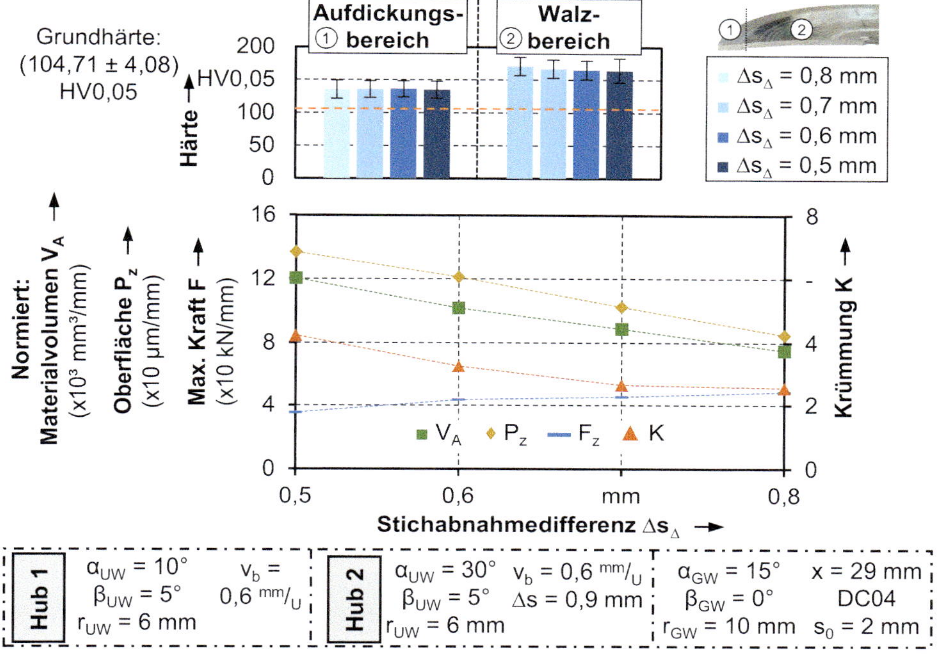

Bild 46: Wechselwirkung der Stichabnahmeverhältnisse bezogen auf die geometrischen und mechanischen Eigenschaften der Tailored Blanks

Einhergehend mit dem Werkstofffluss steigt der Gradient des Stoffflusses zwischen Aufdickungs- und Walzseite, wodurch eine steigende Krümmung der Halbzeuge resultiert. Mit einer Erhöhung der Stichabnahmedifferenz steigt die Kontaktfläche an. Durch diese Vergrößerung erhöht sich nicht nur die notwendige Umformkraft F_Z, sondern damit auch die Auffederung. Dies reduziert den absoluten radialen Stofffluss, mit der Folge eines geringeren Materialvolumens. Eine steigende Kontaktfläche hat zur Folge, dass neben einer stärkeren Einglättung der Oberfläche auch der Walzenauslaufbereich eine erhöhte Fließbehinderung gegen einen unkontrollierten Werkstofffluss darstellt. Eine detaillierte Analyse der mechanischen Eigenschaften in Bild 46 zeigt, dass vor allem im Aufdickungsbereich, welcher für die Anwendung der maßgeschneiderten Halbzeuge von Relevanz ist, kein signifikanter Einfluss der Stichabnahmedifferenzen besteht. Im Walzbereich ist kein signifikanter Unterschied der mechanischen Eigenschaften zu erkennen.

Zwischenfazit

Mit dem Ziel einer Maximierung des Aufdickungsvolumens sollte bezüglich der Wechselwirkungen der einzelnen Walzhübe eine geringere Stichabnahmedifferenz bevorzugt werden. Die notwendige Umformkraft und damit die Werkzeugbelastung stellen in diesem Zusammenhang eine positive Tendenz bei der Wahl geringerer Stichabnahmedifferenzen dar, was vor allem bei höherfesten Werkstoffen einen größeren Einfluss hat. Unter Berücksichtigung dieser Randbedingungen liegt allerdings ein Zielkonflikt bezogen auf eine geringe Halbzeugkrümmung sowie einer hohen Einglättung der Halbzeugoberfläche vor. Bezugnehmend auf die sich einstellenden mechanischen Eigenschaften ist keine Auswirkung der Stichabnahmedifferenzen erkennbar. Sowohl im Walz- als auch im Aufdickungsbereich stellt sich aufgrund des Werkzeugkontakts bei Wahl der Gesamtstichabnahme eine vergleichbare Kaltverfestigung infolge des resultierenden Stoffflusses ein. Diese Erkenntnisse finden nachfolgend Eingang in die Ableitung einer ganzheitlichen Auslegungsmethode.

6.4 Zusammenfassung allgemeingültiger Wirkmechanismen durch den inkrementellen Umformprozess

Basierend auf den vorangegangenen Untersuchungen zum Einfluss der Ursachen-Wirkbeziehungen werden nachfolgend die allgemeingültigen physikalischen Zusammenhänge zusammengefasst. Dabei wird das Ziel verfolgt, ein grundlegendes Prozessverständnis zum flexiblen Walzen sowie der Ableitung einer Auslegungsmethode zur Herstellung maßgeschneiderter Halbzeuge sicherzustellen. Wie in Abschnitt 6.3 erarbeitet, werden dabei die Prozesseinflüsse der Stichabnahme, des bezogenen Vorschubs sowie der Walzengeometrie berücksichtigt und auf Basis der Stoffflussanteile, der Zug- und Druckeigenspannungsanteile sowie des auftretenden Werkzeugkontakts herangezogen. In Bild 47 sind die Auswirkungen der Prozesseinflüsse zusammenfassend schematisch dargestellt, wobei diese jeweils exemplarisch mit einem niedrigen und hohen Wertebereich verdeutlicht werden.

Durch den weggebundenen Prozess und einer definierten Stichabnahme tritt während des flexiblen Walzprozesses neben einem radialen Stofffluss sowohl in als auch entgegen der translatorischen Vorschubbewegung der

Umformwalze ein überlagerter tangentialer Stofffluss auf. Durch die Fließbehinderung der Glättwalze vor und der Kaltverfestigung hinter der Umformwalze werden Druckeigenspannungen induziert, welche aufgrund des einseitigen Werkzeugkontakts analog zum radialen Stofffluss über die Halbzeugdicke zur Matrize hin abnehmen.

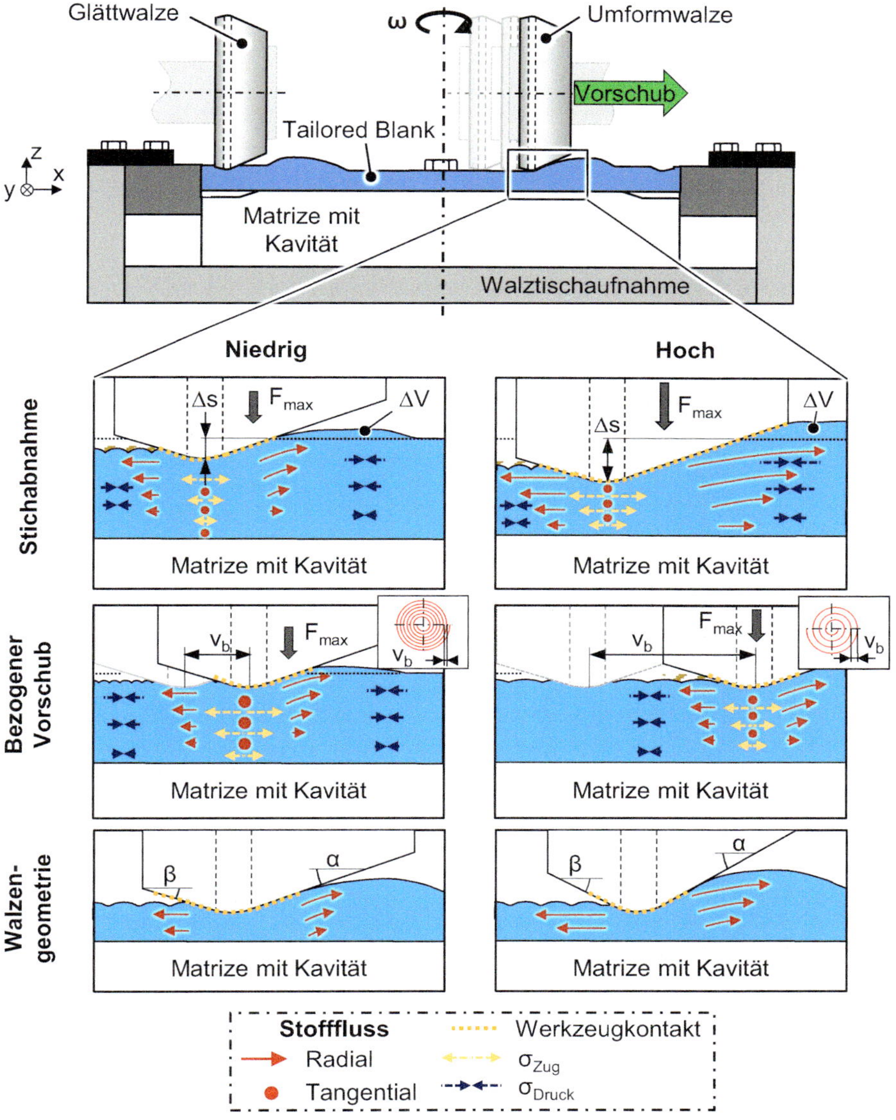

Bild 47: Zusammenfassung der Einflüsse der Prozessparameter auf die Stoffflussanteile und Spannungszustände im Halbzeug

Gleichzeitig werden diese Druckspannungskomponenten durch Zugeigenspannungen im Bereich des Walzenübergangsradius überlagert. Diese Stofffluss- und Spannungsanteile werden durch die Kontaktfläche der Umformwalze beeinflusst. Mit einer Erhöhung der Stichabnahme steigt die Kontaktfläche zwischen Werkzeug und Werkstück, wodurch eine größere Umformzone resultiert. Dies führt neben einer grundlegenden Erhöhung der Prozesskraft zu einem steigenden Stofffluss und einem höheren Eigenspannungsniveau.

Der Werkzeugkontakt beim flexiblen Walzen wird durch den bezogenen Vorschub, wie in Bild 47 dargestellt, maßgeblich beeinflusst. Dabei wird unabhängig der Abstände der Walzbahnen ein vergleichbarer radialer Werkstofffluss induziert. In tangentialer Richtung hingegen liegt ein größerer Unterschied der Stoffflussanteile vor. Durch eine Überlappung des Werkzeugkontakts je Walztischumdrehung werden bereits umgeformte Bereiche erneut plastifiziert. Infolge der Rotation der Umformwalze und durch den Übergangsradius zwischen Einlauf- und Glättwinkel tritt ein dreidimensionaler Werkstofffluss auf, wobei die tangentialen Anteile maßgeblich beeinflusst werden. Bei sehr geringen bezogenen Vorschüben wirkt sich dies darüber hinaus in geringem Maße auch auf den radialen Stofffluss aus. Folglich hat der bezogene Vorschub auch einen Einfluss auf die Maßhaltigkeit der Bauteile.

Mit der Stichabnahme und dem bezogenen Vorschub in Wechselwirkung beeinflusst vor allem die Walzengeometrie die Kontaktfläche zwischen Werkzeug und Werkstück (siehe Bild 47). Durch kleine Ein- und Auslaufwinkel sowie große Übergangsradien der Umformwalze steigt der Werkzeugkontakt, mit der Folge erhöhter Prozesskräfte aufgrund des weggebunden Umformprozesses. Gleichzeitig führen geringe Walzwinkel zu einem reduzierten radialen Werkstofffluss, was zu geringen Aufdickungsvolumen auf der einen Seite, aber auch zu einem geringen Werkstoffrückfluss auf der anderen Seite führt. Nachdem bei den eingesetzten Doppelkegelrollen der Übergangsradius immer zuerst in Kontakt mit dem Werkstück steht, hat dieser den größten Prozesseinfluss bezogen auf die Stoffflussanteile. Vor allem bei geringen Stichabnahmen muss zuerst die geometrisch definierte Grenzstichabnahme erreicht werden, bevor eine Veränderung des Stoffflusses durch den Ein- und Auslaufwinkel auftritt. Dies ist vor allem bei der Ableitung der Auslegungsmethode zu berücksichtigen.

6.5 Bewertung der Prozesseinflüsse und Ableitung einer Auslegungsmethode zur Herstellung von Tailored Blanks mit definierten Eigenschaften

Basierend auf den vorangegangenen Untersuchungsergebnissen konnten hauptsächlich die Stichabnahme Δs und der bezogene Vorschub v_b als signifikante Einflussparameter auf die geometrischen und mechanischen Eigenschaften der maßgeschneiderten Halbzeuge identifiziert werden. In Tabelle 10 ist eine Zusammenfassung der beiden Prozessparameter auf die Zielgrößen für jeweils zwei Walzhübe dargestellt.

Tabelle 10: Bewertung der Bauteil- und Prozesseigenschaften

		Zielgrößen			
Erhöhung Prozess-parameter	**Walzhub**	**Material-volumen**	**Krümmung**	**Oberfläche**	**Maximalkraft**
Stichabnahme Δs	Hub 1	⇧ (Positiv)	⇧ (Negativ)	⇨ (Neutral)	⇧ (Negativ)
	Hub 2	⇧ (Positiv)	⇧ (Negativ)	⇨ (Neutral)	⇧ (Negativ)
Bezogener Vorschub v_b	Hub 1	⇩ (Negativ)	⇩ (Positiv)	⇧ (Negativ)	⇨ (Neutral)
	Hub 2	⇨ (Neutral)	⇩ (Positiv)	⇧ (Negativ)	⇨ (Neutral)

		Zusammenhang Prozessparameter - Walzengeometrie		
		Einlauf-bereich α	**Übergangs-bereich**	**Auslauf-bereich β**
Stichabnahme Δs	Gedrückte Fläche / Walzen-geometrie	Progressive Zunahme (M_E über Δs)	Lineare Zunahme (M_s über Δs)	Degressive Zunahme (M_A über Δs)

Wirkung: ⇧ Hoch ⇨ Mittel ⇩ Niedrig
Einfluss: ■ Positiv ■ Neutral ■ Negativ

Für die Stichabnahme ist erkennbar, dass sich eine Erhöhung positiv auf die Formfüllung der Werkzeugkavität und damit auf das erreichbare Materialvolumen auswirkt. Eine erhöhte Stichabnahme wirkt sich gleichzeitig aber auch negativ auf die Rondenkrümmung aus, was auf den Stoffflussgradienten über die Blechdicke und damit auf einen Spannungsgradienten zurückzuführen ist (vgl. Abschnitt 6.4). Gleichzeitig wird die Kontaktfläche zwischen Halbzeug und Walze durch die Stichabnahme beeinflusst, wodurch eine erhöhte Werkzeugbelastung vorliegt. Die Auswirkung der Stichabnahme auf die resultierende Halbzeugoberfläche ist als nicht signifikant einzustufen. Für den zweiten Walzhub liegt ein identischer Zusammenhang vor, weshalb die gleichen Prozesseinflüsse resultieren. Dabei wird erkennbar, dass ein Zielkonflikt bezogen auf die übergeordnete Zielsetzung zur Materialvorverteilung für die Herstellung von maßgeschneiderten Halbzeugen vorliegt. Mit einer Erhöhung des bezogenen Vorschubs in dem flexiblen Walzprozess ist für den ersten Walzhub eine Reduktion des Materialvolumens zu verzeichnen, was auf die richtungsabhängigen Stoffflussanteile zurückzuführen ist. Dieser reduzierte Stofffluss hat eine Verringerung des Spannungsgradienten zur Folge, wodurch eine geringere Rondenkrümmung der Tailored Blanks auftritt. Bezogen auf die Zielgröße der Oberfläche resultiert ein erhöhter bezogener Vorschub durch die Anteile der gedrückten Fläche infolge einer Spiralbahn in einer Erhöhung der Profiltiefe auf der Halbzeugoberfläche, was speziell für die Anwendbarkeit der maßgeschneiderten Halbzeuge als negativ einzustufen ist. Die notwendige Umformkraft wird durch den bezogenen Vorschub nur in geringem Maße beeinflusst, wodurch keine erhöhte Werkzeugbelastung abgeleitet werden kann. Mit Ausnahme des erreichbaren Materialvolumens resultiert im zweiten Walzhub ein ähnlicher Grundlagenzusammenhang. Für das Materialvolumen ist im zweiten Walzhub mit einer Erhöhung des bezogenen Vorschubs nur ein geringer Einfluss im Zielbereich erkennbar. Dies liegt in dem Stoffrückfluss infolge des radialen Stauchens begründet. An dieser Stelle wird der Zielkonflikt für die Ableitung prozessangepasster Prozessführungsstrategien erkennbar. Während eine Erhöhung des bezogenen Vorschubs die Maßhaltigkeit der Halbzeuge verbessert, führt dies gleichzeitig zu einer Reduktion des Aufdickungsvolumens im Zielbereich durch Stoffrückfluss.

Neben den beiden Prozessparametern der Stichabnahme und des bezogenen Vorschubs konnte die Walzengeometrie bestehend aus Einlauf-, Übergangs- und Auslaufbereich als Prozessgröße mit Auswirkung auf die gedrückte Fläche identifiziert werden. Durch die geometrische Ausführung der Walzengeometrie werden die einzelnen Stoffflussanteile während des Umformprozesses maßgeblich beeinflusst. Da die gedrückte Fläche vor allem mit einer Veränderung der Stichabnahme einhergeht, ist in Tabelle 10 ebenfalls der grundlegende Zusammenhang bezogen auf die gedrückten Flächenanteile der Walzengeometrie zusammengefasst. Mit dem Ziel einer Steigerung des radialen Stoffflusses zur Materialvorverteilung in äußere Bauteilbereiche ist eine Zunahme der gedrückten Fläche im Einlaufbereich notwendig. Durch die progressive Kontaktflächenzunahme im Einlaufbereich sind vor allem hohe Stichabnahmen anzustreben, wodurch ein großer

Prozesseinfluss erreicht wird. Im Übergangsbereich hingegen liegt ein linearer Zusammenhang vor, sodass kein großer Einfluss auf die gedrückte Fläche vorliegt. Eine Erhöhung der Stichabnahme bewirkt im Auslaufbereich eine Zunahme der Kontaktfläche, wodurch ein Werkstoffrückfluss begünstigt wird. Durch den degressiven Kurvenverlauf muss zwischen einem hohen positiven Effekt im Einlaufbereich und dem negativen Effekt im Auslaufbereich je nach Einsatzzweck der Tailored Blanks abgewogen werden.

Aufgrund dieses Zielkonflikts ist bei der Ableitung der prozessangepassten Prozessführungsstrategien mit dem übergeordneten Ziel einer Materialvorverteilung ein Kompromiss mit der Maßhaltigkeit der Tailored Blanks eingegangen werden. Um diesen Zielkonflikt bereits in der Auslegung der maßgeschneiderten Halbzeuge zu berücksichtigen, werden auf Basis der Erkenntnisse aus den vorangegangenen Kapiteln und Abschnitten eine ganzheitliche Auslegungsmethode für prozessangepasste Prozessführungsstrategien abgeleitet. Ziel ist dabei die maßgeschneiderte Einstellung der Halbzeugeigenschaften sowie eine Abschätzung prozessrelevanter Randbedingungen.

Zur Anwendung von maßgeschneiderten Halbzeuge in nachgelagerten Umformoperationen muss zunächst eine geometrische Definition vorgenommen werden. Je nach Anwendung der Tailored Blanks kann dabei grundsätzlich zwischen einer linearen und einer rotatorischen Materialvorverteilung mit einer Aufdickung in Blechdickenrichtung unterschieden werden. Auf dieser Grundlage kann ein geeignetes Umformverfahren gewählt werden. Während flexible Walzverfahren nach [97] und [101] für eine lineare Aufdickung in Bandrichtung möglich sind, können Verfahren wie das Bandprofilwalzen nach [102] für eine lineare Materialvorverteilung in Bandbreitenrichtung eingesetzt werden (siehe Bild 48). Wird eine rotationssymmetrische Materialvorverteilung angestrebt, so können die Prozesse des Stauchens nach [12] bzw. Taumelns nach [13] eingesetzt werden. Während bei Stauchprozessen ein vollflächiger Werkzeugkontakt vorliegt, kann durch die Verkippung einer Werkzeugkomponente beim Taumeln die Kontaktfläche gezielt reduziert und dadurch ein definiert dreidimensionaler Stofffluss erzeugt werden (vgl. Abschnitt 6.3.4). Je nach Taumelwinkel wird dadurch die Kontaktfläche auf bis zu 30 % reduziert [130]. Vor allem für die Herstellung von maßgeschneiderten Halbzeugen aus höherfesten Werkstoffen können durch die mechanischen Eigenschaften, wie in [13] gezeigt, prozessbedingt noch immer sehr hohe Umformkräfte notwendig sein. Neben einem reduzierten Aufdickungsvolumen resultiert daraus eine erhöhte Werkzeugbelastung. Um diesen Herausforderungen zu begegnen und eine vergleichbare Materialvorverteilung bei vergleichsweise geringen

Kräften realisieren zu können, kann das im Rahmen dieser Arbeit vorgestellte Walzverfahren zum Einsatz kommen. Durch den vorgestellten flexiblen Walzprozess zur Herstellung rotationssymmetrischer Tailored Blanks kann der inkrementelle Charakter durch eine nur sehr geringe Kontaktfläche vergleichend zu Taumel- und Stauchverfahren genutzt werden (vgl. Abschnitt 6.3.4).

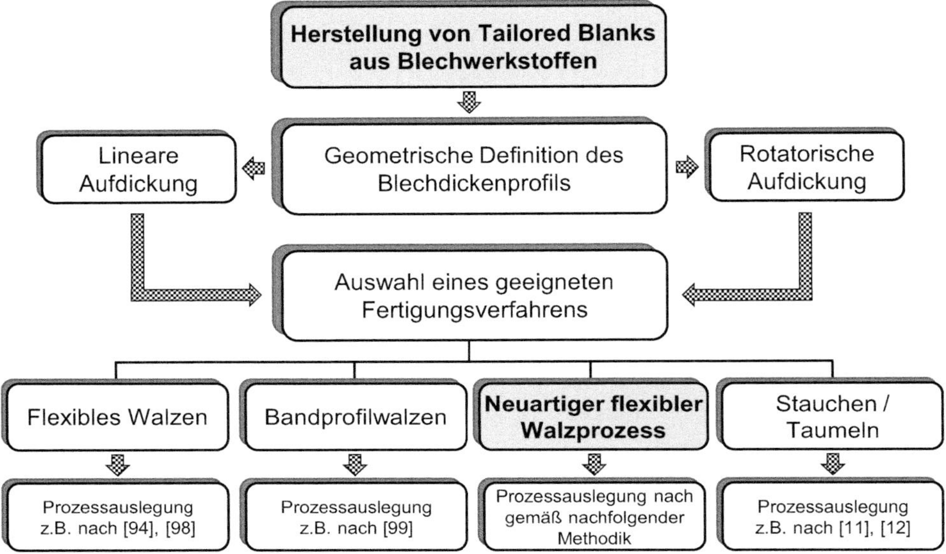

Bild 48: Übergeordnete Auslegungsmethode zur Herstellung geometrisch variierender Tailored Blanks bezogen auf etabliere Umformprozesse

Für eine gezielte Auslegung kann die in Bild 49 dargestellte und auf Basis der Erkenntnisse aus den vorangegangenen Kapiteln erarbeitete Auslegungsmethode genutzt werden.

Zunächst muss dazu die Halbzeuggeometrie und das dafür notwendige Aufdickungsvolumen auf Grundlage geometrischer Zusammenhänge bestimmt werden. Allgemein lässt sich dies über das Integral der Blechdicke über den radialen Bereich beschreiben. Parallel zu diesem Vorgehen wird der Halbzeugwerkstoff festgelegt. Dabei muss nicht nur der Werkstoff selbst, sondern auch auf Grundlage der gewählten Halbzeuggeometrie die notwendige Blechdicke festgelegt werden. Mit diesen Eingangsparametern wird anschließend eine Werkstoffcharakterisierung zur Bestimmung der mechanischen Halbzeugeigenschaften durchgeführt. Aufgrund des druckdominierenden Beanspruchungszustands während der Umformung sind die Halbzeugeigenschaften über Schichtstauchversuche zu ermitteln. Die daraus gewonnenen Erkenntnisse stellen neben weiteren Randbedingungen wie der Walzengeometrie und der Auffederungscharakteristik die Eingangsparameter für die Ermittlung der vorliegenden Prozessgrenzen dar. Daraus können neben der Anzahl notwendiger Walzhübe auch der maximale Verfahrweg infolge des neuartigen Werkzeugkonzepts definiert werden. Bezogen auf die Materialvorverteilung ist für den Einsatz eines mehrstufigen Vorgehens eine möglichst gleichmäßige Stichabnahmedifferenzverteilung anzustreben. Mit diesem Prozesswissen über die Anzahl der Walzhübe, den mechanischen Werkstoffeigenschaften, der allgemeinen Maschinen- und Werkzeugauffederung sowie unter Berücksichtigung der Walzengeometrie werden anschließend drei Stützversuche mit variierenden Stichabnahmen durchgeführt.

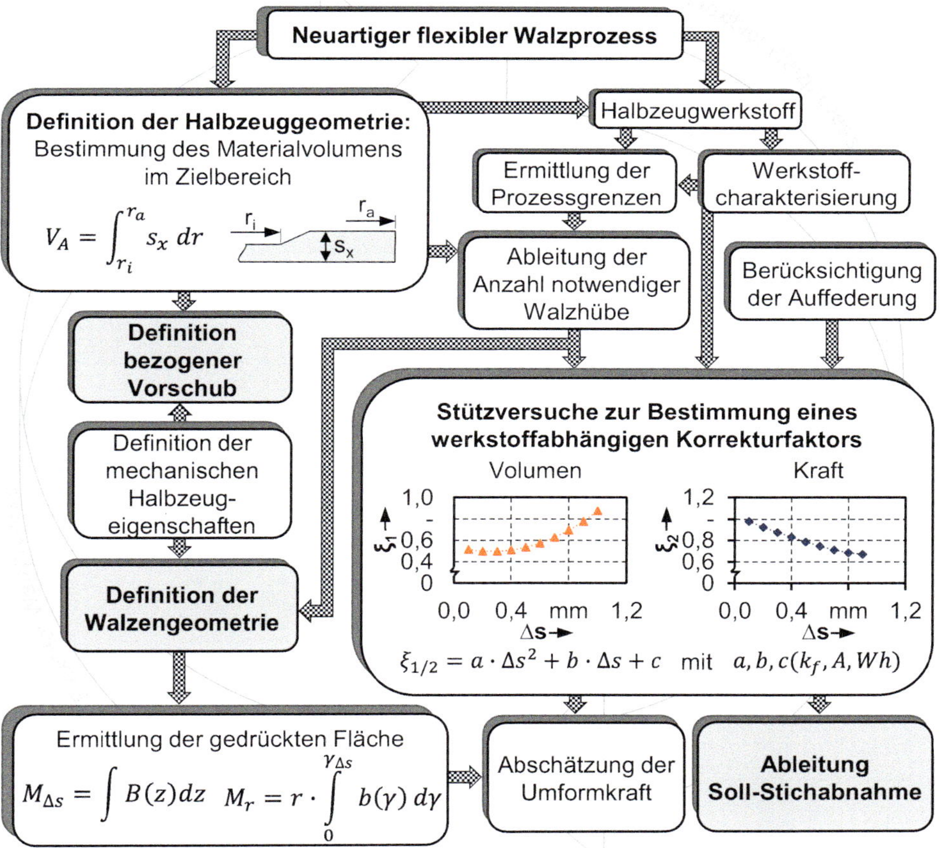

Bild 49: Auslegungsmethode für eine walztechnische Herstellung von maßgeschneiderten Halbzeugen mit definierten Halbzeugeigenschaften

Ziel ist dabei die Bestimmung eines werkstoffabhängigen Korrekturfaktors für das Volumen im Aufdickungsbereich, sowie für eine Abschätzung der notwendigen Umformkraft. Die Ergebnisse des Volumens im Aufdickungsbereich, sowie die notwendige maximale Umformkraft stellen die Eingangsdaten für einen quadratischen Ansatz zur Bestimmung der Korrekturfaktoren dar. Durch Auftragen des erreichbaren Zielvolumens über die Stichabnahme kann unter Berücksichtigung des Korrekturfaktors anschließend die Zielstichabnahme für die eingangs definierte Halbzeuggeometrie bestimmt werden.

Bezogen auf die Anwendung der maßgeschneiderten Halbzeuge in nachfolgenden Umformoperationen oder zur direkten Anwendung als Funktionsbauteil müssen die mechanischen Eigenschaften definiert werden. Durch die Wechselwirkung zwischen dem bezogenen Vorschub und den Halbzeugeigenschaften kann infolge der mechanischen Charakterisierung des Halbzeugwerkstoffes eine Werkzeuggeometrie (Ein- und Auslaufwinkel sowie Übergangsradius) definiert werden. Bezogen auf die Zielstichabnahme werden dadurch die gedrückte Fläche und damit die Kaltverfestigung im Prozess definiert. Für eine analytische Abschätzung der Umformkraft kann von einer idealen Kontaktfläche über den Prozess ausgegangen werden. Die Abschätzung der Umformkraft erfolgt anschießend über die Fließspannung des Halbzeugwerkstoffes k_{f0} sowie die gedrückte Fläche bezogen auf die Soll-Stichabnahme. Durch Multiplikation mit dem Korrekturfaktor, der die Werkzeugauffederung bezogen auf den Halbzeugwerkstoff sowie die Anzahl der Walzhübe beinhaltet kann die notwendige Maximalkraft bei der gewählten Stichabnahme zur Erreichung des Aufdickungsvolumens abgeschätzt werden.

7 Übertragbarkeitsuntersuchungen und Anwendung in einem kombinierten Tiefzieh-Stauchprozess

Im Rahmen der vorliegenden Arbeit konnte die Herstellung von maßgeschneiderten Halbzeugen mit einem flexiblen Walzverfahren qualifiziert und unter Anwendung eines neuartigen Werkzeugkonzepts ohne nachfolgende Beschnittoperation experimentell realisiert werden. Basierend auf den Grundlagenuntersuchungen wurde die in Abschnitt 6.5 abgeleitete Auslegungsmethode unter Anwendung des Werkstoffes DC04 mit einer Ausgangsblechdicke von $s_0 = 2{,}0$ mm erarbeitet. Für die Übertragbarkeit einer allgemeingültigen Qualifizierung dieser Methode werden im Rahmen dieses Kapitels Untersuchungen unter Anwendung eines höherfesten Dualphasenstahls DP600 durchgeführt. Neben einer werkstofflichen Übertragbarkeit soll weiterhin die Anwendbarkeit der erarbeiteten Auslegungsmethode auf unterschiedliche initiale Halbzeugdicken experimentell untersucht werden. Unter Berücksichtigung der Prozessgrundlagen des flexiblen Walzens werden Anpassungen der Prozessführungsstrategien bei variierenden Halbzeugdicken erarbeitet. Abschließend wird das Potential walztechnisch hergestellter Tailored Blanks in einem kombinierten Tiefzieh-Stauchprozess bewertet und Handlungsempfehlungen abgeleitet.

7.1 Vergleichende Gegenüberstellung bei Einsatz eines höherfesten Halbzeugwerkstoffes

Zur Übertragbarkeit der Auslegungsmethode für die walztechnische Herstellung von Tailored Blanks mit definierten Halbzeugeigenschaften werden nachfolgend experimentelle Untersuchungen mit einem höherfesten Stahlwerkstoff durchgeführt. Als Versuchswerkstoff kommt der höherfeste Dualphasenstahl DP600 mit der gleichen Nennblechdicke von $s_0 = 2{,}0$ mm zum Einsatz. Dieser Werkstoff weist eine annähernd doppelt so hohe Anfangsfließspannung auf wie der für die Grundlagenuntersuchungen genutzte Tiefziehstahl DC04. Die experimentell ermittelten Werkstoffkennwerte können aus Abschnitt 4.1 entnommen werden.

Um eine Analyse der Übertragbarkeit zu ermöglichen, werden die Halbzeuggeometrie und damit das Materialvolumen im Aufdickungsbereich identisch zu den vorangegangenen Untersuchungen gewählt. Es handelt sich um eine rotationssymmetrische Materialvorverteilung, wobei analog zu den Versuchen mit dem Werkstoff DC04 ein Gesamtvolumen von $V_A = 6.433\ mm^3$ erreicht werden soll. Da es sich bei dem vorliegenden Walzprozess um einen weggebundenen Umformprozess handelt, sollte unter Annahme gleicher Randbedingungen eine identische Prozessführungsstrategie vorausgesetzt werden können. Daher wird für die nachfolgenden Untersuchungen auch für den höherfesten Versuchswerkstoff eine Prozessführungstrategie mit zwei Walzhüben und einer radialen Umformrichtung von innen nach außen angewendet. Die Walzengeometrie der Umformwalze während des ersten und zweiten Walzhubs wird ebenfalls analog mit $\alpha_{UW} = 10°$, $\beta_{UW} = 5°$ und $r_{UW} = 6$ mm, respektive $\alpha_{UW} = 30°$, $\beta_{UW} = 5°$ und $r_{UW} = 6$ mm gewählt. Der Auslegungsmethode folgend sollten sich durch den flexiblen Walzprozess identische Kontaktflächenverhältnisse zwischen Umformwalze und Tailored Blank ergeben, wodurch die resultierenden Stoffflussanteile und damit die Formfüllung der Werkzeugkavität identisch sind. Werden diese Randbedingungen vorausgesetzt, kann bei sonst gleichen Prozessparametern ein vergleichbares Materialvolumen im Aufdickungsbereich erreicht werden. Durch die Steigerung von k_{f0} steigt gleichzeitig die Prozesskraft an.

Zur Verifizierung dieser Annahmen wird analog zu den vorangegangenen Untersuchungen für die Übertragbarkeit eine vollständige experimentelle Variation der prozessseitigen Gesamtstichabnahmen bei sonst identischen Prozessparametern vorgenommen. Da für die Übertragbarkeitsuntersuchungen die gleiche Ausgangsblechdicke von $s_0 = 2$ mm eingesetzt wird, bleibt die Steifigkeit bzgl. des Ausknickverhaltens für den ersten Walzhub identisch. Die Stichabnahme von $\Delta s = 0{,}4$ mm stellt somit die Prozessgrenze für den ersten Walzhub dar. Infolge einer Variation der Stichabnahme kann analog zu einer Veränderung der Walzengeometrie die Wechselwirkung der Kontaktflächenverhältnisse bezogen auf den Halbzeugwerkstoff untersucht werden.

Durch den inkrementellen Werkzeugkontakt wird, wie in Abschnitt 6.3 gezeigt, ein kombinierter radialer und tangentialer Werkstofffluss induziert, wodurch eine Volumenzunahme im Aufdickungsbereich entsteht. Für die Analyse der Übertragbarkeit auf den Werkstoff DP600 wird zunächst das erreichbare Materialvolumen im Aufdickungsbereich mit dem Werkstoff DC04 bei unterschiedlichen Stichabnahmen verglichen (siehe Bild 50). Ausgehend von einer Gesamtstichabnahme bis $\Delta s = 0{,}4$ mm im ersten Walzhub ist werkstoffübergreifend nur ein geringer Unterschied von $\Delta V_{max} = 29{,}4\ mm^3$ bei $\Delta s = 0{,}3$ mm zu erkennen, was im Rahmen der Messgenauigkeit vernachlässigt werden kann. Grundlegend ergibt sich eine erhöhte Formfüllung durch die geringere Werkstofffestigkeit des Halbzeugwerkstoffes DC04. Nach dem zweiten Walzhub ist unabhängig von der Stichabnahme eine höhere Formfüllung für den Werkstoff DC04 zu erkennen. Die Volumenabweichung nimmt bei einer Erhöhung der Gesamtstichabnahme zu. Bei der höchsten Stichabnahme von $\Delta s = 0{,}9$ mm liegt die größte Volumenabweichung zwischen den beiden Werkstoffen mit einem Betrag von $\Delta V_{max} = 89{,}5$ mm³ vor. Dies ist auf die mechanischen Werkstoffeigenschaften zurückzuführen. Durch die im Vergleich zum weicheren Tiefziehstahl DC04 erhöhte Fließspannung für den Werkstoff DP600 ist eine höhere absolute Umformkraft notwendig. Dadurch wird ein vergleichbarer Formänderungszustand erzeugt, der eine übertragbare Induzierung des kombiniert radial-tangentialen Werkstoffflusses zur Folge hat. Mit einer gesteigerten Umformkraft erhöht sich ebenfalls die Werkzeugauffederung. Durch die kraftabhängige, nichtlineare Auffederungscharakteristik folgt eine bezogene Reduzierung der Ist-Stichabnahme, was eine Verringerung des absoluten Werkstoffvolumens im Aufdickungsbereich zur Folge hat. Grundlegend lässt sich daraus folgern, dass durch den erhöhten Kraftbedarf eine geringere Stichabnahme als für den Werkstoff DC04 erreicht wird, wodurch das Aufdickungsvolumen reduziert ist. Auf dieser Basis können gleiche Stoffflussanteile vorausgesetzt werden.

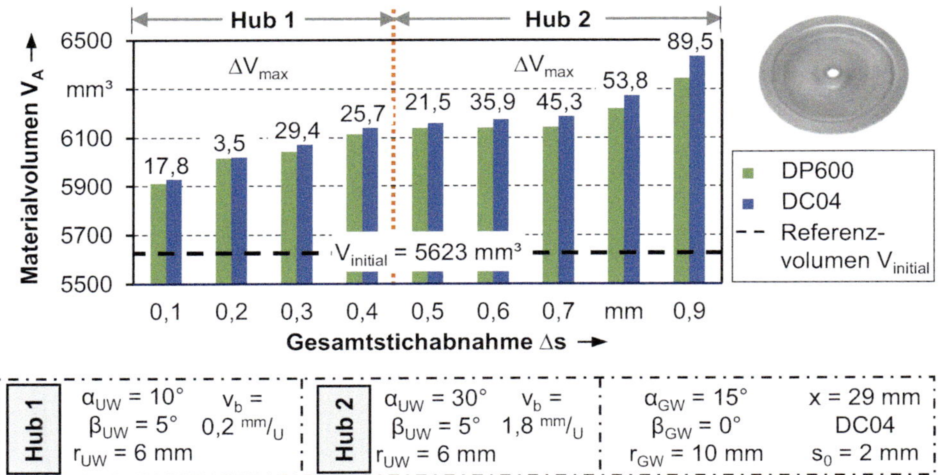

Bild 50: Vergleichende Gegenüberstellung der Volumenentwicklung bei Einsatz unterschiedlicher Stichabnahmen für die Werkstoffe DC04 und DP600

Neben dem erreichbaren Materialvolumen soll bezogen auf die Auslegungsmethode ein Vergleich der Umformkräfte bezogen auf die Stichabnahmeverhältnisse angestellt werden. In Bild 51 ist der experimentell ermittelte Verlauf der Maximalkraft für den ersten und zweiten Walzhub jeweils für beide Werkstoffe dargestellt. Den Werkstoffeigenschaften folgend ist Walzhubunabhängig aufgrund der doppelt so großen Fließspannung für den Werkstoff DP600 eine höhere Umformkraft bezogen auf die Stichabnahme erkennbar. Dabei fällt auf, dass vor allem im ersten Walzhub ein annähernd gleichmäßiger Abstand zwischen den Kraftverläufen vorliegt, während hingegen im zweiten Walzhub die Maximalkraft für den höherfesten Werkstoff stärker zunimmt. Das höhere Kraftniveau im zweiten Walzhub ist trotz der geringeren Stichabnahmedifferenz und damit geringeren Kontaktfläche im Walzprozess auf die Vorverfestigung durch den ersten Walzhub zurückzuführen. Der Kraftanstieg ist dabei auf das unterschiedliche Verfestigungsverhalten der beiden Werkstoffe zurückzuführen (vgl. Abschnitt 4.1). Durch die höheren Stichabnahmen steigt, wie in Abschnitt 6.3 gezeigt, das Materialvolumen vor der Umformwalze und damit der Stofffluss an, wodurch eine größerer Umformgrad vor allem im Bereich der Aufdickung resultiert. In Korrelation mit der Werkstoffverfestigung ist dadurch eine höhere Umformkraft notwendig.

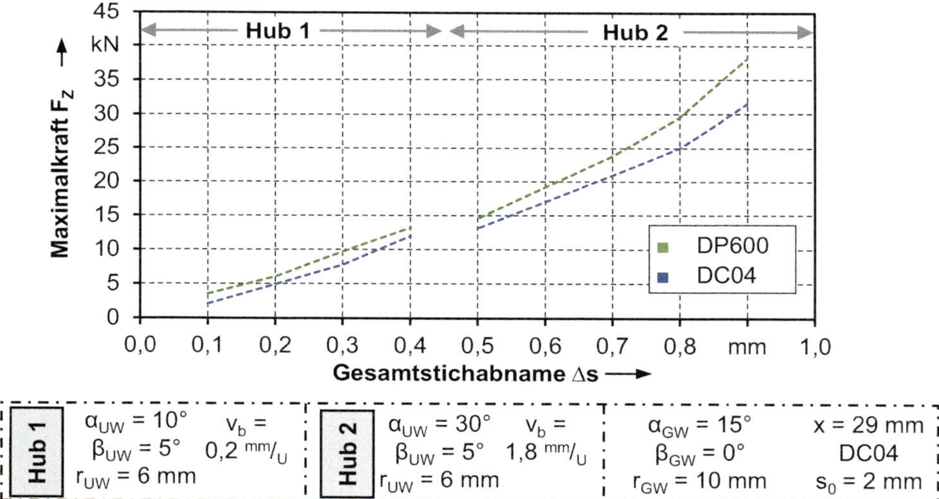

Bild 51: Abschätzung der Umformkraft bezogen auf die Gesamtstichabnahme und die Fließspannung des Halbzeugwerkstoffes

Der Auslegungsmethode folgend kann dieser Zusammenhang auf Grundlage einer analytischen Beschreibung durch das Idealvolumen sowie die mechanischen Halbzeugeigenschaften ermittelt werden. Unter Berücksichtigung der Korrekturfaktoren ξ_1 bzw. ξ_2 ist eine Vorhersage möglich. Diese methodische Vorgehensweise wird nachfolgend auf Grundlage der experimentellen Versuchsdurchführungen analysiert und auf ihre Prognosegüte hin untersucht. Ein Vergleich der Korrekturfaktoren für die beiden Halbzeugwerkstoffe sowie die Validierung der Ergebnisse über das analytisch und experimentelle Materialvolumen und der Umformkraft ist in Bild 52 dargestellt. Der Auslegungsmethode folgend wurden die Korrekturfaktoren über drei experimentelle Stützstellen ermittelt. Für den Volumenkorrekturfaktor ξ_1 ist nur eine sehr geringe Abweichung mit einem Maximum von 1 % zu erkennen. Durch die werkstoffübergreifenden vergleichbaren Stoffflussanteile wird ein ähnliches Aufdickungsvolumen für den Werkstoff DP600 erreicht wie für DC04. Dadurch liegt nur eine geringe Abweichung zwischen den beiden Werkstoffen vor. Für die Kraftkorrektur ist ein grundlegend vergleichbarer Verlauf für beide Werkstoffe zu erkennen, mit dem Unterschied eines geringeren Niveaus für den Werkstoff DP600. Dies liegt in den Umformeigenschaften begründet, wodurch mit einer doppelt so hohen Anfangsfließspannung bei gleichen Kontaktverhältnissen die Umformkraft im Idealzustand ein maßgeblich höheres Niveau aufweist.

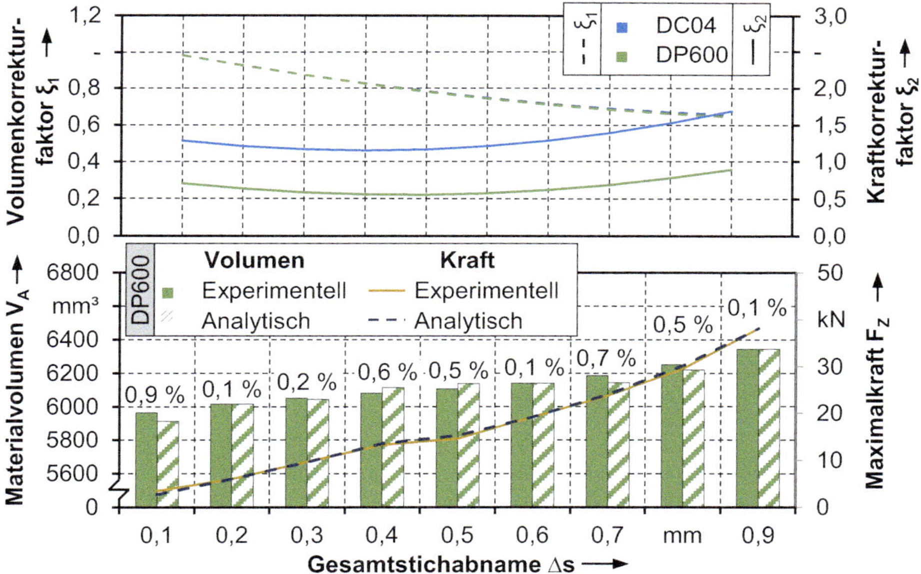

Bild 52: Gegenüberstellung der Korrekturfaktoren, sowie Verifizierung durch das Materialvolumen und die Umformkraft

Für eine Validierung dieser Auslegungsmethode wird darüber hinaus ein Abgleich zwischen den experimentellen und analytischen Untersuchungen durchgeführt. Im unteren Diagramm von Bild 52 ist dies für den Werkstoff DP600 über den experimentell ermittelten Stichabnahmebereich zwischen

Δs = 0,1 mm und Δs = 0,9 mm dargestellt. Eine Gegenüberstellung der experimentell ermittelten Volumina mit den analytischen zeigt eine maximale Abweichung von 0,9 % bei der geringsten Stichabnahme von Δs = 0,1 mm. Grundlegend kann aber eine sehr gute Übereinstimmung zwischen den prognostizierten und den experimentellen Bauteilvolumen zugrunde gelegt werden. Ein Abgleich der maximalen Umformkraft zeigt eine sehr hohe Prognosegüte bezogen auf die experimentellen Ergebnisse. Dabei liegen im Rahmen der Messgenauigkeit Abweichungen von maximal 5 % vor, was einer Schwankung von ΔF_{max} = ±2 kN entspricht. Für die Ableitung von Prozessführungsstrategien bei der Anwendung variierender Festigkeitsklassen der Halbzeuge in dem flexiblen Walzprozess kann dieses Vorgehen als valide eingestuft werden.

Durch den erhöhten Kontaktdruck bei gleichen Kontaktflächen der Walzwerkzeuge wird neben den geometrischen Eigenschaften die Übertragbarkeit der mechanischen Halbzeugeigenschaften experimentell analysiert und gegenübergestellt. Unter der Annahme vergleichbarer Stoffflussanteile sollte eine ähnliche Kaltverfestigung unter Berücksichtigung des Verfestigungsverhaltens vorliegen. In Anlehnung an die vorangegangenen Untersuchungen erfolgt dies anhand einer lokalen Analyse der Bauteilhärte durch Mikrohärtemessungen. Während der weichere Halbzeugwerkstoff DC04 eine Grundhärte von (104,71 ± 4,08) HV0,05 aufweist, liegt die Ausgangshärte des Dualphasenstahls DP600 mit einem Faktor von ca. 2 bei (215,71 ± 19,77) HV0,05 (vgl. Abschnitt 4.5.3). In Bild 53 sind die bezogenen Bauteilhärten auf die Grundhärte für den Walzbereich und den Aufdickungsbereich bei unterschiedlichen Stichabnahmen dargestellt. Für eine Analyse der Zusammenhänge ist außerdem an den Stichabnahmegrenzbereichen der jeweiligen Walzhübe bei Δs = 0,4 mm für den ersten Hub und Δs = 0,9 mm für den zweiten Walzhub eine Gefügeaufnahme für beide Werkstoffe dargestellt. Im Walzbereich ist mit einer Erhöhung der Stichabnahmen eine steigende Bauteilhärte zu erkennen. Dabei fällt auf, dass im ersten Hub der weichere Tiefziehstahl zunächst stärker verfestigt, dann aber tendenziell in eine Sättigung einläuft. Bei Δs = 0,4 mm wird eine bezogene Bauteilhärte von 1,37 erreicht. Bei Einsatz des höherfesten DP600 ist hingegen eine annähernd konstante Härtezunahme zu verzeichnen, wobei ein Wert von 1,18 erreicht wird. Dieser Unterschied resultiert aus dem unterschiedlichen Verfestigungsverhalten der Werkstoffe infolge des Werkzeugkontakts. Durch das in den Gefügeaufnahmen erkennbare gröbere Gefüge des Werkstoffes DC04 ist im Bereich des walz- und tischseitigen Werkzeugkontakts verglichen zur Bauteilmitte eine stärkere Kornlängung infolge des Kontaktdruckes zu erkennen. Bei Einsatz des höherfesten

Dualphasenstahls DP600 liegt eine stärkere Auffederung der Walzenachsen vor. Daraus resultiert eine geringere Einflusszone über die Bauteildicke bei einer gleichzeitig feineren Kornstruktur. Wie in Bild 53 dargestellt, hat dies eine Reduktion der bezogenen Verfestigung auf die Grundhärte zur Folge. Mit der Anwendung des zweiten Walzhubs und einer damit verbundenen Stichabnahmeerhöhung steigt folglich der Grad der Kaltverfestigung und damit die Bauteilhärte an. Hierbei liegt ein vergleichbarer Kurvenverlauf für beide Werkstoffe vor. Bei der höchsten Stichabnahme von Δs = 0,9 mm liegt dadurch eine bezogene Härte von 1,71 (DC04) respektive 1,52 (DP600) vor. Die große Streuung der Bauteilhärte ist, wie in den Gefügeaufnahmen zu erkennen, auf den inhomogenen Werkstofffluss über die Blechdicke und die damit verbundene Kornlängung zurückzuführen.

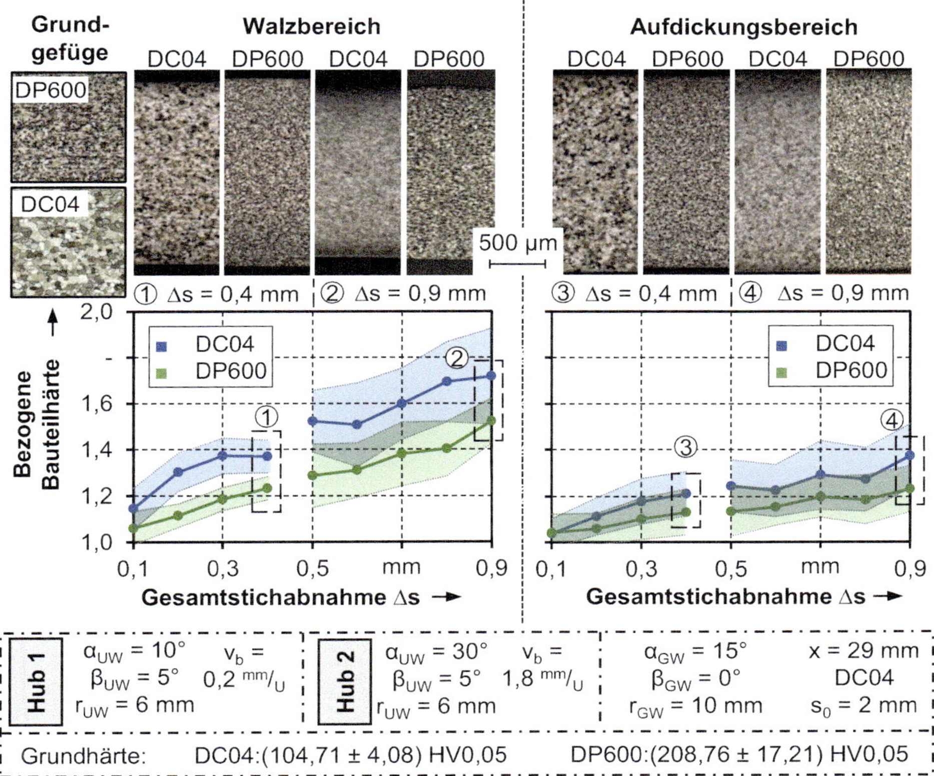

Bild 53: Mechanische Eigenschaften der Tailored Blanks bezogen auf den Halbzeugwerkstoff

Verglichen zum Walzbereich ist im Aufdickungsbereich tendenziell eine hohe werkstoffübergreifende Übereinstimmung der Bauteilhärte zu erkennen. Sowohl im ersten als auch im zweiten Walzhub werden im Rahmen der Standardabweichung nahezu die gleichen bezogenen Verfestigungen erreicht. Dies ist auf die Prozesscharakteristik des flexiblen Walzprozesses selbst zurückzuführen, bestätigt aber die Annahmen vergleichbarer Stoffflussanteile (vgl. Abschnitt 6.1). Durch die Werkstoffanhäufung infolge der richtungsabhängigen Stoffflusskomponenten vor der Umformwalze wird Material radial in Richtung des Aufdickungsbereiches verdrängt. Durch das radiale Stauchen des Tailored Blanks wird der Werkstoff in dem Aufdickungsbereich akkumuliert. Unter der Voraussetzung gleicher Stoffflussanteile bei sonst gleichen Prozessbedingungen wird, wie bereits gezeigt werden konnte, ein vergleichbares Materialvolumen in der Werkzeugkavität erreicht. Der Stauchprozess hat einen vergleichbaren Umformgrad zur Folge, was wiederum bezogen auf die Ausgangshärte zu einer Verfestigung und damit zu ähnlichen mechanischen Bauteileigenschaften führt.

Im Rahmen dieser Untersuchungen konnte die in Abschnitt 6.5 erarbeitete Auslegungsmethode grundlegend validiert werden. Eine Übertragbarkeit auf weitere Stahlwerkstoffe kann dadurch vorausgesetzt werden. Bedingung für diese Annahme sind gleiche initiale Halbzeugeigenschaften bzgl. der Blechdicke. Zur Sicherstellung einer allgemeingültigen Übertragbarkeit dieser methodischen Vorgehensweise zur Auslegung von Prozessführungsstrategien für den flexiblen Walzprozess wird nachfolgend die Methode für größere Halbzeugdicken verifiziert.

7.2 Validierung der Methode durch Variation der initialen Halbzeugdicke im flexiblen Walzprozess

In den nachfolgenden Untersuchungen soll die vorgestellte Auslegungsmethode durch Anwendung des Halbzeugwerkstoffes DC04 mit einer Ausgangsblechdicke von $s_0 = 3$ mm verifiziert und gleichzeitig dessen Allgemeingültigkeit für Stahlwerkstoffe nachgewiesen werden. Dabei wird das in Bild 49 erarbeitete methodische Vorgehen angewendet. Zur Vergleichbarkeit werden die Erkenntnisse aus den Grundlagenuntersuchungen mit dem gleichen Halbzeugwerkstoff DC04 der Halbzeugdicke $s_0 = 2$ mm gegenübergestellt.

Der Methode folgend muss zunächst die Zielgeometrie und damit das Aufdickungsvolumen V_A festgelegt werden. Um eine Übertragbarkeit der Ergebnisse zu gewährleisten, wird eine rotationssymmetrische Geometrie $d_0 = 100$ mm mit einer Kavitätstiefe von 0,3 mm gewählt. Dies entspricht einem vergleichbaren Aufdickungsvolumen von $V_A = 810\ mm^3$ (siehe Tabelle 11).

Tabelle 11: Anforderungen an die Zielgeometrie

Zielgeometrie	Aufdickungsvolumen V_A
Rotationssymmetrische Materialvorverteilung Kavitätstiefe t = 0,3 mm	810 mm³

Auf dieser Grundlage erfolgt zunächst eine mechanische Charakterisierung des Halbzeugwerkstoffes anhand von Schichtstauchversuchen. Die Ergebnisse dieser Untersuchungen sind Abschnitt 4.1 zu entnehmen. Durch eine erhöhte Blechdicke im Ausgangszustand des Tailored Blanks mit einer Steigerung um 50 % ist hat dies bereits eine Erhöhung von $\Delta V = 2.830\ mm^3$ zur Folge (vgl. Bild 54). Neben einer Veränderung des initialen Bauteilvolumens im Aufdickungsbereich unterscheiden sich die Prozessgrenze des Ausknickens welche vor allem im ersten Walzhub auftritt. Wie bereits in Abschnitt 5.2.2 dargelegt, wirkt sich die Blechdicke maßgeblich auf das Flächen- und damit auf das Widerstandsmoment der Halbzeuggeometrie während des Walzprozesses aus. Im idealisierten Fall lässt sich das Flächenmoment im Querschnitt als Rechteck beschreiben, welches sich bezogen auf den Walzweg in Breitenrichtung R(x) lokal verändert (Gl. (14) in Bild 54). Bei gleichen geometrischen Bedingungen der Halbzeuggeometrie im Ausgangszustand wirkt sich eine Zunahme der Blechdicke um 50 % mit dem Faktor 3,375 auf das Flächenmoment aus. Durch das erhöhte Flächenmoment erhöht sich das idealisierte Biegewiderstandsmoment um den selbigen Faktor, wodurch höhere Stichabnahmen bereits in einem Walzhub realisiert werden können.

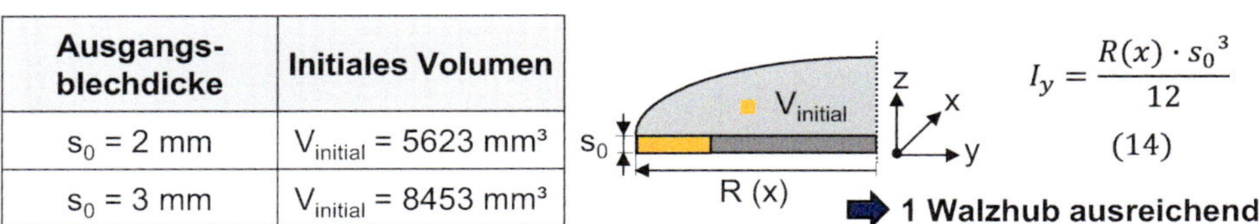

Ausgangs-blechdicke	Initiales Volumen
s_0 = 2 mm	$V_{initial}$ = 5623 mm³
s_0 = 3 mm	$V_{initial}$ = 8453 mm³

Bild 54: Analyse der Prozessgrenze für die Stichabnahme

Mit dem Ziel vergleichbarer Umformgrade wird die gleiche Walzengeometrie der Umformwalze mit $\alpha_{UW} = 10°$, $\beta_{UW} = 5°$ und $r_{UW} = 6$ mm sowie ein identischer bezogener Vorschub von $v_b = 0{,}2$ mm/U gewählt.

Durch die Wahl der Umformwalze ergibt sich der in Bild 55 dargestellt idealisierte Kontaktflächenverlauf der gedrückten Fläche in Abhängigkeit der Stichabnahme. Auf Grundlage des in Abschnitt 6.3.4 erarbeiteten analytischen Zusammenhangs lässt sich der Kontaktflächenzustand bezogen auf die Gesamtstichabnahme beliebig erweitern. Durch Multiplikation der sich einstellenden Kontaktfläche im flexiblen Walzprozess mit der Anfangsfließspannung k_{f0} des Halbzeugwerkstoffes kann die notwendige Idealkraft im Prozess abgeschätzt werden. Eine Gegenüberstellung sowohl des Kontaktflächenverlaufs als auch der sich ergebenden Idealkraft ist in Bild 55 dargestellt.

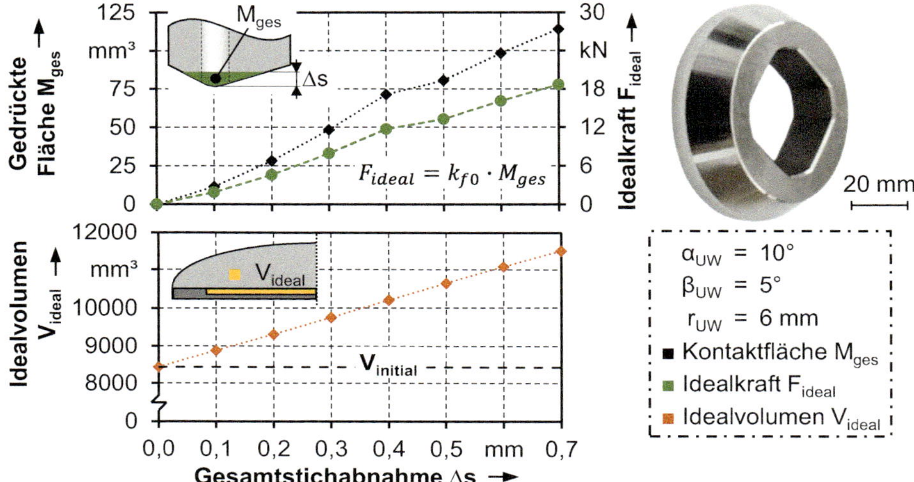

Bild 55: Kontaktflächenverlauf im Walzprozess zur Bestimmung der Idealkraft sowie Idealvolumen

Neben der idealisierten Kraft kann bezogen auf den Walzweg darüber hinaus das idealisierte Aufdickungsvolumen analytisch bestimmt werden. Durch die Vernachlässigung der Maschinenauffederung sowie der elastischen Anteile des Halbzeugwerkstoffes resultiert mit steigender Stichabnahme ein linearer Zusammenhang (siehe Bild 55). Die Idealkraft und das Idealvolumen kann Werkstoff- und Prozessunabhängig bestimmt werden und stellt die Grundlage für die Abschätzung der Prozesskraft und die Bestimmung der notwendigen Soll-Stichabnahme dar.

Diese Grundlagenzusammenhänge bilden die Basis für die Bestimmung der werkstoffabhängigen Korrekturfaktoren für das Volumen zur Ableitung der notwendigen Stichabnahme im Prozess, sowie zur Abschätzung der notwendigen Maximalkraft. Aufgrund des quadratischen Zusammenhangs werden zunächst drei Stützversuche bei variierenden Stichabnahmen experimentell durchgeführt und bezüglich des Werkstoffvolumens im Aufdickungsbereich sowie der erforderlichen Maximalkraft ausgewertet. Eine Zusammenfassung der Ergebnisse aus diesen Versuchen ist in Bild 56 dargestellt.

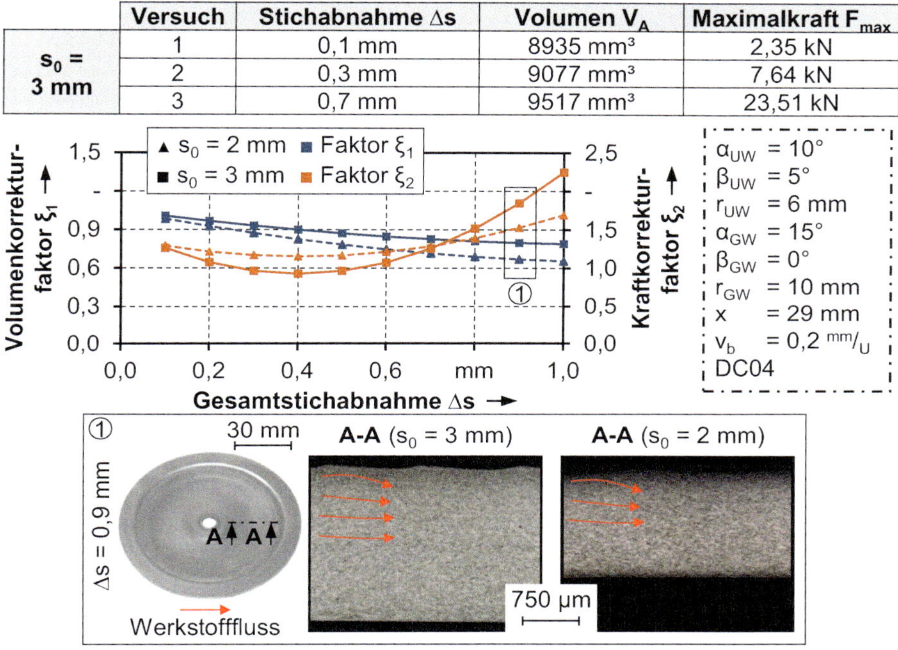

	Versuch	Stichabnahme Δs	Volumen V_A	Maximalkraft F_{max}
s_0 = 3 mm	1	0,1 mm	8935 mm³	2,35 kN
	2	0,3 mm	9077 mm³	7,64 kN
	3	0,7 mm	9517 mm³	23,51 kN

Bild 56: Bestimmung der Korrekturfaktoren anhand von Stichversuchen

Analytisch lassen sich so die Korrekturfaktoren ξ_1 für das Volumen und ξ_2 für die Umformkraft ermitteln. Die Verläufe beider Korrekturfaktoren bezüglich der Soll-Stichabnahme sind ebenfalls in Bild 56 dargestellt. Für eine vergleichende Gegenüberstellung ist der Korrekturfaktorverlauf für die Ausgangsblechdicken von s_0 = 2 mm und s_0 = 3 mm des Werkstoffes DC04 abgebildet. Ein Faktor von eins stellt eine Übereinstimmung der experimentellen Ergebnisse mit der idealisiert berechneten Prozessgröße dar. Dabei ist erkennbar, dass der Faktor ξ_1 blechdickenübergreifend mit einer Erhöhung der Stichabnahme abnimmt. Mit dem Einsatz einer höheren Ausgangsblechdicke reduziert sich der Korrekturfaktor, sodass eine geringere Abweichung vom Idealwert vorliegt. Exemplarisch liegt bei einer Stichabnahme von Δs = 1,0 mm und einer Ausgangsblechdicke von s_0 = 2 mm eine Volumenkorrektur von ξ_1 = 0,66 vor, während bei s_0 = 3 mm nur ein Korrekturfaktor von ξ_1 = 0,79 resultiert. Gleichzeitig fällt auf, dass für die Umformkraft zunächst ein lokales Minimum bei $\Delta s = 0{,}4$ mm mit $\xi_2 = 0{,}93$ ($s_0 = 3$ mm) respektive $\xi_2 = 1{,}15$ ($s_0 = 2$ mm) auftritt und nachfolgend wieder ansteigt. Bei $\Delta s = 1{,}0$ mm werden dadurch Werte von $\xi_2 = 2{,}25$ ($s_0 = 3$ mm) bzw. $\xi_2 = 1{,}69$ ($s_0 = 2$ mm) erreicht. Diese Effekte lassen sich durch die Materialanhäufung vor der Umformwalze infolge des Walzprozesses sowie des radialen Stoffflusses erklären. Durch die steigende Plastifizierung des Werkstoffes mit einer Erhöhung der Stichabnahme im Walzprozess wird mehr Material vor der Umformwalze angehäuft. Dadurch erhöht sich mit radialer Zunahme die notwendige Umformkraft, was zu höheren Umformkräften und zu einer Vergrößerung des Korrekturfaktors ξ_2 führt. Durch die höhere Umformkraft resultiert eine Zunahme der Auffederung im Prozess, mit der Folge einer gesteigerten Abweichung im Vergleich zu dem analytisch ermittelten Idealvolumen. Mit dem Einsatz einer höheren Ausgangsblechdicke liegt, bedingt durch den weggebundenen Prozess, ein geringerer Fließwiederstand bezogen auf die initiale Blechdicke vor. Dieser Zusammenhang lässt sich anhand der Gefügeaufnahmen in Bild 56 verdeutlichen. Dadurch kann mehr Volumen vor der Umformwalze angehäuft werden, wodurch ein höheres Materialvolumen erreicht wird. Zum einen resultiert daraus eine geringere Abweichung vom Idealvolumen, zum anderen wird ein Anstieg der maximalen Umformkraft begünstigt.

Auf Grundlage der Idealvolumen und -kraft (Bild 55) sowie der analytisch bestimmten Korrekturfaktoren (Bild 56) ist eine grundlegende Berechnung des erzielbaren Materialvolumens und eine Abschätzung der Maximalkraft möglich. In Bild 57 sind beide Zielgrößen jeweils bezogen auf eine Gesamtstichabnahme bis $\Delta s = 0{,}7$ mm sowohl analytisch als auch experimentell gegenübergestellt. Durch die lineare Volumenzunahme im Idealzustand ohne den Einfluss jedweder Störgrößen kombiniert mit dem degressiven Abfall des Korrekturfaktors infolge der Volumenanhäufung und der Werkzeugauffederung liegt eine reziproke Proportionalität bzgl. der Volumenzunahme vor. Dabei ist erkennbar, dass die rechnerisch bestimmten Volumina nur eine geringe Abweichung mit den experimentell bestimmten Aufdickungsvolumen aufweisen. Ein ähnlicher Zusammenhang liegt bei dem Kraftanstieg vor. Mit dem übergeordneten Ziel einer Volumenzunahme von $V_A = 810$ mm^3 bezogen auf das Ausgangsvolumen kann an dieser Stelle die Soll-Stichabnahme mit $\Delta s = 0{,}48$ mm aus dem Diagramm bestimmt werden. Mit diesem Eingangsparameter ergibt sich eine maximal notwendige Umformkraft von $F_{max} = 12{,}75$ kN. Die Ergebnisse der Validierungsversuche ergeben eine Volumenabweichung von $\Delta V = 2{,}7$ % bezogen auf die Materialvorverteilung sowie eine Unterschätzung der Umformkraft von

$\Delta F = 4{,}9\,\%$. Im Rahmen der Messgenauigkeit kann diese Abweichung als hinreichend genau für eine Auslegung maßgeschneiderter Halbzeuge angesehen werden.

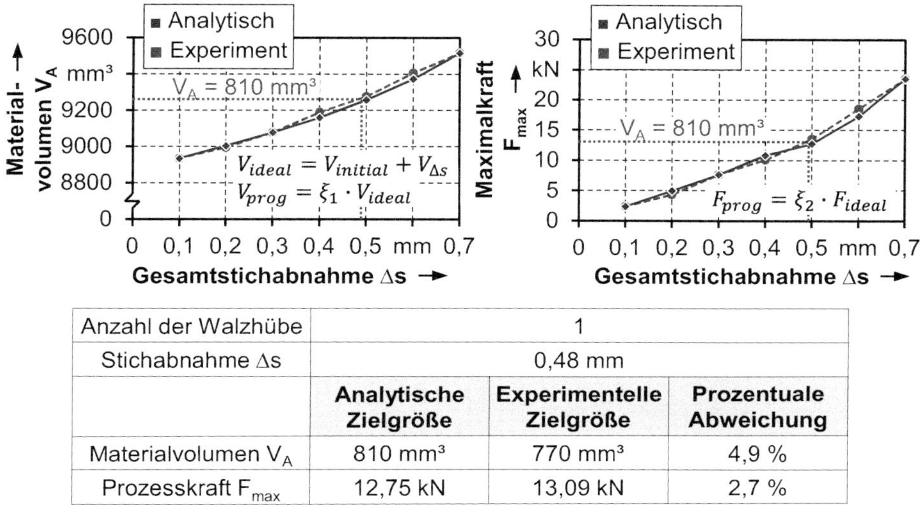

Anzahl der Walzhübe	1		
Stichabnahme Δs	0,48 mm		
	Analytische Zielgröße	**Experimentelle Zielgröße**	**Prozentuale Abweichung**
Materialvolumen V_A	810 mm³	770 mm³	4,9 %
Prozesskraft F_{max}	12,75 kN	13,09 kN	2,7 %

Bild 57: Ableitung der notwendigen Stichabnahme sowie maximalen Umformkraft

7.3 Bewertung des Einsatzverhaltens maßgeschneiderter Halbzeuge

Ein Anwendungsgebiet für den Einsatz von Tailored Blanks mit maßgeschneiderten geometrischen und mechanischen Halbzeugeigenschaften zur Prozessoptimierung ist die Herstellung von Funktionsbauteilen in einem kombinierten Tiefzieh-Stauchprozess [186]. Bei diesem Umformprozess wird das Halbzeug zunächst zwischen dem Stauch- und dem Ziehstempel mit definierter Kraft geklemmt. Durch translatorische Bewegung des Ziehrings wird das Halbzeug im ersten Prozessschritt tiefgezogen, wodurch ein napfförmiger Grundkörper entsteht. Durch fortschreitenden Pressenhub wird infolge einer Krafterhöhung der Ziehstempel translatorisch verdrängt, was eine Napfhöhenreduktion und damit ein Anstauchen der Zarge zur Folge hat [186]. Dadurch wird ein radialer Stofffluss induziert, wodurch eine Formfüllung der definierten Werkzeugkavitäten im Ziehring erreicht wird. Dieses Verfahren konnte in diversen Arbeiten von Merklein et al. [10] und Schulte et al. [187] für die Herstellung von Funktionsbauteilen unterschiedlicher Bauteilkomplexität verifiziert werden. Ein schematischer Aufbau des Umformprozesses sowie die daraus resultierenden Funktionsbauteile sind in Bild 58 a) dargestellt.

Wie in Bild 58 b) gezeigt, können bei der Anwendung konventioneller Halbzeuge zwei Versagensarten auftreten, wodurch die Bauteilqualität beeinträchtigt wird. Durch den prozesstypischen dreidimensionalen Formänderungszustand wird im Bodenbereich ein radialer Stofffluss in Richtung der Funktionselemente erzeugt, während durch das Anstauchen der Zarge ebenfalls ein axialer Stofffluss resultiert [188]. Durch Überlagerung der beiden Stoffflussanteile entsteht im Bereich des Ziehradius eine Falte [188]. Das zweite Fehlerbild ist eine am Umfang entstehende Rillenbildung, die aus der freien Knicklänge über die Zargenhöhe ebenfalls während des Stauchprozesses resultiert [186]. Durch den Einsatz von Tailored Blanks können diese Prozessfehler zum einen durch die Bereitstellung zusätzlichen Materialvolumens und zum anderen durch die lokale Anpassung der mechanischen Halbzeugeigenschaften infolge einer Kaltverfestigung reduziert bzw. verhindert werden [189].

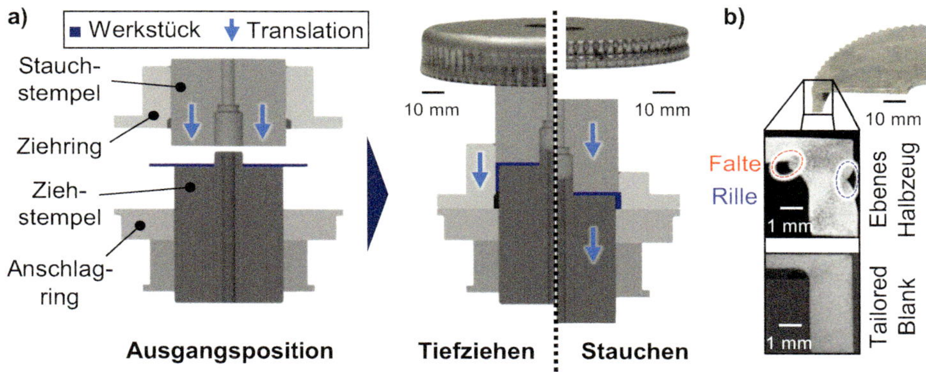

Bild 58: a) Kombiniertes Tiefziehen-Stauchen und b) Potential von Tailored Blanks nach [186]

Das erzielbare Materialvolumen in den Funktionselementen ist dabei stark von dem resultierenden Werkstofffluss während des Stauchvorgangs abhängig. Durch die Herstellung von Tailored Blanks mit den Verfahren des Stauchens oder Taumelns, wie in Abschnitt 2.3.3 gezeigt, wird eine vergleichsweise homogene Verfestigung in den ausgedünnten und den aufgedickten Bereichen erzielt. Durch den, im Vergleich zum flexiblen Walzprozess, flächigen Werkzeugkontakt während der Umformung wird dadurch ein gleichmäßiger Stofffluss in den Kontaktbereichen erzielt. Bei der Herstellung von Tailored Blanks durch den in dieser Arbeit vorgestellten flexiblen Walzprozess liegt infolge des einseitigen Werkzeugkontakts ein Verfestigungsgradient sowohl in Blechdickenrichtung als auch in radialer Richtung vor. Infolge der geringeren Verfestigungen im Aufdickungsbereich verglichen mit der ausgedünnten Zone, werden die Stoffflussanteile während des Stauchprozesses und damit die Formfüllung der Werkzeugkavitäten beeinflusst. Um das Potential und die Herausforderungen für den Einsatz flexibel gewalzter Tailored Blanks bewerten zu können, wird nachfolgend auf Grundlage beider Walzhübe eine Prozessbewertung sowohl unter Anwendung des Werkstoffes DC04 als auch des höherfesten Werkstoffes DP600 vorgenommen. Als Referenz dient dabei ein konventionelles ebenes Halbzeug ohne Materialvorverteilung.

7.3.1 Einsatz flexibel gewalzter Tailored Blanks im kombinierten Tiefzieh-Stauchprozess

Analog zu dem Walzverfahren wird der kombinierte Tiefzieh-Stauchprozess weggebunden durchgeführt. Ziel ist dabei die Herstellung von Funktionsbauteilen mit einer umlaufenden Modellverzahnung analog zu Untersuchungen in [186], wobei eine Napfhöhe von $h_0 = 10$ mm nach dem Stauchprozess erreicht werden soll. Diese Zielhöhe liegt der Annahme zugrunde, dass unter Berücksichtigung der Erkenntnisse des maximal erreichbaren Materialvolumens im flexiblen Walzprozess zu keiner vollständigen Formfüllung der Werkzeugkavität führt, um eine Überbeanspruchung der Werkzeugkomponenten zu vermeiden. Infolge gleicher Höhenverhältnisse können sowohl die geometrischen als auch die mechanischen Bauteileigenschaften unter Berücksichtigung des Halbzeugwerkstoffes direkt miteinander verglichen werden. Für eine Bewertung der Bauteileigenschaften ist in Bild 59 die Formfüllung nach dem Stauchprozess in Form des Bauteilvolumens bezogen auf die beiden untersuchten Werkstoffe DC04 und DP600 zusammenfassend dargestellt. Darüber hinaus wird der Einsatz der maßgeschneiderten Halbzeuge nach den jeweiligen Walzhüben untersucht. Für eine detaillierte Analyse der Stoffflussanteile und zur Verifikation der Zusammenhänge sind darüber hinaus Gefügeaufnahmen sowohl im Ziehradius als auch auf der Napfbodenseite dargestellt. In dem Diagramm ist zu erkennen, dass unter Anwendung eines konventionellen Halbzeugs mit dem Werkstoff DC04 ein maximales Volumen von $V = 6.649\ mm^3 \pm 40\ mm^3$ im Kavitätsbereich erreicht werden kann. Verglichen mit einer geometrisch vollständigen Formfüllung entspricht dies einem Volumendefizit von ca. 16 %. Unter Berücksichtigung des lokalen Werkstoffvolums des Halbzeugs im initialen Zustand mit $V = 6.841\ mm^3$ in dem gleichen Zargenbereich lässt sich folgern, dass durch den Umformprozess das Volumen abnimmt. Durch Anwendung des höherfesten Werkstoffes DP600 steigt das Zargenvolumen tendenziell auf $V = 6.715\ mm^3 \pm 38\ mm^3$ bei gleichem Halbzeugvolumen an. Dieser Grundlagenzusammenhang deckt sich mit den Erkenntnissen von Schulte et al.

[190] und Schneider [186], wodurch der Stauchprozess einen axialen Materialrückfluss entgegen der Translationsbewegung in den Napfboden begünstigt. Dabei konnte gezeigt werden, dass sich durch die Anwendung eines höherfesten Halbzeugwerkstoffes (DP600) dieser Effekt (verglichen zu DC04) verringert. Die höheren mechanischen Werkstoffeigenschaften stellen eine Fließbehinderung dar, wodurch der Materialrückfluss in den Napfbodenbereich reduziert wird [186]. Dies hat ein höheres Materialvolumen im Zargenbereich zur Folge.

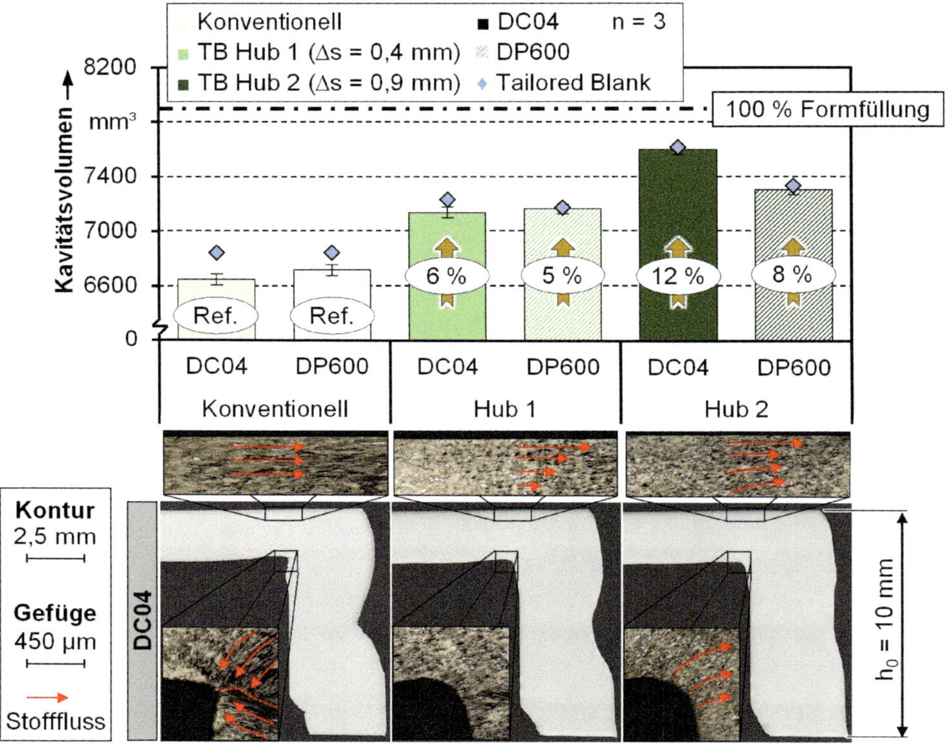

Bild 59: Formfüllung der Funktionselemente einer umlaufenden Verzahnung nach [186] durch Einsatz flexibel gewalzter Tailored Blanks

In Bild 59 zu erkennen, dass mit der Anwendung der Tailored Blanks aus dem flexiblen Walzprozess eine signifikante Zunahme des Kavitätsvolumens erreicht werden kann. Unter Berücksichtigung des Referenzvolumens einer ebenen Ronde, ist bereits mit der Anwendung des Halbzeugs nach dem ersten Walzhub für den Tiefziehstahl DC04 eine Volumenzunahme von 6 % im Bereich der Funktionselemente zu verzeichnen. Während das Halbzeug ein Volumen von V = 7.230 mm³ im Aufdickungsbereich besitzt, weist das Volumen in der Zarge einen Betrag von

$V = 7.137\ mm^3 \pm 39\ mm^3$ auf. Unter Anwendung des Tailored Blanks nach dem zweiten Walzhub ist ein Anstieg von 12 % des Zargenvolumens zu verzeichnen, wodurch eine Formfüllung von 96 % der Kavitäten der Funktionselemente erreicht wird. Verglichen zu dem konventionellen Halbzeug, sowie mit den Bauteileigenschaften nach dem ersten Walzhub reduziert sich das Differenz zwischen dem Volumen des Tailored Blanks und dem Bauteilvolumen im Zargenbereich auf $\Delta V = 15\ mm^3$. Dieser Effekt lässt sich durch die gezielte Stoffflusssteuerung während des Stauchprozesses infolge der lokalen Verfestigung der maßgeschneiderten Halbzeuge durch den flexiblen Walzprozess zurückführen. Wie in den Gefügeaufnahmen zu erkennen ist, wird bei Anwendung des konventionellen ebenen Halbzeugs im Bodenbereich ein homogener Werkstofffluss erzeugt. Durch den Kontaktdruck zwischen Zieh- und Stauchstempel wird ein starkes radiales Fließen erreicht. Mit Überlagerung des axialen Stoffflusses bildet sich das prozesstypische Fehlerbilder der Faltenbildung aus. Wie in Kapitel 6 gezeigt werden konnte, hat der einseitige Werkzeugkontakt beim flexiblen Walzen prozessparameterabhängig einen ausgeprägten Verfestigungsgradienten über die Blechdicke zur Folge. In der Anwendung der Halbzeuge in dem kombinierten Tiefzieh-Stauchprozess werden durch die lokale Verfestigung die richtungsabhängigen Stoffflussanteile beeinflusst. Wie für die beiden Walzhübe zu erkennen, führt die lokale Verfestigung an der Innenseite des Napfes zu einem reduzierten radialen Werkstofffluss infolge einer gesteigerten Fließbehinderung. Dadurch wird der Prozessfehler der Faltenbildung bereits bei geringen Stichabnahmen des flexiblen Walzprozesses verhindert. Durch den Verfestigungsgradienten über die Blechdicke des Halbzeugs wird ebenfalls ein Stoffflussgradient im Napfbodenbereich erzielt. Durch Überlagerung mit dem axialen Stofffluss, welcher durch den Stauchprozess induziert wird, kann eine gezielte Umlenkung in die Kavitätsbereiche der Funktionselemente im oberen Bauteilbereich erreicht werden. Durch die vergleichsweise starke Verfestigung des Halbzeugs nach dem zweiten Walzhub ist dieser Effekt dort besonders stark zu erkennen.

Für die Anwendung des höherfesten Werkstoffes DP600 ist die Abweichung zwischen dem Halbzeug- und dem Zargenvolumen bereits nach dem ersten Walzhub mit $\Delta V = 10\ mm^3$ als sehr gering einzustufen. Wie bereits in der Referenzstufe ersichtlich führen die im Ausgangszustand hohen mechanischen Eigenschaften zu einem reduzierten Stoffrückfluss in den Bodenbereich. Wie in Abschnitt 7.1 gezeigt, wird durch den weggebundenen Walzprozess eine vergleichbare Verfestigung für den höherfesten Werkstoff erzielt, wodurch folglich der Effekt der Fließbehinderung noch stärker zum Tragen kommt. Dieser Zusammenhang kann auch auf Basis der mechanischen Bauteileigenschaften in Bild 60 nachgewiesen werden. Durch die Anwendung konventioneller Halbzeuge ist der charakteristische „Zick-Zack“ Verlauf erkennbar, wobei der Werkstoff im Bereich der Faltenbildung sowie durch das Ausknicken infolge des freien Leervolumens stärker verfestigt [186]. Nach dem ersten Walzhub ist tendenziell dieser Verlauf noch erkennbar. Durch den Einsatz des Halbzeugs mit einer Vorverteilung nach dem ersten Walzhub ist bereits eine Unterdrückung der Faltenbildung zu erkennen. Der umformtechnisch induzierte Verfestigungsgradient im Bodenbereich des Tailored Blanks reduziert die Überlagerung der Stoffflussanteile aus dem Bodenbereich während des Stauchprozesses und resultiert tendenziell in einer Stoffflusssteuerung in Umfangsrichtung. Dies ist anhand der reduzierten Kaltverfestigung im Bereich des Ziehradius erkennbar. Ein quantitativer Vergleich zeigt, dass trotz der Verfestigung durch den Walzprozess nach dem Stauchen die Zarge eine um ca. 24 % höhere Bauteilhärte aufweist als der Napfbodenbereich. Durch Anwendung der Tailored Blanks mit dem höchsten Halbzeugvolumen im Aufdickungsbereich nach zwei Walzhüben ist zu erkennen, dass der Boden- und der Zargenbereich eine vergleichbare Verfestigung aufweisen. Neben dem höheren Materialvolumen durch die maßgeschneiderten Halbzeuge hat die größere Verfestigung im Bauteilboden einen Materialfluss in radialer Richtung zur Folge. Dadurch ein Anstieg der Formfüllung im Bereich der Funktionselemente erkennbar.

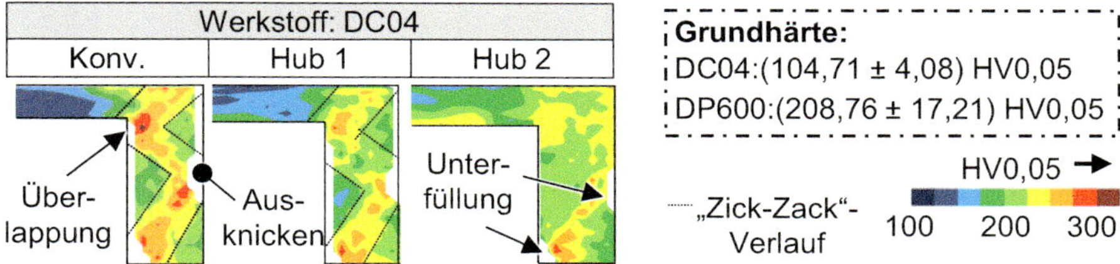

Bild 60: Einfluss flexibel gewalzter Tailored Blanks auf die mechanischen Eigenschaften

7.3.2 Zusammenfassende Prozessbewertung und Wirkmechanismen

Zusammenfassend kann festgehalten werden, dass durch den Einsatz flexibel gewalzter Tailored Blanks die Stoffflusskontrolle bei der Herstellung von Funktionsbauteilen gesteigert werden kann. Im Vergleich zu der in der Literatur bekannten Erhöhung des Werkstoffvolumens in den Funktionselementen und der gezielten Vermeidung von Prozessfehlern wie einem Ausknicken oder einer Faltenbildung bietet der flexible Walzprozess durch seinen inkrementellen Charakter die Möglichkeit einer lokalen Kaltverfestigung der maßgeschneiderten Halbzeuge. In Bild 61 ist der Prozessschritt des Stauchens des in Abschnitt 7.3.1 vorgestellten kombinierten Tiefzieh-Stauchprozess schematisch dargestellt. Durch Anwendung der flexibel gewalzten Tailored Blanks mit Ausrichtung der Walzseite in Richtung Ziehstempel wirkt die lokale Kaltverfestigung durch den Werkzeugkontakt zwischen Walze und Tailored Blank in der Halbzeugherstellung als Fließbehinderung im Bereich des Ziehradius. Durch die synchrone vertikale translatorische Bewegung des Stauch- und Ziehstempels wird im Bereich des Funktionselements ein axialer Stofffluss entgegen der Werkzeugbewegung induziert [190]. Gleichzeitig führen die Kontaktspannungen im Napfboden zu einem radialen Stofffluss in den Zargenbereich [190]. Durch den Stoffflussgradienten über die Blechdicke während des flexiblen Walzprozesses (vgl. Kapitel 6) und die daraus resultierende stärkere lokale Kaltverfestigung im Napfbodenbereich wird ein Überlappen und damit der Prozessfehler der Faltenbildung verhindert. Verglichen zu bspw. taumelnd hergestellten Tailored Blanks in [13], bei denen eine nahezu gleichmäßige Verfestigung der maßgeschneiderten Halbzeuge über die Blechdicke vorliegt, ist der Vorteil der flexibel gewalzten Tailored Blanks die Begünstigung des radialen Stoffflusses im Bereich des Stauchstempels durch den Verfestigungsgradienten. Während des Stauchprozesses kann dadurch eine gesteigerte Formfüllung auch in den Eckbereichen der Funktionselemente sichergestellt werden.

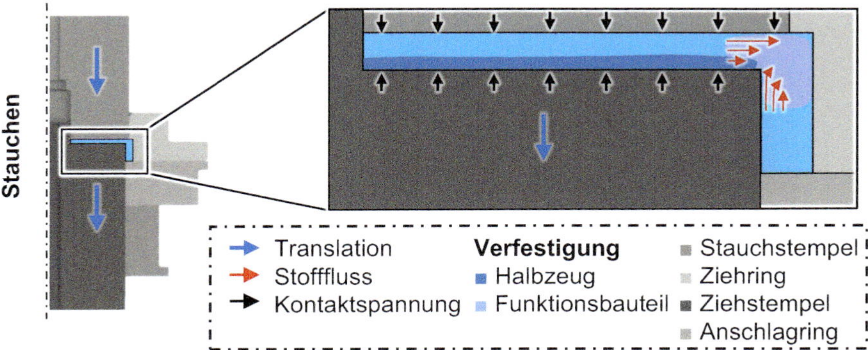

Bild 61: Wirkmechanismen während des Stauchens bei Anwendung flexibel gewalzter Tailored Blanks in einem kombinierten Tiefzieh-Stauchprozess

8 Zusammenfassung und Ausblick

Vor dem Hintergrund einer exponentiellen Zunahme der Klimaerwärmung ist die Reduktion des Ausstoßes von Treibhausgasen wichtiger denn je. Neben einer Verringerung des Energiebedarfs durch Gewichtseinsparungen und Komplexitätssteigerungen von Funktionsbauteilen bei der Verbrennung verschiedener Kraftstoffe z.B. im Bereich der Automobilindustrie muss für eine ganzheitliche Ressourceneffizienz der Produktionsprozess mitberücksichtigt werden. Ein Ansatz diesen teilweise gegensätzlichen Anforderungen im Rahmen der Bauteilherstellung gerecht zu werden, ist die Anwendung der innovativen Prozessklasse der Blechmassivumformung vielversprechend. Speziell der Einsatz von Tailored Blanks, maßgeschneiderte Halbzeuge mit definierten geometrischen und mechanischen Eigenschaften, bieten großes Potential die Bauteilqualität bei gleichzeitiger Funktionsintegration zu verbessern, und Prozesskettenlängen in der Produktion zu verkürzen.

Unterschiedliche Umformverfahren wie das Stauchen oder Taumeln wurden in diversen Arbeiten als zielführende Ansätze qualifiziert. Dabei bietet der inkrementelle Charakter des Taumelverfahrens im Vergleich zum Stauchen einige Vorteile. Durch eine Reduktion der Kontaktfläche Werkzeug-Werkstück können nicht nur die Prozessgrenzen erweitert, sondern auch höherfeste Werkstoffe prozesssicher umgeformt werden. Daher wurde in vergangenen Arbeiten nach dem Stand der Technik ein flexibles Walzverfahren qualifiziert, was einen vielversprechenden Ansatz zur Herstellung maßgeschneiderter Halbzeuge darstellt. Infolge des stark lokalen Werkzeugkontakts kann in Abhängigkeit der prozessangepassten Prozessführungstrategie neben einer grundsätzlichen Materialvorverteilung, eine prozessangepasste Einstellung der mechanischen Halbzeugeigenschaften erreicht werden.

Aus diesem Gesamtzusammenhang leitet sich die übergeordnete Zielsetzung der vorliegenden Arbeit, einer grundlagenwissenschaftlichen Analyse eines flexiblen Walzprozesses zur Herstellung von prozessangepassten Halbzeugen mit definierten Halbzeugeigenschaften ab. Durch die Erarbeitung eines neuartigen Werkzeugkonzepts soll bei der Herstellung von Tailored Blanks mit definierten Halbzeugdurchmessern eine Nachbearbeitung vermieden und dadurch die Ressourceneffizienz gesteigert werden. Neben einer Analyse der daraus resultierenden Prozessgrenzen wurde die Werkzeugauffederung des neuen Aufbaus bezogen auf die Walzrichtung und damit die Walzenpositionierung ermittelt und berücksichtigt.

Für die Erarbeitung eines ganzheitlichen Prozessverständnisses ist zunächst die Prozesscharakteristik des flexiblen Walzprozesses anhand eines Referenzprozesses untersucht worden. Als Werkstoff wurden für die Grundlagenuntersuchungen der universell eingesetzte Tiefziehstahl DC04 mit einer Ausgangsblechstärke von $s_0 = 2$ mm eingesetzt. Für die Prozessanalyse und zur Bestimmung der Prozesscharakteristik wurden zunächst mit Prozessparametern auf Basis von Literaturwerten, Stichversuche durchgeführt. Auf Grundlage dieser Voruntersuchungen konnten die relevanten Zielgrößen, das Volumens im Aufdickungsbereich, die Rondenkrümmung als Größe für die Maßhaltigkeit, die Oberflächenbeschaffenheit zur Definition einer prozesssicheren Weiterverarbeitung und die Prozesskraft als Maß für die Werkzeugbelastung abgeleitet werden. Zur Reduktion des Versuchsumfangs wurden durch eine Signifikanzanalyse die Prozesseinflussgrößen experimentell bewertet. Während das Volumen, die Umformkraft und die Oberflächenbeschaffenheit eindeutig definiert ist, wurde für eine nutzerunabhängige Vergleichbarkeit speziell für die Rondenkrümmung eine angepasste analytische Auswertemethode auf Grundlage von Krümmungskreisen erarbeitet. Die Untersuchungen ergeben einen hohen Einfluss der Stichabnahme, des bezogenen Vorschubs sowie der Walzengeometrie der Umformwalze, bestehend aus Einlauf- und Auslaufwinkel sowie Übergangsradius.

Mit dem Ziel der Ableitung einer Auslegungsmethode zur Herstellung rotationssymmetrischer Tailored Blanks wurden darauf aufbauend die funktionalen, physikalischen Zusammenhänge analysiert. Es konnte gezeigt werden, dass eine Erhöhung der Stichabnahme im flexiblen Walzprozess grundlegend zu einer Steigerung des Materialvolumens in der Werkzeugkavität führt. Eine Erhöhung der Stichabnahme resultiert, unabhängig der Werkzeuggeometrie, in einer Steigerung der Kontaktfläche, wodurch vor allem der radiale Stofffluss stark beeinflusst wird. Die Auswirkung auf die tangentialen Stoffflussanteile wirken sich hingegen nur in geringem Maße aus, sodass ein vergleichsweise geringer Anstieg zu verzeichnen ist. Dieser Kontaktflächenanstieg begünstigt durch den weggebundenen Prozess einen Anstieg der notwendigen Umformkraft und damit eine stärkere Werkzeugbelastung.

Durch den grundlegenden Prozessaufbau liegt ein einseitiger Werkzeugkontakt zwischen Walze und Tailored Blank vor, wodurch ein Stofffluss-gradient über die Blechdicke auftritt. Dadurch ergeben sich Spannungsgradienten zwischen Ober- und Unterseite der maßgeschneiderten Halbzeuge, wodurch die Aufwölbung zunimmt. Eine Erhöhung der

Stichabnahme wechselwirkt dadurch zunächst mit einem Anstieg der Rondenkrümmung. Bei einer hinreichend großen Stichabnahme hat die geringere Blechdicke eine Homogenisierung des Stoffflusses und dadurch eine Abnahme des Spannungsgradienten zur Folge. Infolge des Kontaktdrucks während des Walzprozesses führt eine Erhöhung der Stichabnahme zu einer stärkeren Werkstoffverfestigung. Dies muss vor allem für eine Anwendung der Halbzeuge in nachgelagerten Prozessschritten berücksichtigt werden. Untersuchungen bzgl. einer Prozessgrenzenerweiterung durch ein mehrstufiges Vorgehen hintereinander angeordneter Walzhübe und einer Erhöhung der Stichabnahme haben gezeigt, dass mehr als zwei Walzhübe keine Erhöhung des Aufdickungsvolumens begünstigen.

Neben der Stichabnahme konnte der bezogene Vorschub als signifikante Prozesseinflussgröße identifiziert werden. Bei einer grundlegenden Analyse der richtungsabhängigen Stoffflussanteile konnte gezeigt werden, dass diese Prozessstellgröße nur einen geringen Einfluss auf den radialen Werkstofffluss, gleichwohl aber signifikant auf die tangentialen Stoffflussanteile auswirkt. Vor allem bei hohen Vorschüben steigt so der Abstand zwischen den Walzbahnen, wodurch sich die Kontaktfläche pro Umdrehung betragsmäßig erhöht. Dadurch reduziert sich der tangentiale Stofffluss, der indirekt eine Wechselwirkung mit den radialen Stoffflusskomponenten aufweist. Neben der Umformkraft wird die gesamte Kontaktfläche der Umformwalze beeinflusst, wodurch die Eigenspannungsverhältnisse zu einem Bauteilverzug führen. Der direkte Einfluss des bezogenen Vorschubs auf die mechanischen Halbzeugeigenschaften ist an dieser Stelle als gering einzustufen. Durch gezielte Kombination der Stichabnahme und des bezogenen Vorschubs kann dadurch der Stofffluss gezielt eingestellt und damit die Formfüllung in der Werkzeugkavität beeinflusst werden. Gleichzeitig beeinflussen beide Prozessparameter durch die Stoffflussanteile die resultierenden Oberflächeneigenschaften.

Als dritter Prozesseinfluss konnte die Walzengeometrie der Umformwalze als signifikanter Prozessparameter erarbeitet werden. Bedingt durch das ebene Halbzeug, verglichen zu in der Literatur bekannten Umformprozessen wie dem Drückwalzen, ergeben sich andere Kontaktflächenverhältnisse. Durch eine analytische Erarbeitung der Zusammenhänge konnte gezeigt werden, dass vor allem bei geringen Stichabnahmen der Einlaufwinkel einen nur sehr geringen Einfluss auf die Kontaktfläche aufweist. Geometrisch bedingt hat der Auslaufwinkel hingegen einen deutlich stärkeren Einfluss, wodurch der resultierende Stofffluss in Wechselwirkung mit den Prozessparametern Stichabnahme und bezogener Vorschub signifikant beeinflusst werden. Der Übergangsradius ist prozessbedingt immer als erster in Kontakt mit dem Halbzeug und weist durch die Übergangsbereiche zu dem Einlauf- und Auslaufwinkel eine starke Abhängigkeit auf. Geometrieabhängig steigt erst mit dem Überschreiten einer gewissen Grenzstichabnahme der Einfluss der beiden Walzwinkel.

Da bei der Analyse der Stichabnahme gezeigt werden konnte, dass ein zweiter Walzhub grundsätzlich zu einer Steigerung der Aufdickungsvolumens beiträgt wurde darüber hinaus die Wechselwirkung zwischen den Walzhüben analysiert. Dabei kann festgehalten werden, dass sich vor allem geringe Stichabnahmedifferenzen positiv auf das Aufdickungsvolumen im Kavitätsbereich auswirken. Dies ist auf die Freie Umformung und den dadurch auftretenden dreidimensionalen Werkstofffluss in radialer Richtung infolge einer Homogenisierung zurückzuführen.

Unter Berücksichtigung all dieser Zusammenhänge konnte eine Auslegungsmethode für Stahlwerkstoffe erarbeitet und abgeleitet werden. Durch die Anwendung eines höherfesten Versuchswerkstoffes konnte die Allgemeingültigkeit der Methode aufgezeigt werden. Auch eine Übertragbarkeit der Methode auf Halbzeuge mit einer größeren Ausgangsblechdicke konnte experimentell nachgewiesen werden. Neben einer grundsätzlichen Qualifikation der Auslegungsmethode wurde das Einsatzverhalten der flexibel gewalzten Tailored Blanks in einem nachgelagerten kombinierten Tiefzieh-Stauchprozess bewertet. Dabei konnte gezeigt werden, dass sich der Verfestigungsgradienten über die Blechdicke, welcher sich durch den flexiblen Walzprozess einstellt, positiv auf die Bauteileigenschaften auswirken. Infolge der lokalen Bauteilverfestigung wird eine Fließbehinderung erzeugt, wodurch ein gezielt radialer Stofffluss in die Werkzeugkavitäten erzeugt wird und so zu einer gesteigerten Formfüllung beiträgt.

Zusammenfassend konnte im Rahmen dieser Arbeit ein vollumfängliches Prozessverständnis bezüglich des Einflusses der unterschiedlichen Prozessparameter auf die geometrischen und mechanischen Halbzeugeigenschaften durch den flexiblen Walzprozess aufgebaut werden, welche für eine maßgeschneiderte Einstellung der Halbzeugeigenschaften genutzt werden kann. Mit diesem Prozesswissen kann nicht nur ein entscheidender Beitrag zur Reduktion der Prozesskettenlänge bei der Herstellung von Funktionsbauteilen geleistet, sondern auch eine maßgebliche Verringerung des CO_2-Ausstoßes erreicht werden.

Für eine Erweiterung der Formgebungsgrenzen und zur Steigerung der Maßhaltigkeit sollten darüber hinaus Fragestellungen bezüglich einer doppelseitigen Walzstrategie untersucht werden. Durch den doppelseitigen Werkzeugkontakt kann das Ziel eines homogenisierten Stoffflusses und deshalb eine Volumensteigerung erreicht werden. Dies führt zu einem gleichmäßigeren Eigenspannungszustand zwischen Walz- und Aufdickungsseite, was eine verbesserte Maßhaltigkeit vor allem bezüglich der Rondenverkrümmung zur Folge hat. Wie im Rahmen dieser Arbeit gezeigt werden konnte, sollten diese Untersuchungen in enger Wechselwirkung mit der Herstellung von Funktionselementen zur Stoffflusssteuerung untersucht werden. Ein weiterer Aspekt vor allem in Bezug eines ganzheitlichen Leichtbauansatzes ist die Analyse der Übertragbarkeit des flexiblen Walzprozesses mit dem neuartigen, gekammerten Werkzeugkonzept auf Nichteisenmetalle wie z.B. Aluminiumwerkstoffe. Durch die Werkstoffspezifischen Eigenschaften ist zu untersuchen, inwieweit die, im Rahmen dieser Arbeit angewendeten Auslegungsmethode übertragbar ist. Bedingt durch den in der BMU typischen dreidimensionalen Spannungs- und Formänderungszustand kann die Sensitivität der Prozessparameter zu einer notwendigen Anpassung der Prozessführungsstrategien z.B. durch Wärmebehandlungen notwendig werden.

Für eine Umsetzung des flexiblen Walzverfahrens im industriellen Maßstab sollte des Weiteren in künftigen Forschungsvorhaben die Prozessskalierbarkeit bezüglich der Umformgeschwindigkeiten in den Fokus gerückt werden. Dabei ist zur untersuchen inwieweit Herausforderungen wie z. B. Prozesswärme, welche bereits in der Literatur bei Drückwalzverfahren bekannt sind, die Halbzeugeigenschaften und damit die Anwendbarkeit der maßgeschneiderten Halbzeuge beeinflussen.

9 Summary and future work

Against the background of an exponential increase in global warming, the reduction of greenhouse gas emissions is more important than ever. In addition to a reduction in energy requirements through weight savings and increases in the complexity of functional components for the combustion of different fuels, e.g. in the automotive industry, the production process must also be taken into account for holistic resource efficiency. One promising approach to meeting these, in part contradictory, requirements in the context of component production is the application of the innovative process class of sheet bulk metal forming. In particular, the use of tailored blanks, semi-finished products with defined geometric and mechanical properties, offers great potential for improving the components quality, increasing complexity and shortening process chain lengths in production.

Various forming processes, such as upsetting or orbital forming, have been qualified as target-oriented approaches in various studies. However, the feasibility of a flexible rolling process has also been demonstrated in initial studies in the literature. Due to the significant reduction of the contact area, this incremental forming process is a promising approach for the production of tailored blanks also for the use of higher-strength semi-finished materials. As a result of the local tool contact, a process-adapted adjustment of the mechanical properties of the semi-finished product can be achieved in addition to a basic material pre-distribution, depending on the process-adapted process control strategy.

The overriding objective of the present work, a fundamental scientific analysis of a flexible rolling process for the production of process-adapted semi-finished products with defined semi-finished product properties, is derived from this overall context. The development of a novel tool concept is intended to avoid reworking in the production of tailored blanks with defined semi-finished product diameters, thereby increasing resource efficiency. In addition to an analysis of the resulting process limits, the die deflection of the new setup in relation to the rolling direction and thus the roll positioning was also determined and taken into account.

For the development of a fully comprehensive understanding of the process, the process characteristics of the flexible rolling process were first investigated on the basis of a reference process. The material used for the basic investigations was the universally used deep-drawing steel DC04 with an initial sheet thickness of s_0 = 2 mm. For the process analysis and to determine the process characteristics, random tests were initially carried out with process parameters based on literature values. On the basis of these preliminary investigations, the relevant target variables, the volume in the thickening area, the blank curvature as a parameter for dimensional accuracy, the surface condition for defining a process-safe further processing and the process force as a measure for the tool load could be derived. In order to reduce the scope of the experiment, the process influencing variables were evaluated experimentally by means of a significance analysis. While the volume, the forming force and the surface finish are unambiguously defined, an adapted analytical evaluation methodology based on curvature circles was developed for user-independent comparability, especially for the blank curvature. The investigations show a high influence of the vertical roll displacement, the related feed rate and the tool geometry of the forming roll, consisting of the entry and exit angle as well as the transition radius.

In order to develop a holistic understanding of the process and to derive a design methodology, the functional physical relationships were analyzed on this basis. It was shown that increasing the pass reduction in the flexible rolling process fundamentally leads to an increase in the material volume in the die cavity. Irrespective of the die geometry, an increase in the pass reduction also leads to an increase in the contact area, which strongly influences the radial material flow in particular. The tangential components, on the other hand, are only affected to a relatively small extent and increase only slightly in comparison. However, this increase in the contact area also leads to an increase in the necessary forming force due to the path-controlled process, and consequently to greater die loading. The basic process design consequently leads to one-sided die contact and thus to a material flow gradient across the sheet thickness. This results in stress gradients between the top and bottom of the semi-finished products, which increases the bulging. As a result, an increase in pass reduction leads to an increase of the curvature. With a sufficiently large vertical roll displacement decrease, the reduced sheet thickness consequently leads to a homogenization of the material flow and thus to a decrease in the stress gradient. As a result of the contact pressure during the rolling process, an increase in pass reduction also leads to an increase in the strain hardening, which must be taken into account above all for an application of the semi-finished products in subsequent process steps. Investigations regarding extending the process limits by means of a multi-stage procedure with rolling passes arranged one after the other and an increase in pass reduction have shown that more than two rolling passes do not lead to an increase in the thickening volume.

In addition to the pass reduction decrease, the related feed rate was also identified as a significant process parameter. A basic analysis of the direction-dependent material flow components showed that this process parameter has only a minor influence on the radial material flow, but a significant effect on the tangential flow components. Particularly at high feed rates, this increases the distance between the rolling paths, which in turn increases the contact area per rolling stroke. Consequently, this reduces the tangential material flow, which indirectly interacts with the radial flow components. As a result, in addition to the forming force, the entire contact area of the forming roll is consequently influenced, whereby the residual stress conditions consequently lead to component distortion. By selectively combining the pass reduction and the related feed rate, the material flow can be specifically adjusted and thus the die filling in the die cavity can be influenced. At the same time, both process parameters influence the resulting surface properties through the material flow components.

As a third process influence, the roll geometry of the forming roll was identified as a significant process parameter. The flat semi-finished product results in different contact surface ratios compared to forming processes known from the literature, such as flow-forming. By analytically working out the correlations, it was possible to show that, especially with small pass reductions, the entry angle has only a very slight influence on the contact area. Geometrically, on the other hand, the exit angle has a much stronger influence, which significantly affects the resulting stock flow in interaction with the process parameters stitch decrease and related feed rate. Due to the process, the transition radius is always the first to come into contact with the semi-finished product and is strongly dependent on the inlet and outlet angles due to the transition areas. The influence of the two rolling angles increases only when a certain limit reduction is exceeded.

Since the analysis of the pass reduction showed that a second rolling pass generally contributes to an increase in the thickening volume, the interaction between the rolling passes was also analyzed. It can be stated that small pass reduction differences in particular have a positive effect on the buildup volume in the area of the die cavity. This is due to free forming and the resulting three-dimensional flow of material in the radial direction as a result of homogenization.

Taking all these relationships into account, a design methodology for steel materials was developed and derived. By using a higher-strength steel material, the general validity of the methodology was demonstrated. The transferability of the methodology to semi-finished products with a greater sheet thickness was also shown experimentally. In addition to a basic qualification of the design methodology, the application behavior of the flexibly rolled tailored blanks was also evaluated in a subsequent combined deep-drawing and upsetting process. It was shown that the strain hardening gradient across the sheet thickness, which is created by the flexible rolling process, has a positive effect on the component properties. As a result of the local component hardening, a flow restriction is created, which generates a targeted radial material flow into the mold cavities and thus contributes to increased die filling.

In summary, within the framework of this work, it was possible to build up a comprehensive understanding of the process with regard to the influence of the different process parameters on the geometric and mechanical properties of the semi-finished product through the flexible rolling process, which can be used for tailor-made adjustment of the semi-finished product properties. In order to extend the forming limits and to increase the dimensional stability, questions concerning a double-sided rolling strategy should also be investigated. Double-sided die contact can achieve the goal of a homogenized material flow and consequently an increase in the die volume. This also leads to a more uniform residual stress state between the rolling and the thickening side, which results in improved dimensional stability, especially with regard to the round blank curvature. As shown in this work, these investigations should be closely interrelated with the production of functional elements for material flow control. Another aspect, especially with regard to a holistic lightweight design approach, is the analysis of the transferability of the flexible rolling process with the novel, chambered die concept to non-ferrous metals such as aluminum materials. Due to the material-specific properties, it is necessary to investigate the extent to which the design methodology developed in this work is transferable. Due to the typical three dimensional state of stress and deformation in sheet bulk metal forming processes, the sensitivity of the process parameters can lead to a necessary adaptation of the process control strategies, e.g. by heat treatments.

Literaturverzeichnis

[1] Bundesminiusterium für Wirtschaft und Energie: Automobilindustrie. Bundesminiusterium für Wirtschaft und Energie (Hrsg.), URL: https://www.bmwi.de/Redaktion/DE/Textsammlungen/Branchenfokus/Industrie/branchenfokus-automobilindustrie.html; [18.06.2020]

[2] Presse- und Informationsamt der Bundesregierung: Klimaschutzprogramm 2030 der Bundesregierung zur Umsetzung des Klimaschutzplans 2050. Presse- und Informationsamt der Bundesregierung (Hrsg.), URL: https://www.bundesregierung.de/breg-de/themen/klimaschutz/klimaschutzprogramm-2030-1673578; [02.07.2020]

[3] Friedrich, H. E.: Leichtbau in der Fahrzeugtechnik. Springer Fachmedien Wiesbaden, 2013

[4] Siebenpfeiffer, W.: Leichtbau-Technologien im Automobilbau. Springer Fachmedien Wiesbaden, 2014

[5] Henning, F.; Moeller, E.: Handbuch Leichtbau - Methoden, Werkstoffe, Fertigung. Hanser, 2011

[6] Öchsner, A.: Leichtbaukonzepte anhand einfacher Strukturelemente. Springer Berlin Heidelberg, 2019

[7] Klein, B.; Gänsicke, T.: Leichtbau-Konstruktion - Dimensionierung, Strutkuren, Werkstoffe und Gestaltung. Springer Fachmedien Wiesbaden, 2019

[8] Buchmayr, B.: Innovative Beiträge der Umformtechnik zum Leichtbau von Kraftfahrzeugen. Berg Huettenmaenn Monatsh 152(2007)5, S. 136–141

[9] Klein, B.: Leichtbau-Konstruktion - Berechnungsgrundlagen und Gestaltung. Friedr. Vieweg & Sohn Verlag | GWV Fachverlage GmbH Wiesbaden, 2007, 7., verbesserte und erweiterte Auflage

[10] Merklein, M.: Manufacturing of Complex Functional Components with Variants by Using a New Sheet Metal Forming Process. In: Ruan, X. Y. (Hrsg.) Proceedings of the 42nd Plenary Meeting of the Interational Cold Forging Group, 2009, S. 143–155

[11] Sieczkarek, P.; Kwiatkowski, L.; Ben Khalifa, N.; Tekkaya, A. E.: Novel Five-Axis Forming Press for the Incremental Sheet-Bulk Metal Forming. KEM 554-557(2013), S. 1478–1483

[12] Opel, S.: Herstellung prozessangepasster Halbzeuge mit variabler Blechdicke durch die Anwendung von Verfahren der Blechmassivumformung - Zugl.: Erlangen-Nürnberg, Univ., Diss., 2013: Bericht aus dem Lehrstuhl für Fertigungstechnologie, Bd. 238. Meisenbach, 2013

[13] Hildenbrand, P.: Entwicklung einer Methodik zur Herstellung von Tailored Blanks mit definierten Halbzeugeigenschaften durch einen Taumelprozess: FAU Studien aus dem Maschinenbau, Bd. 318. FAU University Press, 2019

[14] Merklein, M.; Hagenah, H.; Schneider, T.: Sheet-bulk metal forming processes–state of the art and its perspectives. In: Kolleck, R. (Hrsg.). Verl. der Techn. Univ. Graz, 2013, S. 197–204

[15] Wallace, R.: Die for thickening blanks for spoons or forks US386672, 24.07.1888

[16] Merklein, M.; Allwood, J. M.; Behrens, B.-A.; Brosius, A.; Hagenah, H.; Kuzman, K.; Mori, K.; Tekkaya, A. E.; Weckenmann, A.: Bulk forming of sheet metal. CIRP Annals 61(2012)2, S. 725–745

[17] Doege, E.; Thalemann, J.: Near Net-Shape Forming in Sheet-Metal Forming and Forging. CIRP Annals 38(1989)2, S. 609–616

[18] Merklein, M.; Tekkaya, A. E.; Brosius, A.; Opel, S.; Koch, J.: Overview on sheet-bulk metal forming process. In: Hirt, G.; Tekkaya, A.E. (Hrsg.): Proceedings of the 10th International Conference on Technology of Plasticity, Aachen, 2011, S. 1109-1114

[19] Behrens, B. A.; Bouguecha, A.; Vucetic, M.; Hübner, S.; Rosenbusch, D.; Koch, S.: Numerical and Experimental Investigations of Multistage Sheet-Bulk Metal Forming Process with Compound Press Tools. KEM 651-653(2015), S. 1153–1158

[20] Sieczkarek, P.; Isik, K.; Ben Khalifa, N.; Martins, P.A.F.; Tekkaya, A. E.: Mechanics of sheet-bulk indentation. Journal of Materials Processing Technology 214(2014)11, S. 2387–2394

[21] Salfeld, V.; Matthias, T.; Krimm, R.; Behrens, B. A.; Sieczkarek, P.; Ben Khalifa, N.; Tekkaya, A. E.; Hetzner, H.; Tremmel, S.; Wartzack, S.: Maschinen- und werkzeugseitige Herausforderungen bei der Blechmassivumformung von komplexen Bauteilen. In: Merklein, M. (Hrsg.). Meisenbach, 2013, S. 13–35

[22] Lange, K.: Lehrbuch der Umformtechnik - Band 3: Blechumformung. Springer Berlin Heidelberg, 1975

[23] Lange, K.: Umformtechnik Handbuch für Industrie und Wissenschaft - Band 2: Massivumformung. Springer Berlin Heidelberg:, 1988, Zweite, völlig neubearbeitete und erweiterte Auflage

[24] DIN 8582:2003-09: Fertigungsverfahren Umformen - Einordnung, Unterteilung, Begriffe, Alphabetische Übersicht.

[25] DIN EN 10131:2006-09: Kaltgewalzte Flacherzeugnisse ohne Überzug und mit elektrolytischem Zink- oder Zink-Nickel Überzug aus weichen Stählen sowie aus Stählen Kaltgewalzte Flacherzeugnisse ohne Überzug und mit elektrolytischem Zink- oder Zink-Nickel-Überzug aus weichen Stählen sowie aus Stählen mit höherer Streckgrenze zum Kaltumformen – Grenzabmaße und Formtoleranzen.

[26] Oyachi, Y.; Allwood, J. M.: Characterizing the class of local metal sheet thickening processes (Hrsg.) Special Edition: 10th International Conference on Technology of Plasticity, ICTP 2011, 2011, S. 1025-1030

[27] Merklein, M.; Koch, J.; Opel, S.; Schneider, T.: Fundamental investigations on the material flow at combined sheet and bulk metal forming processes. CIRP Annals 60(2011)1, S. 283–286

[28] DIN 8580:2003-09: Fertigungsverfahren - Begriff, Einteilung.

[29] Michaeli, P. B.: Methodik zur Entwicklung von Produktionsstrategien am Beispiel der Triebwerksindustrie - Dissertation. Herbert Utz Verlag GmbH

[30] Hoßfeld, M.; Ackermann, C.: Leichtbau durch Funktionsintegration: ARENA2036, 2020, 1st ed. 2020

[31] Köth, C.-P.: Elektromobilität funktioniert nur mit Leichtbau, 2020, URL: https://www.automobil-industrie.vogel.de/elektromobilitaet-funktioniert-nur-mit-leichtbau-a-908391/; [18.06.2020]

[32] Proff, H.: Herausforderungen für das Automotive Engineering & Management. Springer Fachmedien Wiesbaden, 2013

[33] Xue, S.; Zhou, J.: A Research on Steel Synchronizer Gear Ring's Precision Forging. MSF 575-578(2008), S. 226–230

[34] Umformtechnik - Massiv + Leichtbau: Weight Watchers in Stufe III, 2017, URL: https://www.umformtechnikmagazin.de/umformtechnik-fachartikel/weight-watchers-in-stufe-iii_34320_de/; [26.11.2019]

[35] Albrecht, V.: Massivumformen dünner Bleche, 2012, URL: https://industrieanzeiger.industrie.de/technik/fertigung/massivumformen-duenner-bleche/; [18.06.2020]

[36] Ashihara: Shaping the next generation. Metallurgia: the journal of metals technology, metal forming & thermal processing 69(2002), S. 20–21

[37] Nakano, T.: Modern applications of complex forming and multi-action forming in cold forging. Journal of Materials Processing Technology 46(1994)1-2, S. 201–226

[38] Walner, E.: Erwärmen, Drückwalzen, und die halbe Bauteilmasse sparen, 2017, URL: https://www.umformtechnikmagazin.de/umformtechnik-forschung/erwaermen-drueckwalzen-und-die-halbe-bauteilmassesparen_34305_de/

[39] Feldhaus, B.: Blechmassivumformung rotationssymmetrischer Bauteile - Beispiele aus der Automobilindustrie. In: Merklein, M. (Hrsg.). Meisenbach, 2013, S. 11–12

[40] Neubauer, I.: Blech- und Massivumformung simulieren. Umformtechnik - Blech/Rohre/Profile, (2012)03/2012, S. 50–52

[41] Merklein, M.; Johannes, M.; Lechner, M.; Kuppert, A.: A review on tailored blanks—Production, applications and evaluation. Journal of Materials Processing Technology 214(2014)2, S. 151–164

[42] Aristotile, R.; Fersini, M.: 'Tailored blanks' for automotive components. Evaluation of mechanical and metallurgical properties and corrosion resistance of laser-welded joints. Welding International 13(1999)3, S. 194–203

[43] FAT 244:2012-07: Beitrag zum Fortschritt im Automobilleichtbau durch belastungsgerechte Gestaltung und innovative Lösungen für lokale Verstärkungen von Fahrzeugstrukturen in Mischbauweise.

[44] Laperrière, L.; Reinhart, G.: CIRP encyclopedia of production engineering. CIRP - The International Academy for Production Engineering: Springer reference. Springer, 2014

[45] Simon, S.: Werkstoffgerechtes Konstruieren und Gestalten mit metallischen Werkstoffen - Habilitationsschrift. BTU Cottbus - Senftenberg, 2007

[46] Auto/Steel Partnership: Lightweight Front End Structure - Phase I & II - Final Report, URL: https://www.a-sp.org/-/media/files/asp/lightweight-programs/lightweight-front-end-structures.ashx; [18.06.2020]

[47] Compact: ThyssenKrupp Tailored Blanks bringt Stahl an die richtige Stelle, URL: https://www.thyssenkrupp-steel.com/media/content_1/publikationen/compact_steel_2007_2_de.pdf; [10.07.2020]

[48] Spoettl, M.: High performance laser welding systems for the production of innovative laser welded automotive components. (Hrsg.): Proceedings of the Taiwan international steel technologies symposium Vol. 24 (2008), Kaoshiung, Taiwan, S. 1-12

[49] Fritsch, C.; Schmidt, T.: Fertigen mit Tailored Blanks. Werkstatt und Betrieb 132(1999), S. 16–21

[50] Vollrath, K.; Dohr, C.: Maßschneiderei. MaschinenMarkt 10(2005), S. 26–27

[51] Zadpoor, A. A.; Sinke, J.; Benedictus, R.: Mechanics of Tailor Welded Blanks: An Overview. KEM 344(2007), S. 373–382

[52] Lamprecht, K.; Geiger, M.: Characterisation of the Forming Behaviour of Patchwork Blanks. steel research international 76(2005)12, S. 910–915

[53] Zadpoor, A. A.; Sinke, J.; Benedictus, R.: Mixed-mode analysis of delamination in adhesively bonded tailor-made blanks. In: Hora, P. (Hrsg.). ETH, 2008, S. 421–426

[54] Thomer, K. W.: Materials and Concepts in Body Construction. In: Streitberger, H.-J. (Hrsg.): Automotive paints and coatings. Wiley-VCH, 2008, S. 13–60

[55] Böhm, S.; Dilger, K.; Wisner, G.; Deiler, G.; Milch, M.: Herstellung und Einsatz geklebter "Bonded Blanks". In: Große Schweißtechnische Tagung; Deutscher Verband für Schweißen und Verwandte Verfahren; Große Schweißtechnische Tagung "Schweißen und Schneiden" (Hrsg.). DVS-Verl., 2004, S. 177–181

[56] Wisner, G.; Stammen, E.; Dilger, K.; Behrens, B.-A.; Jalanesh, M.; Hübner, S.; Miller, A.; Speikermeier, A.: Bonded Blanks Technik für den Automobil-Rohbau mit kombinierten Umform- und Fügeoperationen: Tagungsband 2. Niedersächsisches Symposium Materialtechnik - 23. bis 24. Februar 2017. Shaker, 2017, S. 509–520

[57] Behrens, B.-A.; Dilger, K.; Hübner, S.; Milch, M.; Wedemeier, A.; Wisner, G.: Wirtschaftlicher Leichtbau durch den Einsatz von geklebten Doppellagenblechen (Bonded Blanks). In: Europäische Forschungsgesellschaft für Blechverarbeitung (Hrsg.) EFB-Kolloquium Blechverarbeitung, 2006, S. 243–256

[58] Mertens, A.: Tailored Blanks - Stahlprodukte für den Fahrzeug-Leichtbau: Die Bibliothek der Technik, Bd. 250. Verl. Moderne Industrie, 2003

[59] Lamprecht, K.: Wirkmedienbasierte Umformung tiefgezogener Vorformen unter besonderer Berücksichtigung maßgeschneiderter Halbzeuge - Zugl.: Erlangen-Nürnberg, Univ., Diss., 2007: Bericht aus dem Lehrstuhl für Fertigungstechnologie, Bd. 185. Meisenbach, 2007

[60] Knaup, H.-J.; Gosmann, S.: Verfahren zur Herstellung von in der Dicke variierender Blechprodukten DE10145241C2, 10.04.2003

[61] Brenneis, H.; Zink, W.: Strukturbauteil, insbesondere für ein Flugzeug und Verfahren zur Herstellung eines Strukturbauteils DE000010007995C2, 07.03.2002

[62] Doege, E.; Behrens, B.-A.: Handbuch Umformtechnik - Grundlagen, Technologien, Maschinen: VDI-Buch. Springer-Verlag Berlin Heidelberg, 2007

[63] Platzer, F.: Neue Wege der Verformung. In: Platzer, F. (Hrsg.): Internationale Tagung der Walzwerker. Springer Vienna, 1956, S. 115–125

[64] Awiszus, B.; Bast, J.; Dürr, H.: Grundlagen der Fertigungstechnik. Fachbuchverlag Leipzig im Carl Hanser Verlag, 2016, 6., aktualisierte Auflage

[65] Tschätsch, H.: Praxis der Umformtechnik. Vieweg+Teubner Verlag, 2005

[66] Kwiatkowski, L.: Engen dünnwandiger Rohre mittels dornlosen Drückens, 2012

[67] Neugebauer, R.: Umform- und Zerteiltechnik - Manuskript eines Kompendiums zur Unterstützung der Ausbildung an den umformtechnischen Lehrstühlen der Hochschulen Mitteldeutschlands. (Hrsg.): Verl. Wiss. Scripten, 2005

[68] Hiersig, H. M.: Lexikon Produktionstechnik Verfahrenstechnik: VDI-Buch. Springer, 1995

[69] Fritz, A. H.; Schulze, G.: Fertigungstechnik, Bd. 0. Springer Berlin Heidelberg, 2010

[70] Weck, M.: Werkzeugmaschinen 1. Springer Berlin Heidelberg, 2005

[71] Tekkaya, A. E.; Altan, T.: Sheet metal forming - Processes and applications. ASM International, 2012

[72] Music, O.; Allwood, J. M.; Kawai, K.: A review of the mechanics of metal spinning. Journal of Materials Processing Technology 210(2010)1, S. 3–23

[73] Brecher, C.; Weck, M.: Werkzeugmaschinen Fertigungssysteme 1. Springer Berlin Heidelberg, 2019

[74] Roy, M. J.; Maijer, D. M.; Klassen, R. J.; Wood, J. T.; Schost, E.: Analytical solution of the tooling/workpiece contact interface shape during a flow forming operation. Journal of Materials Processing Technology 210(2010)14, S. 1976–1985

[75] Herold, G.; Abdel-Kader, S.: Einfluß der Prozeßparameter beim Drückwalzen auf den Werkstofffluss und die Produktqualität. In: Lehnert, W. (Hrsg.) Tagungsband zur 5. Sächsischen Fachtagung Umformtechnik (SFU), 1998, S. 26./1-26./15

[76] Li, H.; Fu, M.: Deformation-based processing of materials - Behavior, performance, modeling, and control. Elsevier, 2019

[77] Xu, Y.; Zhang, S.H.; Li, P.; Yang, K.; Shan, D.B.; Lu, Y.: 3D rigid–plastic FEM numerical simulation on tube spinning. Journal of Materials Processing Technology 113(2001)1-3, S. 710–713

[78] Herold, G.; Gorbauch, S.; v. Fickenstein, E.; Kleiner, M.: Erhöhung der Werkstückqualität beim Formdrücken und Abstrecken von Aluminiumwerkstoffen, Bd. EFB/AiF Nr. 394 D. EFB-Abschlussbericht, 1994

[79] Kleditzsch, S.: Beitrag zur Modellierung und Simulation von Zylinderdrückwalzprozessen mit elementaren Methoden - Zugl.: Chemnitz, Techn. Univ., Diss., 2014: Berichte aus der virtuellen Fertigungstechnik, Bd. 11. Verl. Wiss. Scripten, 2014

[80] Hahn, F.: Untersuchung des zyklisch plastischen Werkstoffverhaltens unter umformnahen Bedingungen - Zugl.: Chemnitz, Techn. Univ., Diss., 2003. Verl. Wiss. Scripten, 2003

[81] Hua, F. A.; Yang, Y. S.; Zhang, Y. N.; Guo, M. H.; Guo, D. Y.; Tong, W. H.; Hu, Z. Q.: Three-dimensional finite element analysis of tube spinning. Journal of Materials Processing Technology 168(2005)1, S. 68–74

[82] Wong, C. C.; Danno, A.; Tong, K. K.; Yong, M. S.: Cold rotary forming of thin-wall component from flat-disc blank. Journal of Materials Processing Technology 208(2008)1-3, S. 53–62

[83] Podder, B.; Banerjee, P.; Ramesh Kumar, K.; Hui, N. B.: Flow forming of thin-walled precision shells. Sādhanā 43(2018)12

[84] Roy, M. J.; Klassen, R. J.; Wood, J. T.: Evolution of plastic strain during a flow forming process. Journal of Materials Processing Technology 209(2009)2, S. 1018–1025

[85] Mohebbi, M. S.; Akbarzadeh, A.: Experimental study and FEM analysis of redundant strains in flow forming of tubes. Journal of Materials Processing Technology 210(2010)2, S. 389–395

[86] Kopp, R.: Der Werkstofffluß beim Dreirollen-Drückwalzen. Archiv für das Eisenhüttenwesen 43(1972)5, S. 397–404

[87] Ufer, R.; Awiszus, B.: Neue Möglichkeiten der Simulation des Drückwalzens. wt-online 95(2005)10, S. 759–764

[88] Ufer, R.: Modellierung und Simulation von Drückwalzprozessen - Zugl.: Chemnitz, Techn. Univ., Diss., 2006: Berichte aus der virtuellen Fertigungstechnik, Bd. 1. Verl. Wiss. Scripten, 2006

[89] Awiszus, B.; Kleditzsch, S.; Härtel, S.: Untersuchung numerischer Einflussgrößen bei der Simulation von Drückwalzprozessen. UT-Fscience, (2009)2, S. 1–6

[90] Klocke, F.; König, W.: Fertigungsverfahren 4 - Umformen: VDI-Buch. Springer-Verlag Berlin Heidelberg, 2006, 5., neu bearbeitete Auflage

[91] Ludwig, H. I.: Grundlagen und Anwendungsgebiete der Drückverfahren. In: Beisler, W.; Rohloff, O. (Hrsg.): Bänder Bleche Rohre. Henrich Publ., 1969, 540-548, 623-629, 667-676

[92] Gorbauch, S.; Heidel, K.-H.; Kühmel, S.: Entwicklungsstand und Anwendungsmöglichkeiten des Abstreckdrückens. Fertigungstechnik und Betrieb 28(1978), S. 174–177

[93] Kuhn, D.: Umformtechnische Verfahren ganz nahe an der Endkontur. MaschinenMarkt 06(2008), S. 1–2

[94] Mannesmann, M.: Verfahren und Walzwerk zum Formen und Kalibrieren von stabförmigen Körpern und Platten mit pilgerschrittförmigen Bewegungen des Werkstückes Patentschrift 59052 Klasse 49 im Deutschen Reich, 1891

[95] DIN 8583-2:2003-09: Fertigungsverfahren Druckumformen - Teil 2: Walzen Einordnung, Unterteilung, Begriffe.

[96] Hauger, A.; Kopp, R.: Verfahren zum flexiblen Walzen eines Metallbandes EP1074317B1, 16.02.2005

[97] Hachmann, B.: Flexibles Walzen zur Herstellung von Langprodukten mit variablen Querschnitten - Zugl.: Aachen, Techn. Hochsch., Diss., 2002: Umformtechnische Schriften, Bd. 103. Shaker, 2002

[98] Kopp, R.; Böhlke, P.: Herstellung und Weiterverarbeitung von Individuell an den Belastungsfall Angepassten Blechen. In: Reinhart, G.; Zäh, M. F. (Hrsg.): Marktchance Individualisierung. Springer Berlin Heidelberg, 2003, S. 43–52

[99] Brecht, J.; Finge, P.; Hauger, A.: Tailor Rolled Products – Innovative Lightweight Design Technology for Body Structures and Chassis Applications. In: Mori, K.-i. (Hrsg.): Proceedings of the 13th International Conference on Metal Forming - September 19 - 22, 2010, Hotel Nikko Toyohashi, Toyohashi, Japan. Wiley-VCH, 2010, S. 43–46

[100] Hirt, G.: Walzen von Blechen und Profilen mit belastungsangepasster Dickenverteilung. In: Hoffmann, H.; Spur, G.; Neugebauer, R. (Hrsg.): Handbuch Umformen. Carl Hanser Fachbuchverlag, 2012, S. 163–166

[101] Hauger, A. D.: Flexibles Walzen als kontinuierlicher Fertigungsprozeß für Tailor Rolled Blanks - Zugl.: Aachen, Techn. Hochsch., Diss., 1999: Umformtechnische Schriften, Bd. 91. Shaker, 2000

[102] Jackel, F. M.: Die kontinuierliche Herstellung von Tailor Rolled Strips durch Bandprofilwalzen - Zugl.: Aachen, Techn. Hochsch., Diss., 2010: Umformtechnische Schriften, Bd. 153. Shaker, 2010

[103] Kugi, A.; Schlacher, K.; Keintzel, G.: Position Control and Active Eccentricity Compensation in Rolling Mills. at - Automatisierungstechnik 47(1999)8

[104] Unteroberdörster, M.: Banddickenregelung beim Kaltwalzen. Neue Hütte, (1992)6/7, S. 216–221

[105] Hambrecht, A.; Dlabka, M.; Beckmann, T.; Ullmann, T.: Mehrgrößenregelung der Bandplanheit durch nichtlineare Vorsteuerung und Stellgliedentkopplung realisiert mit Künstlichen Neuronalen Netzen: Computational intelligence im industriellen Einsatz - Fuzzy Systeme, Neuronale Netze, Evolutionäre Algorithmen, Data Mining; Tagung Baden-Baden, 11. und 12. Mai 2000. VDI-Verl., 2000, S. 137–142

[106] Rath, G.: Verbesserung der Dickentoleranzen durch adaptive Monitorregelung bei Reversiergerüsten. In: Liebe, R.; Philipp, M. (Hrsg.): Tagungsband zum XX. Verformungskundlichen Kolloquium - Leoben, 14.02.2001. Montanuniv. VKH, 2001, S. 88–97

[107] Ginzburg, V. B.; Ballas, R.: Flat rolling fundamentals: Manufacturing engineering and materials processing, Bd. 57. Dekker, 2000

[108] Hearns, G.; Reeve, P.; Bilkhu, T. S.; Smith, P.: Multivariable Gauge and Mass Flow Control for Hot Strip Mills. IFAC Proceedings Volumes 37(2004)15, S. 137–142

[109] Feldmann, A.; Brüser, C.; Eick, A.: Verfahren zur dynamischen Walzspaltregelung beim flexiblen Walzen von Metallbändern EP3566790A1, 13.11.2019

[110] Ebert, A.: Umformung von Platinen mit lokal unterschiedlichen Dicken - Zugl.: Aachen, Techn. Hochsch., Diss., 2001: Umformtechnische Schriften, Bd. 100. Shaker, 2002

[111] Jackel, F.; Hirt, G.; Bertram, F.-J.; Krückels, T.: Herstellung von Tailor Rolled Strips durch Bandprofilwalzen. In: Hirt, G. (Hrsg.): Der Zukunft Form geben - Umformtechnik - Stahl und NE-Werkstoffe ; 22. ASK, Aachener Stahlkolloquium ; 08./09. März 2007, Eurogress Aachen ; Tagungsband. Mainz, 2007, S. 205–212

[112] Kopp, R.: Verfahren und Walzanlage zum Herstellen eines beliebigen Dickenprofils über die Breite eines bandförmigen Walzgutes EP0976462A3, 11.12.2002

[113] Böhlke, P.: Entwicklung eines Walzprozesses zur Erzeugung von Bändern mit definiertem Querschnittsprofil - Zugl.: Aachen, Techn. Hochsch., Diss., 2004: Umformtechnische Schriften, Bd. 119. Shaker, 2005

[114] Utsunomiya, H.; Saito, Y.; Matsueda, S.: Proposal of a new method for the spread rolling of thin strips. Journal of Materials Processing Technology 87(1999)1-3, S. 207–212

[115] Abo-Elkhier, M.: A modified method for lateral spread in thin strip rolling. Journal of Materials Processing Technology 124(2002)1-2, S. 77–82

[116] Hirt, G.; Dávalos-Julca, D. H.: Tailored Profiles Made of Tailor Rolled Strips by Roll Forming - Part 1 of 2. steel research int. 83(2012)1, S. 100–105

[117] Davalos Julca, D.; Förster, T.; Wietbrock, B.; Hirt, G.: Lightweight Design by Flexible Rolling and Strip Profile Rolling. In: Hirt, G. (Hrsg.): Special edition: 10th International Conference on Technology of Plasticity, ICTP 2011 - Held in Aachen, Germany on September 25th - 30th, 2011. Verl. Stahleisen GmbH, 2011, S. 117–122

[118] Ryabkov, N.; Jackel, F.; van Putten, K.; Hirt, G.: Production of blanks with thickness transitions in longitudinal and lateral direction through 3D-Strip Profile Rolling. Int J Mater Form 1(2008)S1, S. 391–394

[119] van Putten, K.; Hirt, G.; Thome, M.; Kopp, R.: Cold rolling processes to functionalize semi-finished products. In: Bearne, G. (Hrsg.). TMS, 2009, S. 1209–1214

[120] DIN 8583-1:2003-09: Fertigungsverfahren Druckumformen - Teil 1: Allgemeines, Einordnung, Unterteilung, Begriffe.

[121] DIN 8583-3:2003-09: Fertigungsverfahren Druckumformen - Teil 3: Freiformen Einordnung, Unterteilung, Begriffe.

[122] Merklein, M.; Behrens, B.-A.; Plettke, R.; Krimm, R.; Opel, S.; Schneider, T.; Matthias, T.; Salfeld, V.: Integrierte Fertigung tiefgezogener Blechbauteile mit Verzahnungselementen unter Einsatz prozessangepasster Halbzeuge. In: Merklein, M. (Hrsg.): Tagungsband / 1. Workshop Blechmassivumformung - 13. Okt. 2011 ; [Erlangen. Meisenbach, 2011, S. 159–180

[123] Kubo, K.; Hirai, Y.: Deformation characteristics of cylindrical billet in upsetting by a rotary forging machine. In: University of Nottingham (Hrsg.) Proceedings of the 1st International Conference on Rotary Metalworking Processes, 1979, S. 99–110

[124] Billigman, J.: Stauchen und Pressen - Handbuch für das Kalt- und Warm-Massivumformen von Stählen und Nichteisenmetallen. Hanser, 1973, [2., völlig überarb. Aufl.]

[125] Heinze, R.: Taumelpressen geradverzahnter Zylinderräder - Zugl.: Aachen, Techn. Hochsch., Diss., 1996

[126] DIN 8583-4:2003-09: Fertigungsverfahren Druckumformen - Teil 4: Gesenkformen, Einordnung, Unterteilung, Begriffe.

[127] Groche, P.; Fritsche, D.; Tekkaya, E. A.; Allwood, J. M.; Hirt, G.; Neugebauer, R.: Incremental Bulk Metal Forming. CIRP Annals 56(2007)2, S. 635–656

[128] Schondelmaier, J.: Grundlagenuntersuchung über das Taumelpressen: Berichte aus dem Institut für Umformtechnik der Universität Stuttgart, Bd. 117. Springer Berlin Heidelberg, 1992

[129] Nagel, W.: Taumelverfahren: Kaltfließpressen unter Anwendung von relativ kleinen Presskräften. MaschinenMarkt 82(1976), S. 1922–1923

[130] Maicki, J.: Orbital forging. A noiseless cold forming process requiring relatively little force. Metallurgia Metal forming 44(1977), S. 265–269

[131] Han, X.; Hua, L.: Comparison between cold rotary forging and conventional forging. J Mech Sci Technol 23(2009)10, S. 2668–2678

[132] Michel, B.: Taumeln spart Energie. Maschine und Werkzeug, (1990)91, S. 102–111

[133] Standring, P. M.: Advanced technology of rotary forging for novel automotive applications. In: Geiger, M. (Hrsg.): Advanced technology of plasticity 1999 - Proceedings of the 6th International Conference on Technology of Plasticity, Nuremberg, September 19 - 24, 1999. Springer, 1999, S. 1709–1718

[134] Standring, P. M.: Characteristics of rotary forging as an advanced manufacturing tool. Proceedings of the Institution of Mechanical Engineers, Part B: Journal of Engineering Manufacture 215(2001)7, S. 935–945

[135] Marciniak, Z.; Chodakowski, A.: Erfahrungen über das Kaltfließpressen von Stahlwerkstücken mit taumelndem Gesenk. Stahl und Eisen 90(1970), S. 1077–1080

[136] Vogel, M.; Merklein, M.: Manufacturing of tailored blanks by orbital forming with a two-sided material thickening. Journal of Materials Processing Technology, (2019), S. 116491

[137] Hildenbrand, P.; Lechner, M.; Vogel, M.; Herrmann, H.; Merklein, M.: Orbital forming of tailored blanks with two-sided local material thickening. Int J Adv Manuf Technol 97(2018)9-12, S. 3469–3478

[138] Vogel, M.; Merklein, M.: Oberflächenanalyse von Tailored Blanks hergestellt durch ein Taumelverfahren. In: Buchmayr, B. (Hrsg.). Lehrstuhl für Umformtechnik, Montanuniversität Leoben, 2018, S. 91–96

[139] Merklein, M.; Plettke, R.; Schneider, T.; Opel, S.; Vipavc, D.: Manufacturing of Sheet Metal Components with Variants Using Process Adapted Semi-Finished Products. KEM 504-506(2012), S. 1023–1028

[140] Merklein, M.; Tekkaya, A. E.; Brosius, A.; Opel, S.; Kwiatkowski, L.; Plugge, B.; Schunk, S.: Machines and Tools for Sheet-Bulk Metal Forming. KEM 473(2011), S. 91–98

[141] Hildenbrand, P.; Schneider, T.; Merklein, M.: Flexible Rolling of Process Adapted Semi-Finished Parts and its Application in a Sheet-Bulk Metal Forming Process. KEM 639(2015), S. 259–266

[142] Hildenbrand, P.; Lechner, M.; Merklein, M.: A New Strategy for Manufacturing Tailored Blanks by a Flexible Rolling Process. MSF 854(2016), S. 99–105

[143] Vogel, M.; Merklein, M.: Flexible rolling of rotational symmetric tailored blanks with a two-sided thickness profile. Procedia Manufacturing 34(2019), S. 139–146

[144] Vogel, M.; Schulte, R.; Lechner, M.; Merklein, M.: Process Combination for the Manufacturing of Toothed, Thin-Walled Functional Elements by Using Process Adapted Semi-finished Products. In: Merklein, M.; Tekkaya, A. E.; Behrens, B.-A. (Hrsg.): Sheet bulk metal forming - Research results of the TCRC73. Springer, 2021, S. 1–29

[145] Vogel, M.; Lechner, M.: Manufacturing of process adapted tailored blanks by flexible rolling process using aluminum alloy AA6016. Procedia Manufacturing 15(2018), S. 1224–1231

[146] Vogel, M.; Lechner, M.; Hildenbrand, P.; Schulte, R.; Merklein, M.: Manufacturing of tailored blanks by flexible rolling and its application in a sheet-bulk metal forming process. In: Wieland, H. (Hrsg.) 5th International Conference on Steels in Cars and Trucks (SCT2017), 2017, S. 1–8

[147] Vogel, M.; Schulte, R.; Freiburg, D.; Lechner, M.; Biermann, D.; Merklein, M.: Maßgeschneiderte Werkzeugoberflächen in einem flexiblen Walzprozess. In: Merklein, M.; Behrens, B.-A.; Tekkaya, A. E. (Hrsg.): 4. Workshop Blechmassivumformung : Umformtechnische Herstellung von komplexen Funktionsbauteilen mit Nebenformelementen aus Feinblechen. FAU University Press, 2020, S. 89–108

[148] DIN EN 10130:2007-02: Kaltgewalzte Flacherzeugnisse aus weichen Stählen zum Kaltumformen – Technische Lieferbedingungen.

[149] Sovetchenko, P.: Herstellung beschichteter Mehrblechverbindungen im Karosseriebau mit Hilfe der Hochleistungslasertechnik - Zugl.: Magdeburg, Univ., Fak. für Maschinenbau, Diss., 2007: Schriftenreihe Fügetechnik Magdeburg, Bd. Bd. 2007,1. Shaker, 2007

[150] DIN EN 10346:2015-10: Kontinuierlich schmelztauchveredelte Flacherzeugnisse aus Stahl zum Kaltumformen – Technische Lieferbedingungen.

[151] Trzesniowski, M.: Fahrwerk. Springer Fachmedien Wiesbaden, 2019

[152] DIN EN ISO 6892-1:2020-06: Metallische Werkstoffe - Zugversuch - Teil 1: Prüfverfahren bei Raumtemperatur.

[153] DIN 50106:2016-11: Prüfung metallischer Werkstoffe - Druckversuch bei Raumtemperatur.

[154] Hockett, J. E.; Sherby, O. D.: Large strain deformation of polycrystalline metals at low homologous temperatures. Journal of the Mechanics and Physics of Solids 23(1975)2, S. 87–98

[155] Swift, H. W.: Plastic instability under plane stress. Journal of the Mechanics and Physics of Solids 1(1952)1, S. 1–18

[156] MKU-Chemie GmbH: Sicherheitsdatenbaltt Dionol ST V 1725-2.

[157] Carl Bechem GmbH: Technische Produktinformation Beruforge 150 DL.

[158] Parker Hannifin GmbH & Co. KG: Synchron - Servomotoren. SMH und MH Reihen Handbuch: 190-061020 N4(2004)

[159] Parker Hannifin GmbH & Co. KG: Elektrozylinder ET - metrisch. Electromechanical Automation Handbuch: 190-550013 N6(2008)

[160] Baumer Hübner GmbH: Produktdatenblatt Tachogenerator Typ GT7. Produktdatenblatt, (2011)

[161] Dr. Johannes Heidenhain GmbH: Produktkatalob Längenmessgerät. Produktdatenblatt, (2011)

[162] Kistler Instrumente AG: Produktdatenblatt Messunterlegscheibe Typ 9101A...9107A. Produktdatenblatt, (2009)

[163] Kistler Instrumente AG: Produktdatenblatt Quarz-Kraftmesselement Typ 9301B...9371B. Produktdatenblatt, (2010)

[164] Dr. Johannes Heidenhain GmbH: Produktdatenblatt inkrementelle Messtaster. Produktdatenblatt, (2008)

[165] Gesellschaft für optisches Messtechnik: ATOS Benutzerhandbuch - Atos v7. ATOS Benutzerhandbuch, (2015)

[166] GOM mbH (Hrsg.): Anwendungsbeispiel: Blechumformung - Moderne Messmittel im Presswerk:, 2009

[167] Petzow, G.; Carle, V.: Metallographisches, keramographisches, plastographisches Ätzen: Materialkundlich-technische Reihe, Bd. 1. Borntraeger, 1994, 6., vollständig überarbeitete Auflage

[168] DIN EN ISO 14577-1:2015-11: Metallische Werkstoffe – Instrumentierte Eindringprüfung zur Bestimmung der Härte und anderer Werkstoffparameter.

[169] Helmut Fischer GmbH & Co. KG: Bedienungsanleitung Fischerscope HM2000®. Bedienungsanleitung, (0)

[170] DIN EN ISO 4288:1998-04: Oberflächenbeschaffenheit: Tastschnittverfahren - Regeln und Verfahren für die Beurteilung der Oberflächenbeschaffenheit.

[171] DIN EN ISO 4287:2010-07: Geometrische Produktspezifikation (GPS) – Oberflächenbeschaffenheit: Tastschnittverfahren Benennungen, Definitionen und Kenngrößen der Oberflächenbeschaffenheit.

[172] Vogel, M.; Schulte, R.; Freiburg, D.; Lechner, M.; Biermann, D.; Merklein, M.: Maßgeschneiderte Werkzeugoberflächen in einem flexibeln Walzprozess. In: M. Merklein, B.-A. Behrens, A. E. Tekkaya (Hrsg.): 4. Workshop Blechmassivumformung, FAU University Press, 2019, S. 89-108

[173] Wittel, H.; Jannasch, D.; Voßiek, J.; Spura, C.: Roloff/Matek Maschinenelemente. Springer Vieweg, 2017, 23., überarbeitete und erweiterte Auflage

[174] Heidel, K.-H.; Kühmel, S.: Verfahrensoptimierung des Abstreckdrückens mit Kugeln für tiefgezogene Näpfe - Karl-Marx-Stadt, Technische Hochschule, Fakultät für Maschineningenieurwesen: Hochschulschrift: Dissertation, 1979

[175] Gröbel, D.: Herstellung von Nebenformelementen unterschiedlicher Geometrie an Blechen mittels Fließpressverfahren der Blechmassivumformung: FAU Studien aus dem Maschinenbau, Bd. Band 317. FAU University Press, 2019

[176] Lütkenhorst, H.: Über die Grenzen der Umformung beim Gegenlauf-Drückwalzen von hochfesten Stählen. Dissertation. Technische Universität München. Technische Universität München, 1974

[177] Radtke, H.: Genaue Hohlkörper durch Blechumformen - Die Praxis von Ziehen, Tiefziehen und Drücken: Kontakt & Studium Werkstoffe, Bd. 451. expert-Verl., 1995

[178] Vierzigmann, H. U.: Beitrag zur Untersuchung der tribologischen Bedingungen in der Blechmassivumformung - Dissertation. Friedrich-Alexander-Universität Erlangen-Nürnberg

[179] Koch, J.: Grundlegende Untersuchungen zur Herstellung zyklisch-symmetrischer Bauteile mit Nebenformelementen durch Blechmassivumformung - Dissertation. Friedrich-Alexander-Universität Erlangen-Nürnberg

[180] Runge, M.: Drücken und Drückwalzen - Umformtechnik, Werkstückgestaltung, Maschinen, Steuerungskonzepte: Die Bibliothek der Technik, Bd. 72. Verl. Moderne Industrie, 1993

[181] Merklein, M.; Tekkaya, A. E.; Behrens, B.-A. (Hrsg.): Sheet bulk metal forming - Research results of the TCRC73. Springer:, 2021

[182] PUHANI, J.: STATISTIK - Einführung mit praktischen Beispielen. GABLER, 2020

[183] Kleppmann, W.: Versuchsplanung - Produkte und Prozesse optimieren: Praxisreihe Qualitätswissen. Hanser, 2013, 8., überarb. Aufl.

[184] Roberov, I. G.; Kokhan, L. S.; Morozov, Y. A.; Borisov, A. V.: Stamping complex surfaces by rolling. Steel Transl. 39(2009)1, S. 11–14

[185] Papula, L.: Mathematische Formelsammlung für Ingenieure und Naturwissenschaftler - Mit zahlreichen Rechenbeispielen und einer ausführlichen Integraltafel: Mathematik für Ingenieure und Naturwissenschaftler. Vieweg + Teubner, 2009, 9., durchges. und erw. Aufl., unveränd. Nachdruck

[186] Schneider, T.: Umformtechnische Herstellung dünnwandiger Funktionsbauteile aus Feinblech durch Verfahren der Blechmassivumformung - Dissertation. Friedrich-Alexander-Universität Erlangen-Nürnberg, 2016

[187] Schulte, R.; Schneider, T.; Lechner, M.; Merklein, M.: Interaction of various functional elements in thin-walled cups formed by a sheet-bulk metal forming process. MATEC Web Conf. 80(2016), S. 7003

[188] Gröbel, D.; Schulte, R.; Hildenbrand, P.; Lechner, M.; Engel, U.; Sieczkarek, P.; Wernicke, S.; Gies, S.; Tekkaya, A. E.; Behrens, B. A.; Hübner, S.; Vucetic, M.; Koch, S.; Merklein, M.: Manufacturing of functional elements by sheet-bulk metal forming processes. Prod. Eng. Res. Devel. 10(2016)1, S. 63–80

[189] Schulte, R.; Hildenbrand, P.; Lechner, M.; Merklein, M.: Designing, Manufacturing and Processing of Tailored Blanks in a Sheet-bulk Metal Forming Process. Procedia Manufacturing 10(2017), S. 286–297

[190] Schulte, R.; Hildenbrand, P.; Vogel, M.; Lechner, M.; Merklein, M.: Analysis of fundamental dependencies between manufacturing and processing Tailored Blanks in sheet-bulk metal forming processes. Procedia Engineering 207(2017), S. 305–310

Verzeichnis promotionsbezogener, eigener Publikationen

[P1] Kirchen, I.; Vogel-Heuser, B.; Hildenbrand, P.; Schulte, R.; Lechner, M.; Vogel, M.; Merklein, M.: Data-driven Model Development for Quality Prediction in Forming Technology. In: (Hrsg.): 15th IEEE International Conference on Industrial Informatics (INDIN), 2017, S. 775-780

[P2] Schulte, R.; Frey, P.; Hildenbrand, P.; Vogel, M.; Betz, C.; Lechner, M.; Merklein, M.: Data-Based Control of A Multi-Step Forming Process. In: (Hrsg.): Journal of Physics: Conference Series, 2017, S. 012037

[P3] Schulte, R.; Hildenbrand, P.; Vogel, M.; Lechner, M.; Merklein, M.: Analysis of fundamental dependencies between manufacturing and processing Tailored Blanks in sheet-bulk metal forming processes. In: (Hrsg.): Procedia Engineering, 2017, S. 305-310

[P4] Schulte, R.; Lechner, M.; Vogel, M.; Hildenbrand, P.; Merklein, M.: Umformtechnische Herstellung von Funktionsbauteilen aus Tailored Blanks durch Blechmassivumformverfahren. In: (Hrsg.): 22. Umformtechnisches Kolloquium Hannover – Innovationspotentiale in der Umformtechnik. 15./16.03.2017, 2017, veröffentlicht

[P5] Vogel, M.; Lechner, M.; Hildenbrand, P.; Schulte, R.; Merklein, M.: Manufacturing of tailored blanks by flexible rolling and its application in a sheet-bulk metal forming process. In: Wieland, H. (Hrsg.): Proceedings SCT2017, Verlag Stahleisen GmbH, 2017, auf CD veröffentlicht

[P6] Hildenbrand, P.; Lechner, M.; Vogel, M.; Herrmann, H.; Merklein, M.: Orbital forming of tailored blanks with two-sided local material thickening. The International Journal of Advanced Manufacturing Technology 97, 2018, S. 1-10

[P7] Vogel, M.; Lechner, M.: Manufacturing of process adapted tailored blanks by a flexible rolling process using the aluminum alloy AA6016. Procedia Manufacturing 15, 2018, S. 1224-1231

[P8] Vogel, M.; Merklein, M.: Oberflächenanalyse von Tailored Blanks hergestellt durch ein Taumelverfahren. In: Lehrstuhl für Umformtechnik, Montanuniversität Leoben, Bruno Buchmayr (Hrsg.): XXXVII. Verformungskundliches Kolloquium, 2018, S. 91-96

[P9] Vogel, M.; Schulte, R.; Freiburg, D.; Lechner, M.; Biermann, D.; Merklein, M.: Maßgeschneiderte Werkzeugoberflächen in einem flexibeln Walzprozess. In: M. Merklein, B.-A. Behrens, A. E. Tekkaya (Hrsg.): 4. Workshop Blechmassivumformung, FAU University Press, 2019, S. 89-108

[P10] Hetzel, A.; Schulte, R.; Vogel, M.; Degner, J.; Merklein, M.: Maßgeschneiderte Halbzeuge - Umformtechnische Herstellung von Funktionsbauteilen zur Realisierung von Leichtbaukomponenten. Werkstattstechnik online 109 10, 2019, S. 745-749

[P11] Gutknecht, F.; Vogel, M.; Schulte, R.; Merklein, M.; Rosenbusch, D.; Koch, S.; Hübner, S.; Behrens, B.-A.; Tekkaya, A. E.; Clausmeyer, T.: Comparison of Strain-path Indicators for Analysis of Processes in Sheet-bulk Metal Forming. In: Yannis Korkolis, Brad Kinsey, Marko Knezevic, and Nikhil Padhye (Hrsg.): Proceedings of NUMIFORM 2019: The 13th International Conference on Numerical Methods in Industrial Forming Processes, 2019, S. 123-126

[P12] Vogel, M.; Merklein, M.: Flexible rolling of rotational symmetric tailored blanks with a two-sided thickness profile. (Hrsg.): Procedia Manufacturing, 2019, S. 139-146

[P13] Hagenah, H.; Schulte, R.; Vogel, M.; Herrmann, J.; Scharrer, H.; Lechner, M.; Merklein, M.: 4.0 in metal forming - questions and challenges. Procedia CIRP 79, 2019, S. 649-654

[P14] Vogel, M.; Schulte, R.; Hetzel, A.; Lechner, M.; Merklein, M.: Verfahrenskombination zur umformtechnischen Herstellung von verzahnten, dünnwandigen Funktionselementen aus prozessoptimierten Halbzeugen. In: Bernd-Arno Behrens (Hrsg.): Aktuelle Entwicklungen im Bereich der Umformtechnik - 23. Umformtechnisches Kolloquium Hannover 04. und 05. März 2020, TEWISS, 2020, S. 178

[P15] Vogel, M.; Merklein, M.: Manufacturing of tailored blanks by orbital forming with a two-sided material thickening. Journal of Material Processing Technology, 287, 2019, 116491

[P16] Vogel, M.; Schulte, R.; Kaya, O.; Merklein, M.: Manufacturing of tailored blanks with pre-shaped involute gearings by using a flexible rolling process and its application in a sheet-bulk metal forming process. In: Daehn G., Cao J., Kinsey B., Tekkaya E., Vivek A., Yoshida Y. (Hrsg.): Forming the Future. The Minerals, Metals & Materials Series. Springer, 2021, S. 563-576

[P17] Hetzel, A.; Schulte, R.; Vogel, M.; Lechner, M.; Besserer, H-B.; Maier, H. J.; Sauer, C.; Schleich, B.; Wartzack, S.; Merklein, M.: Functional Analysis of Components Manufactured by a Sheet-Bulk Metal Forming Process. Journal of Manufacturing and Materials Processing 5, 49, 2021, S. 1-18

[P18] Vogel, M.; Schulte, R.; Lechner, M.; Merklein, M.: Process Combination for the Manufacturing of Toothed, Thin-Walled Functional Elements by Using Process Adapted Semi-finished Products. In: Merklein, M.; Tekkaya, A. E.; Behrens, B.-A. (Hrsg.): Sheet Bulk Metal Forming - Lecture Notes in Production Engineering, Cham: Springer Nature, 2021, S. 1-29

Verzeichnis promotionsbezogener, studentischer Arbeiten

[S1] Wurm, C.: Herstellung von Tailored Blanks aus Alumium durch flexibles Walzen. Projektarbeit (2016), Erlangen

[S2] Heinzinger, D.: Herstellung prozessangepasster Halbzeuge durch Entwickjlung von Prozessführungsstrategein für ein flexibles Walzverfahren. Bachelorarbeit (2017), Erlangen

[S3] Schulte, D.: Entwicklung einer Prozessführungsstrategie für einen flexiblen Walzprozess zur Herstellung prozessangepasster Halbzeuge mit doppelseitiger Materialaufdickung. Bachelorarbeit (2017), Erlangen

[S4] Geck, M.: Einflussanalyse von Prozessparametern eines flexiblen Walzprozesses zur Herstellung maßgeschneiderter Halbzeuge variabler Blechdicke. Bachelorarbeit (2018), Erlangen

[S5] Kaya, O.: Entwicklung von Prozessführungsstrategien zur Herstellung von Tailored Blanks mit diskreten Formelementen durch ein flexibles Walzverfahren. Bachelorarbeit (2019), Erlangen

[S6] Weckerle, Q.: Analyse eines flexiblen Walzprozesses zur umformtechnischen Herstellung maßgeschneiderter Halbzeuge unterschiedlicher Geometrien. Bachelorarbeit (2019), Erlangen

[S7] Bundscherer, P.: Prozessanalyse eines flexiblen Walzverfahrens zur umformtechnischen Herstellung von Tailored Blanks mit prozessangepasster Materialvorverteilung. Masterarbeit (2019), Erlangen

[S8] Kohl, D.: Experimentelle Analyse eines flexiblen Walzprozesses zur Herstellung von maßgeschneiderten Halbzeugen mit variabler Blechdickenverteilung. Masterarbeit (2019), Erlangen

[S9] Gilbertson, J.: Grundlagenuntersuchung eines flexiblen Walzprozesses zur Herstellung von Halbzeugen mit variabler Blechdicke. Projektarbeit (2019), Erlangen

[S10] Schnirring, D.: Herstellung von maßgeschneiderten Halbzeugen mit definierten Bauteileigenschaften unter Anwendung eines flexiblen Walzprozesses im Kontext der Blechmassivumformung. Bachelorarbeit (2020), Erlangen

Reihenübersicht

Koordination der Reihe (Stand 2022):
Geschäftsstelle Maschinenbau, Dr.-Ing. Oliver Kreis, www.mb.fau.de/diss/

Im Rahmen der Reihe sind bisher die nachfolgenden Bände erschienen.

Band 1 – 52
Fertigungstechnik – Erlangen
ISSN 1431-6226
Carl Hanser Verlag, München

Band 53 – 307
Fertigungstechnik – Erlangen
ISSN 1431-6226
Meisenbach Verlag, Bamberg

ab Band 308
FAU Studien aus dem Maschinenbau
ISSN 2625-9974
FAU University Press, Erlangen

Die Zugehörigkeit zu den jeweiligen Lehrstühlen ist wie folgt gekennzeichnet:

Lehrstühle:

FAPS	Lehrstuhl für Fertigungsautomatisierung und Produktionssystematik
FMT	Lehrstuhl für Fertigungsmesstechnik
KTmfk	Lehrstuhl für Konstruktionstechnik
LFT	Lehrstuhl für Fertigungstechnologie
LGT	Lehrstuhl für Gießereitechnik
LPT	Lehrstuhl für Photonische Technologien
REP	Lehrstuhl für Ressourcen- und Energieeffiziente Produktionsmaschinen

Band 1: Andreas Hemberger
Innovationspotentiale in der rechnerintegrierten Produktion durch wissensbasierte Systeme
FAPS, 208 Seiten, 107 Bilder. 1988.
ISBN 3-446-15234-2.

Band 2: Detlef Classe
Beitrag zur Steigerung der Flexibilität automatisierter Montagesysteme durch Sensorintegration und erweiterte Steuerungskonzepte
FAPS, 194 Seiten, 70 Bilder. 1988.
ISBN 3-446-15529-5.

Band 3: Friedrich-Wilhelm Nolting
Projektierung von Montagesystemen
FAPS, 201 Seiten, 107 Bilder, 1 Tab. 1989.ISBN 3-446-15541-4.

Band 4: Karsten Schlüter
Nutzungsgradsteigerung von Montagesystemen durch den Einsatz der Simulationstechnik
FAPS, 177 Seiten, 97 Bilder. 1989.
ISBN 3-446-15542-2.

Band 5: Shir-Kuan Lin
Aufbau von Modellen zur Lageregelung von Industrierobotern
FAPS, 168 Seiten, 46 Bilder. 1989.
ISBN 3-446-15546-5.

Band 6: Rudolf Nuss
Untersuchungen zur Bearbeitungsqualität im Fertigungssystem Laserstrahlschneiden
LFT, 206 Seiten, 115 Bilder, 6 Tab. 1989. ISBN 3-446-15783-2.

Band 7: Wolfgang Scholz
Modell zur datenbankgestützten Planung automatisierter Montageanlagen
FAPS, 194 Seiten, 89 Bilder. 1989.
ISBN 3-446-15825-1.

Band 8: Hans-Jürgen Wißmeier
Beitrag zur Beurteilung des Bruchverhaltens von Hartmetall-Fließpreßmatrizen
LFT, 179 Seiten, 99 Bilder, 9 Tab. 1989. ISBN 3-446-15921-5.

Band 9: Rainer Eisele
Konzeption und Wirtschaftlichkeit von Planungssystemen in der Produktion
FAPS, 183 Seiten, 86 Bilder. 1990.
ISBN 3-446-16107-4.

Band 10: Rolf Pfeiffer
Technologisch orientierte Montageplanung am Beispiel der Schraubtechnik
FAPS, 216 Seiten, 102 Bilder, 16 Tab. 1990. ISBN 3-446-16161-9.

Band 11: Herbert Fischer
Verteilte Planungssysteme zur Flexibilitätssteigerung der rechnerintegrierten Teilefertigung
FAPS, 201 Seiten, 82 Bilder. 1990.
ISBN 3-446-16105-8.

Band 12: Gerhard Kleineidam
CAD/CAP: Rechnergestützte Montagefeinplanung
FAPS, 203 Seiten, 107 Bilder. 1990.
ISBN 3-446-16112-0.

Band 13: Frank Vollertsen
Pulvermetallurgische Verarbeitung eines übereutektoiden verschleißfesten Stahls
LFT, XIII u. 217 Seiten, 67 Bilder, 34 Tab. 1990.
ISBN 3-446-16133-3.

Band 14: Stephan Biermann
Untersuchungen zur Anlagen- und Prozeßdiagnostik für das Schneiden mit CO2-Hochleistungslasern
LFT, VIII u. 170 Seiten, 93 Bilder, 4 Tab. 1991. ISBN 3-446-16269-0.

Band 15: Uwe Geißler
Material- und Datenfluß in einer flexiblen Blechbearbeitungszelle
LFT, 124 Seiten, 41 Bilder, 7 Tab. 1991. ISBN 3-446-16358-1.

Band 16: Frank Oswald Hake
Entwicklung eines rechnergestützten Diagnosesystems für automatisierte Montagezellen
FAPS, XIV u. 166 Seiten, 77 Bilder. 1991. ISBN 3-446-16428-6.

Band 17: Herbert Reichel
Optimierung der Werkzeugbereitstellung durch rechnergestützte Arbeitsfolgenbestimmung
FAPS, 198 Seiten, 73 Bilder, 2 Tab. 1991. ISBN 3-446-16453-7.

Band 18: Josef Scheller
Modellierung und Einsatz von Softwaresystemen für rechnergeführte Montagezellen
FAPS, 198 Seiten, 65 Bilder. 1991.
ISBN 3-446-16454-5.

Band 19: Arnold vom Ende
Untersuchungen zum Biegeumforme mit elastischer Matrize
LFT, 166 Seiten, 55 Bilder, 13 Tab. 1991. ISBN 3-446-16493-6.

Band 20: Joachim Schmid
Beitrag zum automatisierten Bearbeiten von Keramikguß mit Industrierobotern
FAPS, XIV u. 176 Seiten, 111 Bilder, 6 Tab. 1991.
ISBN 3-446-16560-6.

Band 21: Egon Sommer
Multiprozessorsteuerung für kooperierende Industrieroboter in Montagezellen
FAPS, 188 Seiten, 102 Bilder. 1991.
ISBN 3-446-17062-6.

Band 22: Georg Geyer
Entwicklung problemspezifischer Verfahrensketten in der Montage
FAPS, 192 Seiten, 112 Bilder. 1991.
ISBN 3-446-16552-5.

Band 23: Rainer Flohr
Beitrag zur optimalen Verbindungstechnik in der Oberflächenmontage (SMT)
FAPS, 186 Seiten, 79 Bilder. 1991.
ISBN 3-446-16568-1.

Band 24: Alfons Rief
Untersuchungen zur Verfahrensfolge Laserstrahlschneiden und -schweißen in der Rohkarosseriefertigung
LFT, VI u. 145 Seiten, 58 Bilder, 5 Tab. 1991. ISBN 3-446-16593-2.

Band 25: Christoph Thim
Rechnerunterstützte Optimierung von Materialflußstrukturen in der Elektronikmontage durch Simulation
FAPS, 188 Seiten, 74 Bilder. 1992.
ISBN 3-446-17118-5.

Band 26: Roland Müller
CO2 -Laserstrahlschneiden von kurzglasverstärkten Verbundwerkstoffen
LFT, 141 Seiten, 107 Bilder, 4 Tab. 1992. ISBN 3-446-17104-5.

Band 27: Günther Schäfer
Integrierte Informationsverarbeitung bei der Montageplanung
FAPS, 195 Seiten, 76 Bilder. 1992.
ISBN 3-446-17117-7.

Band 28: Martin Hoffmann
Entwicklung einerCAD/CAM-Prozeßkette für die Herstellung von Blechbiegeteilen
LFT, 149 Seiten, 89 Bilder. 1992.
ISBN 3-446-17154-1.

Band 29: Peter Hoffmann
Verfahrensfolge Laserstrahlschneiden und -schweißen: Prozeßführung und Systemtechnik in der 3D-Laserstrahlbearbeitung von Blechformteilen
LFT, 186 Seiten, 92 Bilder, 10 Tab.
1992. ISBN 3-446-17153-3.

Band 30: Olaf Schrödel
Flexible Werkstattsteuerung mit objektorientierten Softwarestrukturen
FAPS, 180 Seiten, 84 Bilder. 1992.
ISBN 3-446-17242-4.

Band 31: Hubert Reinisch
Planungs- und Steuerungswerkzeuge zur impliziten Geräteprogrammierung in Roboterzellen
FAPS, XI u. 212 Seiten, 112 Bilder.
1992. ISBN 3-446-17380-3.

Band 32: Brigitte Bärnreuther
Ein Beitrag zur Bewertung des Kommunikationsverhaltens von Automatisierungsgeräten in flexiblen Produktionszellen
FAPS, XI u. 179 Seiten, 71 Bilder.
1992. ISBN 3-446-17451-6.

Band 33: Joachim Hutfless
Laserstrahlregelung und Optikdiagnostik in der Strahlführung einer CO2-Hochleistungslaseranlage
LFT, 175 Seiten, 70 Bilder, 17 Tab.
1993. ISBN 3-446-17532-6.

Band 34: Uwe Günzel
Entwicklung und Einsatz eines Simula-tionsverfahrens für operative undstrategische Probleme der Produktionsplanung und -steuerung
FAPS, XIV u. 170 Seiten, 66 Bilder,
5 Tab. 1993. ISBN 3-446-17604-7.

Band 35: Bertram Ehmann
Operatives Fertigungscontrolling durch Optimierung auftragsbezogener Bearbeitungsabläufe in der Elektronikfertigung
FAPS, XV u. 167 Seiten, 114 Bilder.
1993. ISBN 3-446-17658-6.

Band 36: Harald Kolléra
Entwicklung eines benutzerorientierten Werkstattprogrammiersystems für das Laserstrahlschneiden
LFT, 129 Seiten, 66 Bilder, 1 Tab.
1993. ISBN 3-446-17719-1.

Band 37: Stephanie Abels
Modellierung und Optimierung von Montageanlagen in einem integrierten Simulationssystem
FAPS, 188 Seiten, 88 Bilder. 1993.
ISBN 3-446-17731-0.

Band 38: Robert Schmidt-Hebbel
Laserstrahlbohren durchflußbestimmender Durchgangslöcher
LFT, 145 Seiten, 63 Bilder, 11 Tab.
1993. ISBN 3-446-17778-7.

Band 39: Norbert Lutz
Oberflächenfeinbearbeitung keramischer Werkstoffe mit XeCl-Excimerlaserstrahlung
LFT, 187 Seiten, 98 Bilder, 29 Tab.
1994. ISBN 3-446-17970-4.

Band 40: Konrad Grampp
Rechnerunterstützung bei Test und Schulung an Steuerungssoftware von SMD-Bestücklinien
FAPS, 178 Seiten, 88 Bilder. 1995.
ISBN 3-446-18173-3.

Band 41: Martin Koch
Wissensbasierte Unterstützung derAngebotsbearbeitung in der Investitionsgüterindustrie
FAPS, 169 Seiten, 68 Bilder. 1995.
ISBN 3-446-18174-1.

Band 42: Armin Gropp
Anlagen- und Prozeßdiagnostik beim Schneiden mit einem gepulsten Nd:YAG-Laser
LFT, 160 Seiten, 88 Bilder, 7 Tab.
1995. ISBN 3-446-18241-1.

Band 43: Werner Heckel
Optische 3D-Konturerfassung und on-line Biegewinkelmessung mit dem Lichtschnittverfahren
LFT, 149 Seiten, 43 Bilder, 11 Tab.
1995. ISBN 3-446-18243-8.

Band 44: Armin Rothhaupt
Modulares Planungssystem zur Optimierung der Elektronikfertigung
FAPS, 180 Seiten, 101 Bilder. 1995.
ISBN 3-446-18307-8.

Band 45: Bernd Zöllner
Adaptive Diagnose in der Elektronikproduktion
FAPS, 195 Seiten, 74 Bilder, 3 Tab.
1995. ISBN 3-446-18308-6.

Band 46: Bodo Vormann
Beitrag zur automatisierten Handhabungsplanung komplexer Blechbiegeteile
LFT, 126 Seiten, 89 Bilder, 3 Tab.
1995. ISBN 3-446-18345-0.

Band 47: Peter Schnepf
Zielkostenorientierte Montageplanung
FAPS, 144 Seiten, 75 Bilder. 1995.
ISBN 3-446-18397-3.

Band 48: Rainer Klotzbücher
Konzept zur rechnerintegrierten Materialversorgung in flexiblen Fertigungssystemen
FAPS, 156 Seiten, 62 Bilder. 1995.
ISBN 3-446-18412-0.

Band 49: Wolfgang Greska
Wissensbasierte Analyse undKlassifizierung von Blechteilen
LFT, 144 Seiten, 96 Bilder. 1995.
ISBN 3-446-18462-7.

Band 50: Jörg Franke
Integrierte Entwicklung neuer Produkt- und Produktionstechnologien für räumliche spritzgegossene Schaltungsträger (3-D MID)
FAPS, 196 Seiten, 86 Bilder, 4 Tab.
1995. ISBN 3-446-18448-1.

Band 51: Franz-Josef Zeller
Sensorplanung und schnelle Sensorregelung für Industrieroboter
FAPS, 190 Seiten, 102 Bilder, 9 Tab.
1995. ISBN 3-446-18601-8.

Band 52: Michael Solvie
Zeitbehandlung und Multimedia-Unterstützung in Feldkommunikationssystemen
FAPS, 200 Seiten, 87 Bilder, 35
Tab. 1996. ISBN 3-446-18607-7.

Band 53: Robert Hopperdietzel
Reengineering in der Elektro- und Elektronikindustrie
FAPS, 180 Seiten, 109 Bilder, 1 Tab.
1996. ISBN 3-87525-070-2.

Band 54: Thomas Rebhahn
Beitrag zur Mikromaterialbearbeitung mit Excimerlasern - Systemkomponenten und Verfahrensoptimierungen
LFT, 148 Seiten, 61 Bilder, 10 Tab.
1996. ISBN 3-87525-075-3.

Band 55: Henning Hanebuth
Laserstrahlhartlöten mit Zweistrahltechnik
LFT, 157 Seiten, 58 Bilder, 11 Tab.
1996. ISBN 3-87525-074-5.

Band 56: Uwe Schönherr
Steuerung und Sensordatenintegration für flexible Fertigungszellen mitkooperierenden Robotern
FAPS, 188 Seiten, 116 Bilder, 3 Tab.
1996. ISBN 3-87525-076-1.

Band 57: Stefan Holzer
Berührungslose Formgebung mit Laserstrahlung
LFT, 162 Seiten, 69 Bilder, 11 Tab.
1996. ISBN 3-87525-079-6.

Band 58: Markus Schultz
Fertigungsqualität beim 3D-Laserstrahlschweißen vonBlechformteilen
LFT, 165 Seiten, 88 Bilder, 9 Tab.
1997. ISBN 3-87525-080-X.

Band 59: Thomas Krebs
Integration elektromechanischer CA-Anwendungen über einem STEP-Produktmodell
FAPS, 198 Seiten, 58 Bilder, 8 Tab.
1997. ISBN 3-87525-081-8.

Band 60: Jürgen Sturm
Prozeßintegrierte Qualitätssicherung in der Elektronikproduktion
FAPS, 167 Seiten, 112 Bilder, 5 Tab.
1997. ISBN 3-87525-082-6.

Band 61: Andreas Brand
Prozesse und Systeme zur Bestückung räumlicher elektronischer Baugruppen (3D-MID)
FAPS, 182 Seiten, 100 Bilder. 1997.
ISBN 3-87525-087-7.

Band 62: Michael Kauf
Regelung der Laserstrahlleistung und der Fokusparameter einer CO2-Hochleistungslaseranlage
LFT, 140 Seiten, 70 Bilder, 5 Tab.
1997. ISBN 3-87525-083-4.

Band 63: Peter Steinwasser
Modulares Informationsmanagement in der integrierten Produkt- und Prozeßplanung
FAPS, 190 Seiten, 87 Bilder. 1997.
ISBN 3-87525-084-2.

Band 64: Georg Liedl
Integriertes Automatisierungskonzept für den flexiblen Materialfluß in der Elektronikproduktion
FAPS, 196 Seiten, 96 Bilder, 3 Tab.
1997. ISBN 3-87525-086-9.

Band 65: Andreas Otto
Transiente Prozesse beim Laserstrahlschweißen
LFT, 132 Seiten, 62 Bilder, 1 Tab.
1997. ISBN 3-87525-089-3.

Band 66: Wolfgang Blöchl
Erweiterte Informationsbereitstellung an offenen CNC-Steuerungen zur Prozeß- und Programmoptimierung
FAPS, 168 Seiten, 96 Bilder. 1997.
ISBN 3-87525-091-5.

Band 67: Klaus-Uwe Wolf
Verbesserte Prozeßführung und Prozeßplanung zur Leistungs- und Qualitätssteigerung beim Spulenwickeln
FAPS, 186 Seiten, 125 Bilder. 1997.
ISBN 3-87525-092-3.

Band 68: Frank Backes
Technologieorientierte Bahnplanung für die 3D-Laserstrahlbearbeitung
LFT, 138 Seiten, 71 Bilder, 2 Tab.
1997. ISBN 3-87525-093-1.

Band 69: Jürgen Kraus
Laserstrahlumformen von Profilen
LFT, 137 Seiten, 72 Bilder, 8 Tab.
1997. ISBN 3-87525-094-X.

Band 70: Norbert Neubauer
Adaptive Strahlführungen für CO2-Laseranlagen
LFT, 120 Seiten, 50 Bilder, 3 Tab.
1997. ISBN 3-87525-095-8.

Band 71: Michael Steber
Prozeßoptimierter Betrieb flexibler Schraubstationen in der automatisierten Montage
FAPS, 168 Seiten, 78 Bilder, 3 Tab.
1997. ISBN 3-87525-096-6.

Band 72: Markus Pfestorf
Funktionale 3D-Oberflächenkenngrößen in der Umformtechnik
LFT, 162 Seiten, 84 Bilder, 15 Tab.
1997. ISBN 3-87525-097-4.

Band 73: Volker Franke
Integrierte Planung und Konstruktion von Werkzeugen für die Biegebearbeitung
LFT, 143 Seiten, 81 Bilder. 1998.
ISBN 3-87525-098-2.

Band 74: Herbert Scheller
Automatisierte Demontagesysteme und recyclinggerechte Produktgestaltung elektronischer Baugruppen
FAPS, 184 Seiten, 104 Bilder, 17 Tab. 1998. ISBN 3-87525-099-0.

Band 75: Arthur Meßner
Kaltmassivumformung metallischer Kleinstteile – Werkstoffverhalten, Wirkflächenreibung, Prozeßauslegung
LFT, 164 Seiten, 92 Bilder, 14 Tab.
1998. ISBN 3-87525-100-8.

Band 76: Mathias Glasmacher
Prozeß- und Systemtechnik zum Laserstrahl-Mikroschweißen
LFT, 184 Seiten, 104 Bilder, 12 Tab.
1998. ISBN 3-87525-101-6.

Band 77: Michael Schwind
Zerstörungsfreie Ermittlung mechanischer Eigenschaften von Feinblechen mit dem Wirbelstromverfahren
LFT, 124 Seiten, 68 Bilder, 8 Tab.
1998. ISBN 3-87525-102-4.

Band 78: Manfred Gerhard
Qualitätssteigerung in der Elektronikproduktion durch Optimierung der Prozeßführung beim Löten komplexer Baugruppen
FAPS, 179 Seiten, 113 Bilder, 7 Tab.
1998. ISBN 3-87525-103-2.

Band 79: Elke Rauh
Methodische Einbindung der Simulation in die betrieblichen Planungs- und Entscheidungsabläufe
FAPS, 192 Seiten, 114 Bilder, 4 Tab.
1998. ISBN 3-87525-104-0.

Band 80: Sorin Niederkorn
Meßeinrichtung zur Untersuchung der Wirkflächenreibung bei umformtechnischen Prozessen
LFT, 99 Seiten, 46 Bilder, 6 Tab. 1998. ISBN 3-87525-105-9.

Band 81: Stefan Schuberth
Regelung der Fokuslage beim Schweißen mit CO2-Hochleistungslasern unter Einsatz von adaptiven Optiken
LFT, 140 Seiten, 64 Bilder, 3 Tab. 1998. ISBN 3-87525-106-7.

Band 82: Armando Walter Colombo
Development and Implementation of Hierarchical Control Structures of Flexible Production Systems Using High Level Petri Nets
FAPS, 216 Seiten, 86 Bilder. 1998. ISBN 3-87525-109-1.

Band 83: Otto Meedt
Effizienzsteigerung bei Demontage und Recycling durch flexible Demontagetechnologien und optimierte Produktgestaltung
FAPS, 186 Seiten, 103 Bilder. 1998. ISBN 3-87525-108-3.

Band 84: Knuth Götz
Modelle und effiziente Modellbildung zur Qualitätssicherung in der Elektronikproduktion
FAPS, 212 Seiten, 129 Bilder, 24 Tab. 1998. ISBN 3-87525-112-1.

Band 85: Ralf Luchs
Einsatzmöglichkeiten leitender Klebstoffe zur zuverlässigen Kontaktierung elektronischer Bauelemente in der SMT
FAPS, 176 Seiten, 126 Bilder, 30 Tab. 1998. ISBN 3-87525-113-7.

Band 86: Frank Pöhlau
Entscheidungsgrundlagen zur Einführung räumlicher spritzgegossener Schaltungsträger (3-D MID)
FAPS, 144 Seiten, 99 Bilder. 1999. ISBN 3-87525-114-8.

Band 87: Roland T. A. Kals
Fundamentals on the miniaturization of sheet metal working processes
LFT, 128 Seiten, 58 Bilder, 11 Tab. 1999. ISBN 3-87525-115-6.

Band 88: Gerhard Luhn
Implizites Wissen und technisches Handeln am Beispiel der Elektronikproduktion
FAPS, 252 Seiten, 61 Bilder, 1 Tab. 1999. ISBN 3-87525-116-4.

Band 89: Axel Sprenger
Adaptives Streckbiegen von Aluminium-Strangpreßprofilen
LFT, 114 Seiten, 63 Bilder, 4 Tab. 1999. ISBN 3-87525-117-2.

Band 90: Hans-Jörg Pucher
Untersuchungen zur Prozeßfolge Umformen, Bestücken und Laserstrahllöten von Mikrokontakten
LFT, 158 Seiten, 69 Bilder, 9 Tab. 1999. ISBN 3-87525-119-9.

Band 91: Horst Arnet
Profilbiegen mit kinematischer Gestalterzeugung
LFT, 128 Seiten, 67 Bilder, 7 Tab. 1999. ISBN 3-87525-120-2.

Band 92: Doris Schubart
Prozeßmodellierung und Technologieentwicklung beim Abtragen mit CO2-Laserstrahlung
LFT, 133 Seiten, 57 Bilder, 13 Tab. 1999. ISBN 3-87525-122-9.

Band 93: Adrianus L. P. Coremans
Laserstrahlsintern von Metallpulver - Prozeßmodellierung, Systemtechnik, Eigenschaften laserstrahlgesinterter Metallkörper
LFT, 184 Seiten, 108 Bilder, 12 Tab. 1999. ISBN 3-87525-124-5.

Band 94: Hans-Martin Biehler
Optimierungskonzepte für Qualitätsdatenverarbeitung und Informationsbereitstellung in der Elektronikfertigung
FAPS, 194 Seiten, 105 Bilder. 1999. ISBN 3-87525-126-1.

Band 95: Wolfgang Becker
Oberflächenausbildung und tribologische Eigenschaften excimerlaserstrahlbearbeiteter Hochleistungskeramiken
LFT, 175 Seiten, 71 Bilder, 3 Tab. 1999. ISBN 3-87525-127-X.

Band 96: Philipp Hein
Innenhochdruck-Umformen von Blechpaaren: Modellierung, Prozeßauslegung und Prozeßführung
LFT, 129 Seiten, 57 Bilder, 7 Tab. 1999. ISBN 3-87525-128-8.

Band 97: Gunter Beitinger
Herstellungs- und Prüfverfahren für thermoplastische Schaltungsträger
FAPS, 169 Seiten, 92 Bilder, 20 Tab. 1999. ISBN 3-87525-129-6.

Band 98: Jürgen Knoblach
Beitrag zur rechnerunterstützten verursachungsgerechten Angebotskalkulation von Blechteilen mit Hilfe wissensbasierter Methoden
LFT, 155 Seiten, 53 Bilder, 26 Tab. 1999. ISBN 3-87525-130-X.

Band 99: Frank Breitenbach
Bildverarbeitungssystem zur Erfassung der Anschlußgeometrie elektronischer SMT-Bauelemente
LFT, 147 Seiten, 92 Bilder, 12 Tab. 2000. ISBN 3-87525-131-8.

Band 100: Bernd Falk
Simulationsbasierte Lebensdauervorhersage für Werkzeuge der Kaltmassivumformung
LFT, 134 Seiten, 44 Bilder, 15 Tab. 2000. ISBN 3-87525-136-9.

Band 101: Wolfgang Schlögl
Integriertes Simulationsdaten-Management für Maschinenentwicklung und Anlagenplanung
FAPS, 169 Seiten, 101 Bilder, 20 Tab. 2000. ISBN 3-87525-137-7.

Band 102: Christian Hinsel
Ermüdungsbruchversagen hartstoffbeschichteter Werkzeugstähle in der Kaltmassivumformung
LFT, 130 Seiten, 80 Bilder, 14 Tab. 2000. ISBN 3-87525-138-5.

Band 103: Stefan Bobbert
Simulationsgestützte Prozessauslegung für das Innenhochdruck-Umformen von Blechpaaren
LFT, 123 Seiten, 77 Bilder. 2000. ISBN 3-87525-145-8.

Band 104: Harald Rottbauer
Modulares Planungswerkzeug zum Produktionsmanagement in der Elektronikproduktion
FAPS, 166 Seiten, 106 Bilder. 2001.
ISBN 3-87525-139-3.

Band 105: Thomas Hennige
Flexible Formgebung von Blechen durch Laserstrahlumformen
LFT, 119 Seiten, 50 Bilder. 2001.
ISBN 3-87525-140-7.

Band 106: Thomas Menzel
Wissensbasierte Methoden für die rechnergestützte Charakterisierung und Bewertung innovativer Fertigungsprozesse
LFT, 152 Seiten, 71 Bilder. 2001.
ISBN 3-87525-142-3.

Band 107: Thomas Stöckel
Kommunikationstechnische Integration der Prozeßebene in Produktionssysteme durch Middleware-Frameworks
FAPS, 147 Seiten, 65 Bilder, 5 Tab.
2001. ISBN 3-87525-143-1.

Band 108: Frank Pitter
Verfügbarkeitssteigerung von Werkzeugmaschinen durch Einsatz mechatronischer Sensorlösungen
FAPS, 158 Seiten, 131 Bilder, 8 Tab.
2001. ISBN 3-87525-144-X.

Band 109: Markus Korneli
Integration lokaler CAP-Systeme in einen globalen Fertigungsdatenverbund
FAPS, 121 Seiten, 53 Bilder, 11 Tab.
2001. ISBN 3-87525-146-6.

Band 110: Burkhard Müller
Laserstrahljustieren mit Excimer-Lasern - Prozeßparameter und Modelle zur Aktorkonstruktion
LFT, 128 Seiten, 36 Bilder, 9 Tab.
2001. ISBN 3-87525-159-8.

Band 111: Jürgen Göhringer
Integrierte Telediagnose via Internet zum effizienten Service von Produktionssystemen
FAPS, 178 Seiten, 98 Bilder, 5 Tab.
2001. ISBN 3-87525-147-4.

Band 112: Robert Feuerstein
Qualitäts- und kosteneffiziente Integration neuer Bauelementetechnologien in die Flachbaugruppenfertigung
FAPS, 161 Seiten, 99 Bilder, 10 Tab.
2001. ISBN 3-87525-151-2.

Band 113: Marcus Reichenberger
Eigenschaften und Einsatzmöglichkeiten alternativer Elektroniklote in der Oberflächenmontage (SMT)
FAPS, 165 Seiten, 97 Bilder, 18 Tab.
2001. ISBN 3-87525-152-0.

Band 114: Alexander Huber
Justieren vormontierter Systeme mit dem Nd:YAG-Laser unter Einsatz von Aktoren
LFT, 122 Seiten, 58 Bilder, 5 Tab.
2001. ISBN 3-87525-153-9.

Band 115: Sami Krimi
Analyse und Optimierung von Montagesystemen in der Elektronikproduktion
FAPS, 155 Seiten, 88 Bilder, 3 Tab.
2001. ISBN 3-87525-157-1.

Band 116: Marion Merklein
Laserstrahlumformen von Aluminiumwerkstoffen - Beeinflussung der Mikrostruktur und der mechanischen Eigenschaften
LFT, 122 Seiten, 65 Bilder, 15 Tab.
2001. ISBN 3-87525-156-3.

Band 117: Thomas Collisi
Ein informationslogistisches Architekturkonzept zur Akquisition simulationsrelevanter Daten
FAPS, 181 Seiten, 105 Bilder, 7 Tab.
2002. ISBN 3-87525-164-4.

Band 118: Markus Koch
Rationalisierung und ergonomische Optimierung im Innenausbau durch den Einsatz moderner Automatisierungstechnik
FAPS, 176 Seiten, 98 Bilder, 9 Tab.
2002. ISBN 3-87525-165-2.

Band 119: Michael Schmidt
Prozeßregelung für das Laserstrahl-Punktschweißen in der Elektronikproduktion
LFT, 152 Seiten, 71 Bilder, 3 Tab.
2002. ISBN 3-87525-166-0.

Band 120: Nicolas Tiesler
Grundlegende Untersuchungen zum Fließpressen metallischer Kleinstteile
LFT, 126 Seiten, 78 Bilder, 12 Tab.
2002. ISBN 3-87525-175-X.

Band 121: Lars Pursche
Methoden zur technologieorientierten Programmierung für die 3D-Lasermikrobearbeitung
LFT, 111 Seiten, 39 Bilder, 0 Tab.
2002. ISBN 3-87525-183-0.

Band 122: Jan-Oliver Brassel
Prozeßkontrolle beim Laserstrahl-Mikroschweißen
LFT, 148 Seiten, 72 Bilder, 12 Tab.
2002. ISBN 3-87525-181-4.

Band 123: Mark Geisel
Prozeßkontrolle und -steuerung beim Laserstrahlschweißen mit den Methoden der nichtlinearen Dynamik
LFT, 135 Seiten, 46 Bilder, 2 Tab.
2002. ISBN 3-87525-180-6.

Band 124: Gerd Eßer
Laserstrahlunterstützte Erzeugung metallischer Leiterstrukturen auf Thermoplastsubstraten für die MID-Technik
LFT, 148 Seiten, 60 Bilder, 6 Tab.
2002. ISBN 3-87525-171-7.

Band 125: Marc Fleckenstein
Qualität laserstrahl-gefügter Mikroverbindungen elektronischer Kontakte
LFT, 159 Seiten, 77 Bilder, 7 Tab.
2002. ISBN 3-87525-170-9.

Band 126: Stefan Kaufmann
Grundlegende Untersuchungen zum Nd:YAG- Laserstrahlfügen von Silizium für Komponenten der Optoelektronik
LFT, 159 Seiten, 100 Bilder, 6 Tab.
2002. ISBN 3-87525-172-5.

Band 127: Thomas Fröhlich
Simultanes Löten von Anschlußkontakten elektronischer Bauelemente mit Diodenlaserstrahlung
LFT, 143 Seiten, 75 Bilder, 6 Tab.
2002. ISBN 3-87525-186-5.

Band 128: Achim Hofmann
Erweiterung der Formgebungsgrenzen beim Umformen von Aluminiumwerkstoffen durch den Einsatz prozessangepasster Platinen
LFT, 113 Seiten, 58 Bilder, 4 Tab. 2002. ISBN 3-87525-182-2.

Band 129: Ingo Kriebitzsch
3 - D MID Technologie in der Automobilelektronik
FAPS, 129 Seiten, 102 Bilder, 10 Tab. 2002. ISBN 3-87525-169-5.

Band 130: Thomas Pohl
Fertigungsqualität und Umformbarkeit laserstrahlgeschweißter Formplatinen aus Aluminiumlegierungen
LFT, 133 Seiten, 93 Bilder, 12 Tab. 2002. ISBN 3-87525-173-3.

Band 131: Matthias Wenk
Entwicklung eines konfigurierbaren Steuerungssystems für die flexible Sensorführung von Industrierobotern
FAPS, 167 Seiten, 85 Bilder, 1 Tab. 2002. ISBN 3-87525-174-1.

Band 132: Matthias Negendanck
Neue Sensorik und Aktorik für Bearbeitungsköpfe zum Laserstrahlschweißen
LFT, 116 Seiten, 60 Bilder, 14 Tab. 2002. ISBN 3-87525-184-9.

Band 133: Oliver Kreis
Integrierte Fertigung - Verfahrensintegration durch Innenhochdruck-Umformen, Trennen und Laserstrahlschweißen in einem Werkzeug sowie ihre tele- und multimediale Präsentation
LFT, 167 Seiten, 90 Bilder, 43 Tab. 2002. ISBN 3-87525-176-8.

Band 134: Stefan Trautner
Technische Umsetzung produktbezogener Instrumente der Umweltpolitik bei Elektro- und Elektronikgeräten
FAPS, 179 Seiten, 92 Bilder, 11 Tab. 2002. ISBN 3-87525-177-6.

Band 135: Roland Meier
Strategien für einen produktorientierten Einsatz räumlicher spritzgegossener Schaltungsträger (3-D MID)
FAPS, 155 Seiten, 88 Bilder, 14 Tab. 2002. ISBN 3-87525-178-4.

Band 136: Jürgen Wunderlich
Kostensimulation - Simulationsbasierte Wirtschaftlichkeitsregelung komplexer Produktionssysteme
FAPS, 202 Seiten, 119 Bilder, 17 Tab. 2002. ISBN 3-87525-179-2.

Band 137: Stefan Novotny
Innenhochdruck-Umformen von Blechen aus Aluminium- und Magnesiumlegierungen bei erhöhter Temperatur
LFT, 132 Seiten, 82 Bilder, 6 Tab. 2002. ISBN 3-87525-185-7.

Band 138: Andreas Licha
Flexible Montageautomatisierung zur Komplettmontage flächenhafter Produktstrukturen durch kooperierende Industrieroboter
FAPS, 158 Seiten, 87 Bilder, 8 Tab. 2003. ISBN 3-87525-189-X.

Band 139: Michael Eisenbarth
Beitrag zur Optimierung der Aufbau- und Verbindungstechnik für mechatronische Baugruppen
FAPS, 207 Seiten, 141 Bilder, 9 Tab. 2003. ISBN 3-87525-190-3.

Band 140: Frank Christoph
Durchgängige simulationsgestützte Planung von Fertigungseinrichtungen der Elektronikproduktion
FAPS, 187 Seiten, 107 Bilder, 9 Tab. 2003. ISBN 3-87525-191-1.

Band 141: Hinnerk Hagenah
Simulationsbasierte Bestimmung der zu erwartenden Maßhaltigkeit für das Blechbiegen
LFT, 131 Seiten, 36 Bilder, 26 Tab. 2003. ISBN 3-87525-192-X.

Band 142: Ralf Eckstein
Scherschneiden und Biegen metallischer Kleinstteile - Materialeinfluss und Materialverhalten
LFT, 148 Seiten, 71 Bilder, 19 Tab. 2003. ISBN 3-87525-193-8.

Band 143: Frank H. Meyer-Pittroff
Excimerlaserstrahlbiegen dünner metallischer Folien mit homogener Lichtlinie
LFT, 138 Seiten, 60 Bilder, 16 Tab. 2003. ISBN 3-87525-196-2.

Band 144: Andreas Kach
Rechnergestützte Anpassung von Laserstrahlschneidbahnen an Bauteilabweichungen
LFT, 139 Seiten, 69 Bilder, 11 Tab. 2004. ISBN 3-87525-197-0.

Band 145: Stefan Hierl
System- und Prozeßtechnik für das simultane Löten mit Diodenlaserstrahlung von elektronischen Bauelementen
LFT, 124 Seiten, 66 Bilder, 4 Tab. 2004. ISBN 3-87525-198-9.

Band 146: Thomas Neudecker
Tribologische Eigenschaften keramischer Blechumformwerkzeuge-Einfluss einer Oberflächenendbearbeitung mittels Excimerlaserstrahlung
LFT, 166 Seiten, 75 Bilder, 26 Tab. 2004. ISBN 3-87525-200-4.

Band 147: Ulrich Wenger
Prozessoptimierung in der Wickeltechnik durch innovative maschinenbauliche und regelungstechnische Ansätze
FAPS, 132 Seiten, 88 Bilder, 0 Tab. 2004. ISBN 3-87525-203-9.

Band 148: Stefan Slama
Effizienzsteigerung in der Montage durch marktorientierte Montagestrukturen und erweiterte Mitarbeiterkompetenz
FAPS, 188 Seiten, 125 Bilder, 0 Tab. 2004. ISBN 3-87525-204-7.

Band 149: Thomas Wurm
Laserstrahljustieren mittels Aktoren-Entwicklung von Konzepten und Methoden für die rechnerunterstützte Modellierung und Optimierung von komplexen Aktorsystemen in der Mikrotechnik
LFT, 122 Seiten, 51 Bilder, 9 Tab. 2004. ISBN 3-87525-206-3.

Band 150: Martino Celeghini
Wirkmedienbasierte Blechumformung: Grundlagenuntersuchungen zum Einfluss von Werkstoff und Bauteilgeometrie
LFT, 146 Seiten, 77 Bilder, 6 Tab.
2004. ISBN 3-87525-207-1.

Band 151: Ralph Hohenstein
Entwurf hochdynamischer Sensor- und Regelsysteme für die adaptiveLaserbearbeitung
LFT, 282 Seiten, 63 Bilder, 16 Tab.
2004. ISBN 3-87525-210-1.

Band 152: Angelika Hutterer
Entwicklung prozessüberwachender Regelkreise für flexible Formgebungsprozesse
LFT, 149 Seiten, 57 Bilder, 2 Tab.
2005. ISBN 3-87525-212-8.

Band 153: Emil Egerer
Massivumformen metallischer Kleinstteile bei erhöhter Prozesstemperatur
LFT, 158 Seiten, 87 Bilder, 10 Tab.
2005. ISBN 3-87525-213-6.

Band 154: Rüdiger Holzmann
Strategien zur nachhaltigen Optimierung von Qualität und Zuverlässigkeit in der Fertigung hochintegrierter Flachbaugruppen
FAPS, 186 Seiten, 99 Bilder, 19 Tab.
2005. ISBN 3-87525-217-9.

Band 155: Marco Nock
Biegeumformen mit Elastomerwerkzeugen Modellierung, Prozessauslegung und Abgrenzung des Verfahrens am Beispiel des Rohrbiegens
LFT, 164 Seiten, 85 Bilder, 13 Tab.
2005. ISBN 3-87525-218-7.

Band 156: Frank Niebling
Qualifizierung einer Prozesskette zum Laserstrahlsintern metallischer Bauteile
LFT, 148 Seiten, 89 Bilder, 3 Tab.
2005. ISBN 3-87525-219-5.

Band 157: Markus Meiler
Großserientauglichkeit trockenschmierstoffbeschichteter Aluminiumbleche im Presswerk Grundlegende Untersuchungen zur Tribologie, zum Umformverhalten und Bauteilversuche
LFT, 104 Seiten, 57 Bilder, 21 Tab.
2005. ISBN 3-87525-221-7.

Band 158: Agus Sutanto
Solution Approaches for Planning of Assembly Systems in Three-Dimensional Virtual Environments
FAPS, 169 Seiten, 98 Bilder, 3 Tab.
2005. ISBN 3-87525-220-9.

Band 159: Matthias Boiger
Hochleistungssysteme für die Fertigung elektronischer Baugruppen auf der Basis flexibler Schaltungsträger
FAPS, 175 Seiten, 111 Bilder, 8 Tab.
2005. ISBN 3-87525-222-5.

Band 160: Matthias Pitz
Laserunterstütztes Biegen höchstfester Mehrphasenstähle
LFT, 120 Seiten, 73 Bilder, 11 Tab.
2005. ISBN 3-87525-223-3.

Band 161: Meik Vahl
Beitrag zur gezielten Beeinflussung des Werkstoffflusses beim Innenhochdruck-Umformen von Blechen
LFT, 165 Seiten, 94 Bilder, 15 Tab.
2005. ISBN 3-87525-224-1.

Band 162: Peter K. Kraus
Plattformstrategien - Realisierung einer varianz- und kostenoptimierten Wertschöpfung
FAPS, 181 Seiten, 95 Bilder, 0 Tab.
2005. ISBN 3-87525-226-8.

Band 163: Adrienn Cser
Laserstrahlschmelzabtrag - Prozessanalyse und -modellierung
LFT, 146 Seiten, 79 Bilder, 3 Tab.
2005. ISBN 3-87525-227-6.

Band 164: Markus C. Hahn
Grundlegende Untersuchungen zur Herstellung von Leichtbauverbundstrukturen mit Aluminiumschaumkern
LFT, 143 Seiten, 60 Bilder, 16 Tab.
2005. ISBN 3-87525-228-4.

Band 165: Gordana Michos
Mechatronische Ansätze zur Optimierung von Vorschubachsen
FAPS, 146 Seiten, 87 Bilder, 17 Tab.
2005. ISBN 3-87525-230-6.

Band 166: Markus Stark
Auslegung und Fertigung hochpräziser Faser-Kollimator-Arrays
LFT, 158 Seiten, 115 Bilder, 11 Tab.
2005. ISBN 3-87525-231-4.

Band 167: Yurong Zhou
Kollaboratives Engineering Management in der integrierten virtuellen Entwicklung der Anlagen für die Elektronikproduktion
FAPS, 156 Seiten, 84 Bilder, 6 Tab.
2005. ISBN 3-87525-232-2.

Band 168: Werner Enser
Neue Formen permanenter und lösbarer elektrischer Kontaktierungen für mechatronische Baugruppen
FAPS, 190 Seiten, 112 Bilder, 5 Tab.
2005. ISBN 3-87525-233-0.

Band 169: Katrin Melzer
Integrierte Produktpolitik bei elektrischen und elektronischen Geräten zur Optimierung des Product-Life-Cycle
FAPS, 155 Seiten, 91 Bilder, 17 Tab.
2005. ISBN 3-87525-234-9.

Band 170: Alexander Putz
Grundlegende Untersuchungen zur Erfassung der realen Vorspannung von armierten Kaltfließpresswerkzeugen mittels Ultraschall
LFT, 137 Seiten, 71 Bilder, 15 Tab.
2006. ISBN 3-87525-237-3.

Band 171: Martin Prechtl
Automatisiertes Schichtverfahren für metallische Folien - System- und Prozesstechnik
LFT, 154 Seiten, 45 Bilder, 7 Tab.
2006. ISBN 3-87525-238-1.

Band 172: Markus Meidert
Beitrag zur deterministischen Lebensdauerabschätzung von Werkzeugen der Kaltmassivumformung
LFT, 131 Seiten, 78 Bilder, 9 Tab.
2006. ISBN 3-87525-239-X.

Band 173: Bernd Müller
Robuste, automatisierte Montagesysteme durch adaptive Prozessführung und montageübergreifende Fehlerprävention am Beispiel flächiger Leichtbauteile
FAPS, 147 Seiten, 77 Bilder, 0 Tab.
2006. ISBN 3-87525-240-3.

Band 174: Alexander Hofmann
Hybrides Laserdurchstrahlschweißen von Kunststoffen
LFT, 136 Seiten, 72 Bilder, 4 Tab.
2006. ISBN 978-3-87525-243-9.

Band 175: Peter Wölflick
Innovative Substrate und Prozesse mit feinsten Strukturen für bleifreie Mechatronik-Anwendungen
FAPS, 177 Seiten, 148 Bilder, 24 Tab. 2006.
ISBN 978-3-87525-246-0.

Band 176: Attila Komlodi
Detection and Prevention of Hot Cracks during Laser Welding of Aluminium Alloys Using Advanced Simulation Methods
LFT, 155 Seiten, 89 Bilder, 14 Tab. 2006. ISBN 978-3-87525-248-4.

Band 177: Uwe Popp
Grundlegende Untersuchungen zum Laserstrahlstrukturieren von Kaltmassivumformwerkzeugen
LFT, 140 Seiten, 67 Bilder, 16 Tab. 2006. ISBN 978-3-87525-249-1.

Band 178: Veit Rückel
Rechnergestützte Ablaufplanung und Bahngenerierung Für kooperierende Industrieroboter
FAPS, 148 Seiten, 75 Bilder, 7 Tab. 2006. ISBN 978-3-87525-250-7.

Band 179: Manfred Dirscherl
Nicht-thermische Mikrojustiertechnik mittels ultrakurzer Laserpulse
LFT, 154 Seiten, 69 Bilder, 10 Tab. 2007. ISBN 978-3-87525-251-4.

Band 180: Yong Zhuo
Entwurf eines rechnergestützten integrierten Systems für Konstruktion und Fertigungsplanung räumlicher spritzgegossener Schaltungsträger (3D-MID)
FAPS, 181 Seiten, 95 Bilder, 5 Tab. 2007. ISBN 978-3-87525-253-8.

Band 181: Stefan Lang
Durchgängige Mitarbeiterinformation zur Steigerung von Effizienz und Prozesssicherheit in der Produktion
FAPS, 172 Seiten, 93 Bilder. 2007.
ISBN 978-3-87525-257-6.

Band 182: Hans-Joachim Krauß
Laserstrahlinduzierte Pyrolyse präkeramischer Polymere
LFT, 171 Seiten, 100 Bilder. 2007.
ISBN 978-3-87525-258-3.

Band 183: Stefan Junker
Technologien und Systemlösungen für die flexibel automatisierte Bestückung permanent erregter Läufer mit oberflächenmontierten Dauermagneten
FAPS, 173 Seiten, 75 Bilder. 2007.
ISBN 978-3-87525-259-0.

Band 184: Rainer Kohlbauer
Wissensbasierte Methoden für die simulationsgestützte Auslegung wirkmedienbasierter Blechumformprozesse
LFT, 135 Seiten, 50 Bilder. 2007.
ISBN 978-3-87525-260-6.

Band 185: Klaus Lamprecht
Wirkmedienbasierte Umformung tiefgezogener Vorformen unter besonderer Berücksichtigung maßgeschneiderter Halbzeuge
LFT, 137 Seiten, 81 Bilder. 2007.
ISBN 978-3-87525-265-1.

Band 186: Bernd Zolleiß
Optimierte Prozesse und Systeme für die Bestückung mechatronischerBaugruppen
FAPS, 180 Seiten, 117 Bilder. 2007.
ISBN 978-3-87525-266-8.

Band 187: Michael Kerausch
Simulationsgestützte Prozessauslegung für das Umformen lokal wärmebehandelter Aluminiumplatinen
LFT, 146 Seiten, 76 Bilder, 7 Tab. 2007. ISBN 978-3-87525-267-5.

Band 188: Matthias Weber
Unterstützung der Wandlungsfähigkeit von Produktionsanlagen durch innovative Softwaresysteme
FAPS, 183 Seiten, 122 Bilder, 3 Tab. 2007. ISBN 978-3-87525-269-9.

Band 189: Thomas Frick
Untersuchung der prozessbestimmenden Strahl-Stoff-Wechselwirkungen beim Laserstrahlschweißen von Kunststoffen
LFT, 104 Seiten, 62 Bilder, 8 Tab. 2007. ISBN 978-3-87525-268-2.

Band 190: Joachim Hecht
Werkstoffcharakterisierung und Prozessauslegung für die wirkmedienbasierte Doppelblech-Umformung von Magnesiumlegierungen
LFT, 107 Seiten, 91 Bilder, 2 Tab. 2007. ISBN 978-3-87525-270-5.

Band 191: Ralf Völkl
Stochastische Simulation zur Werkzeuglebensdaueroptimierung und Präzisionsfertigung in der Kaltmassivumformung
LFT, 178 Seiten, 75 Bilder, 12 Tab. 2008. ISBN 978-3-87525-272-9.

Band 192: Massimo Tolazzi
Innenhochdruck-Umformen verstärkter Blech-Rahmenstrukturen
LFT, 164 Seiten, 85 Bilder, 7 Tab. 2008. ISBN 978-3-87525-273-6.

Band 193: Cornelia Hoff
Untersuchung der Prozesseinflussgrößen beim Presshärten des höchstfesten Vergütungsstahls 22MnB5
LFT, 133 Seiten, 92 Bilder, 5 Tab. 2008. ISBN 978-3-87525-275-0.

Band 194: Christian Alvarez
Simulationsgestützte Methoden zur effizienten Gestaltung von Lötprozessen in der Elektronikproduktion
FAPS, 149 Seiten, 86 Bilder, 8 Tab. 2008. ISBN 978-3-87525-277-4.

Band 195: Andreas Kunze
Automatisierte Montage von makromechatronischen Modulen zur flexiblen Integration in hybride Pkw-Bordnetzsysteme
FAPS, 160 Seiten, 90 Bilder, 14 Tab. 2008.
ISBN 978-3-87525-278-1.

Band 196: Wolfgang Hußnätter
Grundlegende Untersuchungen zur experimentellen Ermittlung und zur Modellierung von Fließortkurven bei erhöhten Temperaturen
LFT, 152 Seiten, 73 Bilder, 21 Tab. 2008. ISBN 978-3-87525-279-8.

Band 197: Thomas Bigl
Entwicklung, angepasste Herstellungsverfahren und erweiterte Qualitätssicherung von einsatzgerechten elektronischen Baugruppen
FAPS, 175 Seiten, 107 Bilder, 14 Tab. 2008.
ISBN 978-3-87525-280-4.

Band 198: Stephan Roth
Grundlegende Untersuchungen zum Excimerlaserstrahl-Abtragen unter Flüssigkeitsfilmen
LFT, 113 Seiten, 47 Bilder, 14 Tab. 2008. ISBN 978-3-87525-281-1.

Band 199: Artur Giera
Prozesstechnische Untersuchungen zum Rührreibschweißen metallischer Werkstoffe
LFT, 179 Seiten, 104 Bilder, 36 Tab. 2008. ISBN 978-3-87525-282-8.

Band 200: Jürgen Lechler
Beschreibung und Modellierung des Werkstoffverhaltens von presshärtbaren Bor-Manganstählen
LFT, 154 Seiten, 75 Bilder, 12 Tab. 2009. ISBN 978-3-87525-286-6.

Band 201: Andreas Blankl
Untersuchungen zur Erhöhung der Prozessrobustheit bei der Innenhochdruck-Umformung von flächigen Halbzeugen mit vor- bzw. nachgeschalteten Laserstrahlfügeoperationen
LFT, 120 Seiten, 68 Bilder, 9 Tab. 2009. ISBN 978-3-87525-287-3.

Band 202: Andreas Schaller
Modellierung eines nachfrageorientierten Produktionskonzeptes für mobile Telekommunikationsgeräte
FAPS, 120 Seiten, 79 Bilder, 0 Tab. 2009. ISBN 978-3-87525-289-7.

Band 203: Claudius Schimpf
Optimierung von Zuverlässigkeitsuntersuchungen, Prüfabläufen und Nacharbeitsprozessen in der Elektronikproduktion
FAPS, 162 Seiten, 90 Bilder, 14 Tab. 2009.
ISBN 978-3-87525-290-3.

Band 204: Simon Dietrich
Sensoriken zur Schwerpunktslagebestimmung der optischen Prozessemissionen beim Laserstrahltiefschweißen
LFT, 138 Seiten, 70 Bilder, 5 Tab. 2009. ISBN 978-3-87525-292-7.

Band 205: Wolfgang Wolf
Entwicklung eines agentenbasierten Steuerungssystems zur Materialflussorganisation im wandelbaren Produktionsumfeld
FAPS, 167 Seiten, 98 Bilder. 2009. ISBN 978-3-87525-293-4.

Band 206: Steffen Polster
Laserdurchstrahlschweißen transparenter Polymerbauteile
LFT, 160 Seiten, 92 Bilder, 13 Tab. 2009. ISBN 978-3-87525-294-1.

Band 207: Stephan Manuel Dörfler
Rührreibschweißen von walzplattiertem Halbzeug und Aluminiumblech zur Herstellung flächiger Aluminiumschaum-Sandwich-Verbundstrukturen
LFT, 190 Seiten, 98 Bilder, 5 Tab. 2009. ISBN 978-3-87525-295-8.

Band 208: Uwe Vogt
Seriennahe Auslegung von Aluminium Tailored Heat Treated Blanks
LFT, 151 Seiten, 68 Bilder, 26 Tab. 2009. ISBN 978-3-87525-296-5.

Band 209: Till Laumann
Qualitative und quantitative Bewertung der Crashtauglichkeit von höchstfesten Stählen
LFT, 117 Seiten, 69 Bilder, 7 Tab. 2009. ISBN 978-3-87525-299-6.

Band 210: Alexander Diehl
Größeneffekte bei Biegeprozessen-Entwicklung einer Methodik zur Identifikation und Quantifizierung
LFT, 180 Seiten, 92 Bilder, 12 Tab. 2010. ISBN 978-3-87525-302-3.

Band 211: Detlev Staud
Effiziente Prozesskettenauslegung für das Umformen lokal wärmebehandelter und geschweißter Aluminiumbleche
LFT, 164 Seiten, 72 Bilder, 12 Tab. 2010. ISBN 978-3-87525-303-0.

Band 212: Jens Ackermann
Prozesssicherung beim Laserdurchstrahlschweißen thermoplastischer Kunststoffe
LPT, 129 Seiten, 74 Bilder, 13 Tab. 2010. ISBN 978-3-87525-305-4.

Band 213: Stephan Weidel
Grundlegende Untersuchungen zum Kontaktzustand zwischen Werkstück und Werkzeug bei umformtechnischen Prozessen unter tribologischen Gesichtspunkten
LFT, 144 Seiten, 67 Bilder, 11 Tab. 2010. ISBN 978-3-87525-307-8.

Band 214: Stefan Geißdörfer
Entwicklung eines mesoskopischen Modells zur Abbildung von Größeneffekten in der Kaltmassivumformung mit Methoden der FE-Simulation
LFT, 133 Seiten, 83 Bilder, 11 Tab. 2010. ISBN 978-3-87525-308-5.

Band 215: Christian Matzner
Konzeption produktspezifischer Lösungen zur Robustheitssteigerung elektronischer Systeme gegen die Einwirkung von Betauung im Automobil
FAPS, 165 Seiten, 93 Bilder, 14 Tab. 2010. ISBN 978-3-87525-309-2.

Band 216: Florian Schüßler
Verbindungs- und Systemtechnik für thermisch hochbeanspruchte und miniaturisierte elektronische Baugruppen
FAPS, 184 Seiten, 93 Bilder, 18 Tab. 2010.
ISBN 978-3-87525-310-8.

Band 217: Massimo Cojutti
Strategien zur Erweiterung der Prozessgrenzen bei der Innhochdruck-Umformung von Rohren und Blechpaaren
LFT, 125 Seiten, 56 Bilder, 9 Tab. 2010. ISBN 978-3-87525-312-2.

Band 218: Raoul Plettke
Mehrkriterielle Optimierung komplexer Aktorsysteme für das Laserstrahljustieren
LFT, 152 Seiten, 25 Bilder, 3 Tab. 2010. ISBN 978-3-87525-315-3.

Band 219: Andreas Dobroschke
Flexible Automatisierungslösungen für die Fertigung wickeltechnischer Produkte
FAPS, 184 Seiten, 109 Bilder, 18 Tab. 2011.
ISBN 978-3-87525-317-7.

Band 220: Azhar Zam
Optical Tissue Differentiation for Sensor-Controlled Tissue-Specific Laser Surgery
LPT, 99 Seiten, 45 Bilder, 8 Tab. 2011. ISBN 978-3-87525-318-4.

Band 221: Michael Rösch
Potenziale und Strategien zur Optimierung des Schablonendruckprozesses in der Elektronikproduktion
FAPS, 192 Seiten, 127 Bilder, 19 Tab. 2011.
ISBN 978-3-87525-319-1.

Band 222: Thomas Rechtenwald
Quasi-isothermes Laserstrahlsintern von Hochtemperatur-Thermoplasten - Eine Betrachtung werkstoff-prozessspezifischer Aspekte am Beispiel PEEK
LPT, 150 Seiten, 62 Bilder, 8 Tab. 2011. ISBN 978-3-87525-320-7.

Band 223: Daniel Craiovan
Prozesse und Systemlösungen für die SMT-Montage optischer Bauelemente auf Substrate mit integrierten Lichtwellenleitern
FAPS, 165 Seiten, 85 Bilder, 8 Tab. 2011. ISBN 978-3-87525-324-5.

Band 224: Kay Wagner
Beanspruchungsangepasste Kaltmassivumformwerkzeuge durch lokal optimierte Werkzeugoberflächen
LFT, 147 Seiten, 103 Bilder, 17 Tab. 2011. ISBN 978-3-87525-325-2.

Band 225: Martin Brandhuber
Verbesserung der Prognosegüte des Versagens von Punktschweißverbindungen bei höchstfesten Stahlgüten
LFT, 155 Seiten, 91 Bilder, 19 Tab. 2011. ISBN 978-3-87525-327-6.

Band 226: Peter Sebastian Feuser
Ein Ansatz zur Herstellung von pressgehärteten Karosseriekomponenten mit maßgeschneiderten mechanischen Eigenschaften: Temperierte Umformwerkzeuge. Prozessfenster, Prozesssimuation und funktionale Untersuchung
LFT, 195 Seiten, 97 Bilder, 60 Tab. 2012. ISBN 978-3-87525-328-3.

Band 227: Murat Arbak
Material Adapted Design of Cold Forging Tools Exemplified by Powder Metallurgical Tool Steels and Ceramics
LFT, 109 Seiten, 56 Bilder, 8 Tab. 2012. ISBN 978-3-87525-330-6.

Band 228: Indra Pitz
Beschleunigte Simulation des Laserstrahlumformens von Aluminiumblechen
LPT, 137 Seiten, 45 Bilder, 27 Tab. 2012. ISBN 978-3-87525-333-7.

Band 229: Alexander Grimm
Prozessanalyse und -überwachung des Laserstrahlhartlötens mittels optischer Sensorik
LPT, 125 Seiten, 61 Bilder, 5 Tab. 2012. ISBN 978-3-87525-334-4.

Band 230: Markus Kaupper
Biegen von höhenfesten Stahlblechwerkstoffen - Umformverhalten und Grenzen der Biegbarkeit
LFT, 160 Seiten, 57 Bilder, 10 Tab. 2012. ISBN 978-3-87525-339-9.

Band 231: Thomas Kroiß
Modellbasierte Prozessauslegung für die Kaltmassivumformung unter Brücksichtigung der Werkzeug- und Pressenauffederung
LFT, 169 Seiten, 50 Bilder, 19 Tab. 2012. ISBN 978-3-87525-341-2.

Band 232: Christian Goth
Analyse und Optimierung der Entwicklung und Zuverlässigkeit räumlicher Schaltungsträger (3D-MID)
FAPS, 176 Seiten, 102 Bilder, 22 Tab. 2012.
ISBN 978-3-87525-340-5.

Band 233: Christian Ziegler
Ganzheitliche Automatisierung mechatronischer Systeme in der Medizin am Beispiel Strahlentherapie
FAPS, 170 Seiten, 71 Bilder, 19 Tab. 2012. ISBN 978-3-87525-342-9.

Band 234: Florian Albert
Automatisiertes Laserstrahllöten und -reparaturlöten elektronischer Baugruppen
LPT, 127 Seiten, 78 Bilder, 11 Tab. 2012. ISBN 978-3-87525-344-3.

Band 235: Thomas Stöhr
Analyse und Beschreibung des mechanischen Werkstoffverhaltens von presshärtbaren Bor-Manganstählen
LFT, 118 Seiten, 74 Bilder, 18 Tab. 2013. ISBN 978-3-87525-346-7.

Band 236: Christian Kägeler
Prozessdynamik beim Laserstrahlschweißen verzinkter Stahlbleche im Überlappstoß
LPT, 145 Seiten, 80 Bilder, 3 Tab. 2013. ISBN 978-3-87525-347-4.

Band 237: Andreas Sulzberger
Seriennahe Auslegung der Prozesskette zur wärmeunterstützten Umformung von Aluminiumblechwerkstoffen
LFT, 153 Seiten, 87 Bilder, 17 Tab. 2013. ISBN 978-3-87525-349-8.

Band 238: Simon Opel
Herstellung prozessangepasster Halbzeuge mit variabler Blechdicke durch die Anwendung von Verfahren der Blechmassivumformung
LFT, 165 Seiten, 108 Bilder, 27 Tab. 2013. ISBN 978-3-87525-350-4.

Band 239: Rajesh Kanawade
In-vivo Monitoring of Epithelium Vessel and Capillary Density for the Application of Detection of Clinical Shock and Early Signs of Cancer Development
LPT, 124 Seiten, 58 Bilder, 15 Tab. 2013. ISBN 978-3-87525-351-1.

Band 240: Stephan Busse
Entwicklung und Qualifizierung eines Schneidclinchverfahrens
LFT, 119 Seiten, 86 Bilder, 20 Tab. 2013. ISBN 978-3-87525-352-8.

Band 241: Karl-Heinz Leitz
Mikro- und Nanostrukturierung mit kurz und ultrakurz gepulster Laserstrahlung
LPT, 154 Seiten, 71 Bilder, 9 Tab. 2013. ISBN 978-3-87525-355-9.

Band 242: Markus Michl
Webbasierte Ansätze zur ganzheitlichen technischen Diagnose
FAPS, 182 Seiten, 62 Bilder, 20 Tab. 2013.
ISBN 978-3-87525-356-6.

Band 243: Vera Sturm
Einfluss von Chargenschwankungen auf die Verarbeitungsgrenzen von Stahlwerkstoffen
LFT, 113 Seiten, 58 Bilder, 9 Tab. 2013. ISBN 978-3-87525-357-3.

Band 244: Christian Neudel
Mikrostrukturelle und mechanisch-technologische Eigenschaften widerstandspunktgeschweißter Aluminium-Stahl-Verbindungen für den Fahrzeugbau
LFT, 178 Seiten, 171 Bilder, 31 Tab. 2014. ISBN 978-3-87525-358-0.

Band 245: Anja Neumann
Konzept zur Beherrschung der Prozessschwankungen im Presswerk
LFT, 162 Seiten, 68 Bilder, 15 Tab. 2014. ISBN 978-3-87525-360-3.

Band 246: Ulf-Hermann Quentin
Laserbasierte Nanostrukturierung mit optisch positionierten Mikrolinsen
LPT, 137 Seiten, 89 Bilder, 6 Tab. 2014. ISBN 978-3-87525-361-0.

Band 247: Erik Lamprecht
Der Einfluss der Fertigungsverfahren auf die Wirbelstromverluste von Stator-Einzelzahnblechpaketen für den Einsatz in Hybrid- und Elektrofahrzeugen
FAPS, 148 Seiten, 138 Bilder, 4 Tab. 2014. ISBN 978-3-87525-362-7.

Band 248: Sebastian Rösel
Wirkmedienbasierte Umformung von Blechhalbzeugen unter Anwendung magnetorheologischer Flüssigkeiten als kombiniertes Wirk- und Dichtmedium
LFT, 148 Seiten, 61 Bilder, 12 Tab. 2014. ISBN 978-3-87525-363-4.

Band 249: Paul Hippchen
Simulative Prognose der Geometrie indirekt pressgehärteter Karosseriebauteile für die industrielle Anwendung
LFT, 163 Seiten, 89 Bilder, 12 Tab. 2014. ISBN 978-3-87525-364-1.

Band 250: Martin Zubeil
Versagensprognose bei der Prozesssimulation von Biegeumform- und Falzverfahren
LFT, 171 Seiten, 90 Bilder, 5 Tab. 2014. ISBN 978-3-87525-365-8.

Band 251: Alexander Kühl
Flexible Automatisierung der Statorenmontage mit Hilfe einer universellen ambidexteren Kinematik
FAPS, 142 Seiten, 60 Bilder, 26 Tab. 2014.
ISBN 978-3-87525-367-2.

Band 252: Thomas Albrecht
Optimierte Fertigungstechnologien für Rotoren getriebeintegrierter PM-Synchronmotoren von Hybridfahrzeugen
FAPS, 198 Seiten, 130 Bilder, 38 Tab. 2014.
ISBN 978-3-87525-368-9.

Band 253: Florian Risch
Planning and Production Concepts for Contactless Power Transfer Systems for Electric Vehicles
FAPS, 185 Seiten, 125 Bilder, 13 Tab. 2014.
ISBN 978-3-87525-369-6.

Band 254: Markus Weigl
Laserstrahlschweißen von Mischverbindungen aus austenitischen und ferritischen korrosionsbeständigen Stahlwerkstoffen
LPT, 184 Seiten, 110 Bilder, 6 Tab. 2014. ISBN 978-3-87525-370-2.

Band 255: Johannes Noneder
Beanspruchungserfassung für die Validierung von FE-Modellen zur Auslegung von Massivumformwerkzeugen
LFT, 161 Seiten, 65 Bilder, 14 Tab. 2014. ISBN 978-3-87525-371-9.

Band 256: Andreas Reinhardt
Ressourceneffiziente Prozess- und Produktionstechnologie für flexible Schaltungsträger
FAPS, 123 Seiten, 69 Bilder, 19 Tab. 2014. ISBN 978-3-87525-373-3.

Band 257: Tobias Schmuck
Ein Beitrag zur effizienten Gestaltung globaler Produktions- und Logistiknetzwerke mittels Simulation
FAPS, 151 Seiten, 74 Bilder. 2014.
ISBN 978-3-87525-374-0.

Band 258: Bernd Eichenhüller
Untersuchungen der Effekte und Wechselwirkungen charakteristischer Einflussgrößen auf das Umformverhalten bei Mikroumformprozessen
LFT, 127 Seiten, 29 Bilder, 9 Tab. 2014. ISBN 978-3-87525-375-7.

Band 259: Felix Lütteke
Vielseitiges autonomes Transportsystem basierend auf Weltmodellerstellung mittels Datenfusion von Deckenkameras und Fahrzeugsensoren
FAPS, 152 Seiten, 54 Bilder, 20 Tab. 2014.
ISBN 978-3-87525-376-4.

Band 260: Martin Grüner
Hochdruck-Blechumformung mit formlos festen Stoffen als Wirkmedium
LFT, 144 Seiten, 66 Bilder, 29 Tab. 2014. ISBN 978-3-87525-379-5.

Band 261: Christian Brock
Analyse und Regelung des Laserstrahltiefschweißprozesses durch Detektion der Metalldampffackelposition
LPT, 126 Seiten, 65 Bilder, 3 Tab. 2015. ISBN 978-3-87525-380-1.

Band 262: Peter Vatter
Sensitivitätsanalyse des 3-Rollen-Schubbiegens auf Basis der Finite Elemente Methode
LFT, 145 Seiten, 57 Bilder, 26 Tab. 2015. ISBN 978-3-87525-381-8.

Band 263: Florian Klämpfl
Planung von Laserbestrahlungen durch simulationsbasierte Optimierung
LPT, 169 Seiten, 78 Bilder, 32 Tab. 2015. ISBN 978-3-87525-384-9.

Band 264: Matthias Domke
Transiente physikalische Mechanismen bei der Laserablation von dünnen Metallschichten
LPT, 133 Seiten, 43 Bilder, 3 Tab.
2015. ISBN 978-3-87525-385-6.

Band 265: Johannes Götz
Community-basierte Optimierung des Anlagenengineerings
FAPS, 177 Seiten, 80 Bilder, 30 Tab.
2015.
ISBN 978-3-87525-386-3.

Band 266: Hung Nguyen
Qualifizierung des Potentials von Verfestigungseffekten zur Erweiterung des Umformvermögens aushärtbarer Aluminiumlegierungen
LFT, 137 Seiten, 57 Bilder, 16 Tab.
2015. ISBN 978-3-87525-387-0.

Band 267: Andreas Kuppert
Erweiterung und Verbesserung von Versuchs- und Auswertetechniken für die Bestimmung von Grenzformänderungskurven
LFT, 138 Seiten, 82 Bilder, 2 Tab.
2015. ISBN 978-3-87525-388-7.

Band 268: Kathleen Klaus
Erstellung eines Werkstofforientierten Fertigungsprozessfensters zur Steigerung des Formgebungsvermögens von Alumi-niumlegierungen unter Anwendung einer zwischengeschalteten Wärmebehandlung
LFT, 154 Seiten, 70 Bilder, 8 Tab.
2015. ISBN 978-3-87525-391-7.

Band 269: Thomas Svec
Untersuchungen zur Herstellung von funktionsoptimierten Bauteilen im partiellen Presshärtprozess mittels lokal unterschiedlich temperierter Werkzeuge
LFT, 166 Seiten, 87 Bilder, 15 Tab.
2015. ISBN 978-3-87525-392-4.

Band 270: Tobias Schrader
Grundlegende Untersuchungen zur Verschleißcharakterisierung beschichteter Kaltmassivumformwerkzeuge
LFT, 164 Seiten, 55 Bilder, 11 Tab.
2015. ISBN 978-3-87525-393-1.

Band 271: Matthäus Brela
Untersuchung von Magnetfeld-Messmethoden zur ganzheitlichen Wertschöpfungsoptimierung und Fehlerdetektion an magnetischen Aktoren
FAPS, 170 Seiten, 97 Bilder, 4 Tab.
2015. ISBN 978-3-87525-394-8.

Band 272: Michael Wieland
Entwicklung einer Methode zur Prognose adhäsiven Verschleißes an Werkzeugen für das direkte Presshärten
LFT, 156 Seiten, 84 Bilder, 9 Tab.
2015. ISBN 978-3-87525-395-5.

Band 273: René Schramm
Strukturierte additive Metallisierung durch kaltaktives Atmosphärendruckplasma
FAPS, 136 Seiten, 62 Bilder, 15 Tab.
2015. ISBN 978-3-87525-396-2.

Band 274: Michael Lechner
Herstellung beanspruchungsangepasster Aluminiumblechhalbzeuge durch eine maßgeschneiderte Variation der Abkühlgeschwindigkeit nach Lösungsglühen
LFT, 136 Seiten, 62 Bilder, 15 Tab.
2015. ISBN 978-3-87525-397-9.

Band 275: Kolja Andreas
Einfluss der Oberflächenbeschaffenheit auf das Werkzeugeinsatzverhalten beim Kaltfließpressen
LFT, 169 Seiten, 76 Bilder, 4 Tab.
2015. ISBN 978-3-87525-398-6.

Band 276: Marcus Baum
Laser Consolidation of ITO Nanoparticles for the Generation of Thin Conductive Layers on Transparent Substrates
LPT, 158 Seiten, 75 Bilder, 3 Tab.
2015. ISBN 978-3-87525-399-3.

Band 277: Thomas Schneider
Umformtechnische Herstellung dünnwandiger Funktionsbauteile aus Feinblech durch Verfahren der Blechmassivumformung
LFT, 188 Seiten, 95 Bilder, 7 Tab.
2015. ISBN 978-3-87525-401-3.

Band 278: Jochen Merhof
Sematische Modellierung automatisierter Produktionssysteme zur Verbesserung der IT-Integration zwischen Anlagen-Engineering und Steuerungsebene
FAPS, 157 Seiten, 88 Bilder, 8 Tab.
2015. ISBN 978-3-87525-402-0.

Band 279: Fabian Zöller
Erarbeitung von Grundlagen zur Abbildung des tribologischen Systems in der Umformsimulation
LFT, 126 Seiten, 51 Bilder, 3 Tab.
2016. ISBN 978-3-87525-403-7.

Band 280: Christian Hezler
Einsatz technologischer Versuche zur Erweiterung der Versagensvorhersage bei Karosseriebauteilen aus höchstfesten Stählen
LFT, 147 Seiten, 63 Bilder, 44 Tab.
2016. ISBN 978-3-87525-404-4.

Band 281: Jochen Bönig
Integration des Systemverhaltens von Automobil-Hochvoltleitungen in die virtuelle Absicherung durch strukturmechanische Simulation
FAPS, 177 Seiten, 107 Bilder, 17 Tab.
2016.
ISBN 978-3-87525-405-1.

Band 282: Johannes Kohl
Automatisierte Datenerfassung für diskret ereignisorientierte Simulationen in der energieflexibelen Fabrik
FAPS, 160 Seiten, 80 Bilder, 27 Tab.
2016.
ISBN 978-3-87525-406-8.

Band 283: Peter Bechtold
Mikroschockwellenumformung mittels ultrakurzer Laserpulse
LPT, 155 Seiten, 59 Bilder, 10 Tab.
2016. ISBN 978-3-87525-407-5.

Band 284: Stefan Berger
Laserstrahlschweißen thermoplastischer Kohlenstofffaserverbundwerkstoffe mit spezifischem Zusatzdraht
LPT, 118 Seiten, 68 Bilder, 9 Tab.
2016. ISBN 978-3-87525-408-2.

Band 285: Martin Bornschlegl
Methods-Energy Measurement - Eine Methode zur Energieplanung für Fügeverfahren im Karosseriebau
FAPS, 136 Seiten, 72 Bilder, 46 Tab. 2016.
ISBN 978-3-87525-409-9.

Band 286: Tobias Rackow
Erweiterung des Unternehmenscontrollings um die Dimension Energie
FAPS, 164 Seiten, 82 Bilder, 29 Tab. 2016.
ISBN 978-3-87525-410-5.

Band 287: Johannes Koch
Grundlegende Untersuchungen zur Herstellung zyklisch-symmetrischer Bauteile mit Nebenformelementen durch Blechmassivumformung
LFT, 125 Seiten, 49 Bilder, 17 Tab. 2016. ISBN 978-3-87525-411-2.

Band 288: Hans Ulrich Vierzigmann
Beitrag zur Untersuchung der tribologischen Bedingungen in der Blechmassivumformung - Bereitstellung von tribologischen Modellversuchen und Realisierung von Tailored Surfaces
LFT, 174 Seiten, 102 Bilder, 34 Tab. 2016. ISBN 978-3-87525-412-9.

Band 289: Thomas Senner
Methodik zur virtuellen Absicherung der formgebenden Operation des Nasspressprozesses von Gelege-Mehrschichtverbunden
LFT, 156 Seiten, 96 Bilder, 21 Tab. 2016. ISBN 978-3-87525-414-3.

Band 290: Sven Kreitlein
Der grundoperationsspezifische Mindestenergiebedarf als Referenzwert zur Bewertung der Energieeffizienz in der Produktion
FAPS, 185 Seiten, 64 Bilder, 30 Tab. 2016.
ISBN 978-3-87525-415-0.

Band 291: Christian Roos
Remote-Laserstrahlschweißen verzinkter Stahlbleche in Kehlnahtgeometrie
LPT, 123 Seiten, 52 Bilder, 0 Tab. 2016. ISBN 978-3-87525-416-7.

Band 292: Alexander Kahrimanidis
Thermisch unterstützte Umformung von Aluminiumblechen
LFT, 165 Seiten, 103 Bilder, 18 Tab. 2016. ISBN 978-3-87525-417-4.

Band 293: Jan Tremel
Flexible Systems for Permanent Magnet Assembly and Magnetic Rotor Measurement / Flexible Systeme zur Montage von Permanentmagneten und zur Messung magnetischer Rotoren
FAPS, 152 Seiten, 91 Bilder, 12 Tab. 2016. ISBN 978-3-87525-419-8.

Band 294: Ioannis Tsoupis
Schädigungs- und Versagensverhalten hochfester Leichtbauwerkstoffe unter Biegebeanspruchung
LFT, 176 Seiten, 51 Bilder, 6 Tab. 2017. ISBN 978-3-87525-420-4.

Band 295: Sven Hildering
Grundlegende Untersuchungen zum Prozessverhalten von Silizium als Werkzeugwerkstoff für das Mikroscherschneiden metallischer Folien
LFT, 177 Seiten, 74 Bilder, 17 Tab. 2017. ISBN 978-3-87525-422-8.

Band 296: Sasia Mareike Hertweck
Zeitliche Pulsformung in der Lasermikromaterialbearbeitung – Grundlegende Untersuchungen und Anwendungen
LPT, 146 Seiten, 67 Bilder, 5 Tab. 2017. ISBN 978-3-87525-423-5.

Band 297: Paryanto
Mechatronic Simulation Approach for the Process Planning of Energy-Efficient Handling Systems
FAPS, 162 Seiten, 86 Bilder, 13 Tab. 2017. ISBN 978-3-87525-424-2.

Band 298: Peer Stenzel
Großserientaugliche Nadelwickeltechnik für verteilte Wicklungen im Anwendungsfall der E-Traktionsantriebe
FAPS, 239 Seiten, 147 Bilder, 20 Tab. 2017.
ISBN 978-3-87525-425-9.

Band 299: Mario Lušić
Ein Vorgehensmodell zur Erstellung montageführender Werkerinformationssysteme simultan zum Produktentstehungsprozess
FAPS, 174 Seiten, 79 Bilder, 22 Tab. 2017.
ISBN 978-3-87525-426-6.

Band 300: Arnd Buschhaus
Hochpräzise adaptive Steuerung und Regelung robotergeführter Prozesse
FAPS, 202 Seiten, 96 Bilder, 4 Tab. 2017. ISBN 978-3-87525-427-3.

Band 301: Tobias Laumer
Erzeugung von thermoplastischen Werkstoffverbunden mittels simultanem, intensitätsselektivem Laserstrahlschmelzen
LPT, 140 Seiten, 82 Bilder, 0 Tab. 2017. ISBN 978-3-87525-428-0.

Band 302: Nora Unger
Untersuchung einer thermisch unterstützten Fertigungskette zur Herstellung umgeformter Bauteile aus der höherfesten Aluminiumlegierung EN AW-7020
LFT, 142 Seiten, 53 Bilder, 8 Tab. 2017. ISBN 978-3-87525-429-7.

Band 303: Tommaso Stellin
Design of Manufacturing Processes for the Cold Bulk Forming of Small Metal Components from Metal Strip
LFT, 146 Seiten, 67 Bilder, 7 Tab. 2017. ISBN 978-3-87525-430-3.

Band 304: Bassim Bachy
Experimental Investigation, Modeling, Simulation and Optimization of Molded Interconnect Devices (MID) Based on Laser Direct Structuring (LDS) / Experimentelle Untersuchung, Modellierung, Simulation und Optimierung von Molded Interconnect Devices (MID) basierend auf Laser Direktstrukturierung (LDS)
FAPS, 168 Seiten, 120 Bilder, 26 Tab. 2017.
ISBN 978-3-87525-431-0.

Band 305: Michael Spahr
Automatisierte Kontaktierungsverfahren für flachleiterbasierte Pkw-Bordnetzsysteme
FAPS, 197 Seiten, 98 Bilder, 17 Tab. 2017. ISBN 978-3-87525-432-7.

Band 306: Sebastian Suttner
Charakterisierung und Modellierung des spannungszustandsabhängigen Werkstoffverhaltens der Magnesiumlegierung AZ31B für die numerische Prozessauslegung
LFT, 150 Seiten, 84 Bilder, 19 Tab. 2017. ISBN 978-3-87525-433-4.

Band 307: Bhargav Potdar
A reliable methodology to deduce thermo-mechanical flow behaviour of hot stamping steels
LFT, 203 Seiten, 98 Bilder, 27 Tab. 2017. ISBN 978-3-87525-436-5.

Band 308: Maria Löffler
Steuerung von Blechmassivumformprozessen durch maßgeschneiderte tribologische Systeme
LFT, viii u. 166 Seiten, 90 Bilder, 5 Tab. 2018. ISBN 978-3-96147-133-1.

Band 309: Martin Müller
Untersuchung des kombinierten Trenn- und Umformprozesses beim Fügen artungleicher Werkstoffe mittels Schneidclinchverfahren
LFT, xi u. 149 Seiten, 89 Bilder, 6 Tab. 2018.
ISBN: 978-3-96147-135-5.

Band 310: Christopher Kästle
Qualifizierung der Kupfer-Drahtbondtechnologie für integrierte Leistungsmodule in harschen Umgebungsbedingungen
FAPS, xii u. 167 Seiten, 70 Bilder, 18 Tab. 2018.
ISBN 978-3-96147-145-4.

Band 311: Daniel Vipavc
Eine Simulationsmethode für das 3-Rollen-Schubbiegen
LFT, xiii u. 121 Seiten, 56 Bilder, 17 Tab. 2018. ISBN 978-3-96147-147-8.

Band 312: Christina Ramer
Arbeitsraumüberwachung und autonome Bahnplanung für ein sicheres und flexibles Roboter-Assistenzsystem in der Fertigung
FAPS, xiv u. 188 Seiten, 57 Bilder, 9 Tab. 2018.
ISBN 978-3-96147-153-9.

Band 313: Miriam Rauer
Der Einfluss von Poren auf die Zuverlässigkeit der Lötverbindungen von Hochleistungs-Leuchtdioden
FAPS, xii u. 209 Seiten, 108 Bilder, 21 Tab. 2018.
ISBN 978-3-96147-157-7.

Band 314: Felix Tenner
Kamerabasierte Untersuchungen der Schmelze und Gasströmungen beim Laserstrahlschweißen verzinkter Stahlbleche
LPT, xxiii u. 184 Seiten, 94 Bilder, 7 Tab. 2018.
ISBN 978-3-96147-160-7.

Band 315: Aarief Syed-Khaja
Diffusion Soldering for High-temperature Packaging of Power Electronics
FAPS, x u. 202 Seiten, 144 Bilder, 32 Tab. 2018.
ISBN 978-3-87525-162-1.

Band 316: Adam Schaub
Grundlagenwissenschaftliche Untersuchung der kombinierten Prozesskette aus Umformen und Additive Fertigung
LFT, xi u. 192 Seiten, 72 Bilder, 27 Tab. 2019.
ISBN 978-3-96147-166-9.

Band 317: Daniel Gröbel
Herstellung von Nebenformelementen unterschiedlicher Geometrie an Blechen mittels Fließpressverfahren der Blechmassivumformung
LFT, x u. 165 Seiten, 96 Bilder, 13 Tab. 2019. ISBN 978-3-96147-168-3.

Band 318: Philipp Hildenbrand
Entwicklung einer Methodik zur Herstellung von Tailored Blanks mit definierten Halbzeugeigenschaften durch einen Taumelprozess
LFT, ix u. 153 Seiten, 77 Bilder, 4 Tab. 2019. ISBN 978-3-96147-174-4.

Band 319: Tobias Konrad
Simulative Auslegung der Spann- und Fixierkonzepte im Karosserierohbau: Bewertung der Baugruppenmaßhaltigkeit unter Berücksichtigung schwankender Einflussgrößen
LFT, x u. 203 Seiten, 134 Bilder, 32 Tab. 2019.
ISBN 978-3-96147-176-8.

Band 320: David Meinel
Architektur applikationsspezifischer Multi-Physics-Simulationskonfiguratoren am Beispiel modularer Triebzüge
FAPS, xii u. 166 Seiten, 82 Bilder, 25 Tab. 2019.
ISBN 978-3-96147-184-3.

Band 321: Andrea Zimmermann
Grundlegende Untersuchungen zum Einfluss fertigungsbedingter Eigenschaften auf die Ermüdungsfestigkeit kaltmassivumgeformter Bauteile
LFT, ix u. 160 Seiten, 66 Bilder, 5 Tab. 2019.
ISBN 978-3-96147-190-4.

Band 322: Christoph Amann
Simulative Prognose der Geometrie nassgepresster Karosseriebauteile aus Gelege-Mehrschichtverbunden
LFT, xvi u. 169 Seiten, 80 Bilder, 13 Tab. 2019.
ISBN 978-3-96147-194-2.

Band 323: Jennifer Tenner
Realisierung schmierstofffreier Tiefziehprozesse durch maßgeschneiderte Werkzeugoberflächen
LFT, x u. 187 Seiten, 68 Bilder, 13 Tab. 2019.
ISBN 978-3-96147-196-6.

Band 324: Susan Zöller
Mapping Individual Subjective Values to Product Design
KTmfk, xi u. 223 Seiten, 81 Bilder, 25 Tab. 2019.
ISBN 978-3-96147-202-4.

Band 325: Stefan Lutz
Erarbeitung einer Methodik zur semiempirischen Ermittlung der Umwandlungskinetik durchhärtender Wälzlagerstähle für die Wärmebehandlungssimulation
LFT, xiv u. 189 Seiten, 75 Bilder, 32 Tab. 2019.
ISBN 978-3-96147-209-3.

Band 326: Tobias Gnibl
Modellbasierte Prozesskettenabbildung rührreibgeschweißter Aluminiumhalbzeuge zur umformtechnischen Herstellung höchstfester Leichtbau-strukturteile
LFT, xii u. 167 Seiten, 68 Bilder, 17 Tab. 2019.
ISBN 978-3-96147-217-8.

Band 327: Johannes Bürner
Technisch-wirtschaftliche Optionen zur Lastflexibilisierung durch intelligente elektrische Wärmespeicher
FAPS, xiv u. 233 Seiten, 89 Bilder, 27 Tab. 2019.
ISBN 978-3-96147-219-2.

Band 328: Wolfgang Böhm
Verbesserung des Umformverhaltens von mehrlagigen Aluminiumblechwerkstoffen mit ultrafeinkörnigem Gefüge
LFT, ix u. 160 Seiten, 88 Bilder, 14 Tab. 2019.
ISBN 978-3-96147-227-7.

Band 329: Stefan Landkammer
Grundsatzuntersuchungen, mathematische Modellierung und Ableitung einer Auslegungsmethodik für Gelenkantriebe nach dem Spinnenbeinprinzip
LFT, xii u. 200 Seiten, 83 Bilder, 13 Tab. 2019.
ISBN 978-3-96147-229-1.

Band 330: Stephan Rapp
Pump-Probe-Ellipsometrie zur Messung transienter optischer Materialeigen-schaften bei der Ultrakurzpuls-Lasermaterialbearbeitung
LPT, xi u. 143 Seiten, 49 Bilder, 2 Tab. 2019.
ISBN 978-3-96147-235-2.

Band 331: Michael Scholz
Intralogistics Execution System mit integrierten autonomen, servicebasierten Transportentitäten
FAPS, xi u. 195 Seiten, 55 Bilder, 11 Tab. 2019.
ISBN 978-3-96147-237-6.

Band 332: Eva Bogner
Strategien der Produktindividualisierung in der produzierenden Industrie im Kontext der Digitalisierung
FAPS, ix u. 201 Seiten, 55 Bilder, 28 Tab. 2019.
ISBN 978-3-96147-246-8.

Band 333: Daniel Benjamin Krüger
Ein Ansatz zur CAD-integrierten muskuloskelettalen Analyse der Mensch-Maschine-Interaktion
KTmfk, x u. 217 Seiten, 102 Bilder, 7 Tab. 2019.
ISBN 978-3-96147-250-5.

Band 334: Thomas Kuhn
Qualität und Zuverlässigkeit laserdirektstrukturierter mechatronisch integrierter Baugruppen (LDS-MID)
FAPS, ix u. 152 Seiten, 69 Bilder, 12 Tab. 2019.
ISBN: 978-3-96147-252-9.

Band 335: Hans Fleischmann
Modellbasierte Zustands- und Prozessüberwachung auf Basis soziocyber-physischer Systeme
FAPS, xi u. 214 Seiten, 111 Bilder, 18 Tab. 2019.
ISBN: 978-3-96147-256-7.

Band 336: Markus Michalski
Grundlegende Untersuchungen zum Prozess- und Werkstoffverhalten bei schwingungsüberlagerter Umformung
LFT, xii u. 197 Seiten, 93 Bilder, 11 Tab. 2019.
ISBN: 978-3-96147-270-3.

Band 337: Markus Brandmeier
Ganzheitliches ontologiebasiertes Wissensmanagement im Umfeld der industriellen Produktion
FAPS, xi u. 255 Seiten, 77 Bilder, 33 Tab. 2020.
ISBN: 978-3-96147-275-8.

Band 338: Stephan Purr
Datenerfassung für die Anwendung lernender Algorithmen bei der Herstellung von Blechformteilen
LFT, ix u. 165 Seiten, 48 Bilder, 4 Tab. 2020.
ISBN: 978-3-96147-281-9.

Band 339: Christoph Kiener
Kaltfließpressen von gerad- und schrägverzahnten Zahnrädern
LFT, viii u. 151 Seiten, 81 Bilder, 3 Tab. 2020.
ISBN 978-3-96147-287-1.

Band 340: Simon Spreng
Numerische, analytische und empirische Modellierung des Heißcrimpprozesses
FAPS, xix u. 204 Seiten, 91 Bilder, 27 Tab. 2020.
ISBN 978-3-96147-293-2.

Band 341: Patrik Schwingenschlögl
Erarbeitung eines Prozessverständnisses zur Verbesserung der tribologischen Bedingungen beim Presshärten
LFT, x u. 177 Seiten, 81 Bilder, 8 Tab. 2020.
ISBN 978-3-96147-297-0.

Band 342: Emanuela Affronti
Evaluation of failure behaviour of sheet metals
LFT, ix u. 136 Seiten, 57 Bilder, 20 Tab. 2020.
ISBN 978-3-96147-303-8.

Band 343: Julia Degner
Grundlegende Untersuchungen zur Herstellung hochfester Aluminiumblechbauteile in einem kombinierten Umform- und Abschreckprozess
LFT, x u. 172 Seiten, 61 Bilder, 9 Tab. 2020.
ISBN 978-3-96147-307-6.

Band 344: Maximilian Wagner
Automatische Bahnplanung für die Aufteilung von Prozessbewegungen in synchrone Werkstück- und Werkzeugbewegungen mittels Multi-Roboter-Systemen
FAPS, xxi u. 181 Seiten, 111 Bilder, 15 Tab. 2020.
ISBN 978-3-96147-309-0.

Band 345: Stefan Härter
Qualifizierung des Montageprozesses hochminiaturisierter elektronischer Bauelemente
FAPS, ix u. 194 Seiten, 97 Bilder, 28 Tab. 2020.
ISBN 978-3-96147-314-4.

Band 346: Toni Donhauser
Ressourcenorientierte Auftragsregelung in einer hybriden Produktion mittels betriebsbegleitender Simulation
FAPS, xix u. 242 Seiten, 97 Bilder, 17 Tab. 2020.
ISBN 978-3-96147-316-8.

Band 347: Philipp Amend
Laserbasiertes Schmelzkleben von Thermoplasten mit Metallen
LPT, xv u. 154 Seiten, 67 Bilder. 2020. ISBN 978-3-96147-326-7.

Band 348: Matthias Ehlert
Simulationsunterstützte funktionale Grenzlagenabsicherung
KTmfk, xvi u. 300 Seiten, 101 Bilder, 73 Tab. 2020.
ISBN 978-3-96147-328-1.

Band 349: Thomas Sander
Ein Beitrag zur Charakterisierung und Auslegung des Verbundes von Kunststoffsubstraten mit harten Dünnschichten
KTmfk, xiv u. 178 Seiten, 88 Bilder, 21 Tab. 2020.
ISBN 978-3-96147-330-4.

Band 350: Florian Pilz
Fließpressen von Verzahnungselementen an Blechen
LFT, x u. 170 Seiten, 103Bilder, 4 Tab. 2020.
ISBN 978-3-96147-332-8.

Band 351: Sebastian Josef Katona
Evaluation und Aufbereitung von Produktsimulationen mittels abweichungsbehafteter Geometriemodelle
KTmfk, ix u. 147 Seiten, 73 Bilder, 11 Tab. 2020.
ISBN 978-3-96147-336-6.

Band 352: Jürgen Herrmann
Kumulatives Walzplattieren. Bewertung der Umformeigenschaften mehrlagiger Blechwerkstoffe der ausscheidungshärtbaren Legierung AA6014
LFT, x u. 157 Seiten, 64 Bilder, 5 Tab. 2020.
ISBN 978-3-96147-344-1.

Band 353: Christof Küstner
Assistenzsystem zur Unterstützung der datengetriebenen Produktentwicklung
KTmfk, xii u. 219 Seiten, 63 Bilder, 14 Tab. 2020.
ISBN 978-3-96147-348-9.

Band 354: Tobias Gläßel
Prozessketten zum Laserstrahlschweißen von flachleiterbasierten Formspulenwicklungen für automobile Traktionsantriebe
FAPS, xiv u. 206 Seiten, 89 Bilder, 11 Tab. 2020.
ISBN 978-3-96147-356-4.

Band 355: Andreas Meinel
Experimentelle Untersuchung der Auswirkungen von Axialschwingungen auf Reibung und Verschleiß in Zylinderrol-lenlagern
KTmfk, xii u. 162 Seiten, 56 Bilder, 7 Tab. 2020.
ISBN 978-3-96147-358-8.

Band 356: Hannah Riedle
Haptische, generische Modelle weicher anatomischer Strukturen für die chirurgische Simulation
FAPS, xxx u. 179 Seiten, 82 Bilder, 35 Tab. 2020.
ISBN 978-3-96147-367-0.

Band 357: Maximilian Landgraf
Leistungselektronik für den Einsatz dielektrischer Elastomere in aktorischen, sensorischen und integrierten sensomotorischen Systemen
FAPS, xxiii u. 166 Seiten, 71 Bilder, 10 Tab. 2020.
ISBN 978-3-96147-380-9.

Band 358: Alireza Esfandyari
Multi-Objective Process Optimization for Overpressure Reflow Soldering in Electronics Production
FAPS, xviii u. 175 Seiten, 57 Bilder, 23 Tab. 2020.
ISBN 978-3-96147-382-3.

Band 359: Christian Sand
Prozessübergreifende Analyse komplexer Montageprozessketten mittels Data Mining
FAPS, XV u. 168 Seiten, 61 Bilder, 12 Tab. 2021.
ISBN 978-3-96147-398-4.

Band 360: Ralf Merkl
Closed-Loop Control of a Storage-Supported Hybrid Compensation System for Improving the Power Quality in Medium Voltage Networks
FAPS, xxvii u. 200 Seiten, 102 Bilder, 2 Tab. 2021.
ISBN 978-3-96147-402-8.

Band 361: Thomas Reitberger
Additive Fertigung polymerer optischer Wellenleiter im Aerosol-Jet-Verfahren
FAPS, xix u. 141 Seiten, 65 Bilder, 11 Tab. 2021.
ISBN 978-3-96147-400-4.

Band 362: Marius Christian Fechter
Modellierung von Vorentwürfen in der virtuellen Realität mit natürlicher Fingerinteraktion
KTmfk, x u. 188 Seiten, 67 Bilder, 19 Tab. 2021.
ISBN 978-3-96147-404-2.

Band 363: Franziska Neubauer
Oberflächenmodifizierung und Entwicklung einer Auswertemethodik zur Verschleißcharakterisierung im Presshärteprozess
LFT, ix u. 177 Seiten, 42 Bilder, 6 Tab. 2021.
ISBN 978-3-96147-406-6.

Band 364: Eike Wolfram Schäffer
Web- und wissensbasierter Engineering-Konfigurator für roboterzentrierte Automatisierungslösungen
FAPS, xxiv u. 195 Seiten, 108 Bilder, 25 Tab. 2021.
ISBN 978-3-96147-410-3.

Band 365: Daniel Gross
Untersuchungen zur kohlenstoffdioxidbasierten kryogenen Minimalmengenschmierung
REP, xii u. 184 Seiten, 56 Bilder, 18 Tab. 2021.
ISBN 978-3-96147-412-7.

Band 366: Daniel Junker
Qualifizierung laser-additiv gefertigter Komponenten für den Einsatz im Werkzeugbau der Massivumformung
LFT, vii u. 142 Seiten, 62 Bilder, 5 Tab. 2021.
ISBN 978-3-96147-416-5.

Band 367: Tallal Javied
Totally Integrated Ecology Management for Resource Efficient and Eco-Friendly Production
FAPS, xv u. 160 Seiten, 60 Bilder, 13 Tab. 2021.
ISBN 978-3-96147-418-9.

Band 368: David Marco Hochrein
Wälzlager im Beschleunigungsfeld – Eine Analysestrategie zur Bestimmung des Reibungs-, Axialschub- und Temperaturverhaltens von Nadelkränzen –
KTmfk, xiii u. 279 Seiten, 108 Bilder, 39 Tab. 2021.
ISBN 978-3-96147-420-2.

Band 369: Daniel Gräf
Funktionalisierung technischer Oberflächen mittels prozessüberwachter aerosolbasierter Drucktechnologie
FAPS, xxii u. 175 Seiten, 97 Bilder, 6 Tab. 2021.
ISBN 978-3-96147-433-2.

Band 370: Andreas Gröschl
Hochfrequent fokusabstandsmodulierte Konfokalsensoren für die Nanokoordinatenmesstechnik
FMT, x u. 144 Seiten, 98 Bilder, 6 Tab. 2021.
ISBN 978-3-96147-435-6.

Band 371: Johann Tüchsen
Konzeption, Entwicklung und Einführung des Assistenzsystems D-DAS für die Produktentwicklung elektrischer Motoren
KTmfk, xii u. 178 Seiten, 92 Bilder, 12 Tab. 2021.
ISBN 978-3-96147-437-0.

Band 372: Max Marian
Numerische Auslegung von Oberflächenmikrotexturen für geschmierte tribologische Kontakte
KTmfk, xviii u. 276 Seiten, 85 Bilder, 45 Tab. 2021.
ISBN 978-3-96147-439-4.

Band 373: Johannes Strauß
Die akustooptische Strahlformung in der Lasermaterialbearbeitung
LPT, xvi u. 113 Seiten, 48 Bilder. 2021. ISBN 978-3-96147-441-7.

Band 374: Martin Hohmann
Machine learning and hyper spectral imaging: Multi Spectral Endoscopy in the Gastro Intestinal Tract towards Hyper Spectral Endoscopy
LPT, x u. 137 Seiten, 62 Bilder, 29 Tab. 2021.
ISBN 978-3-96147-445-5.

Band 375: Timo Kordaß
Lasergestütztes Verfahren zur selektiven Metallisierung von epoxidharzbasierten Duromeren zur Steigerung der Integrationsdichte für dreidimensionale mechatronische Package-Baugruppen
FAPS, xviii u. 198 Seiten, 92 Bilder, 24 Tab. 2021.
ISBN 978-3-96147-443-1.

Band 376: Philipp Kestel
Assistenzsystem für den wissensbasierten Aufbau konstruktionsbegleitender Finite-Elemente-Analysen
KTmfk, xviii u. 209 Seiten, 57 Bilder, 17 Tab. 2021.
ISBN 978-3-96147-457-8.

Band 377: Martin Lerchen
Messverfahren für die pulverbettbasierte additive Fertigung zur Sicherstellung der Konformität mit geometrischen Produktspezifikationen
FMT, x u. 150 Seiten, 60 Bilder, 9 Tab. 2021.
ISBN 978-3- 96147-463-9.

Band 378: Michael Schneider
Inline-Prüfung der Permeabilität in weichmagnetischen Komponenten
FAPS, xxii u. 189 Seiten, 79 Bilder, 14 Tab. 2021.
ISBN 978-3-96147-465-3.

Band 379: Tobias Sprügel
Sphärische Detektorflächen als Unterstützung der Produktentwicklung zur Datenanalyse im Rahmen des Digital Engineering
KTmfk, xiii u. 213 Seiten, 84 Bilder, 33 Tab. 2021.
ISBN 978-3-96147-475-2.

Band 380: Tom Häfner
Multipulseffekte beim Mikro-Materialabtrag von Stahllegierungen mit Pikosekunden-Laserpulsen
LPT, xxviii u. 159 Seiten, 57 Bilder, 13 Tab. 2021.
ISBN 978-3-96147-479-0.

Band 381: Björn Heling
Einsatz und Validierung virtueller Absicherungsmethoden für abweichungs-behaftete Mechanismen im Kontext des Robust Design
KTmfk, xi u. 169 Seiten, 63 Bilder, 27 Tab. 2021.
ISBN 978-3-96147-487-5.

Band 382: Tobias Kolb
Laserstrahl-Schmelzen von Metallen mit einer Serienanlage – Prozesscharakterisierung und Erweiterung eines Überwachungssystems
LPT, xv u. 170 Seiten, 128 Bilder, 16 Tab. 2021.
ISBN 978-3-96147-491-2.

Band 383: Mario Meinhardt
Widerstandselementschweißen mit gestauchten Hilfsfügeelementen - Umformtechnische Wirkzusammenhänge zur Beeinflussung der Verbindungsfestigkeit
LFT, xii u. 189 Seiten, 87 Bilder, 4 Tab. 2022.
ISBN 978-3-96147-473-8.

Band 384: Felix Bauer
Ein Beitrag zur digitalen Auslegung von Fügeprozessen im Karosseriebau mit Fokus auf das Remote-Laserstrahlschweißen unter Einsatz flexibler Spanntechnik
LFT, xi u. 185 Seiten, 74 Bilder, 12 Tab. 2022.
ISBN 978-3-96147-498-1.

Band 385: Jochen Zeitler
Konzeption eines rechnergestützten Konstruktionssystems für optomechatronische Baugruppen
FAPS, xix u. 172 Seiten, 88 Bilder, 11 Tab. 2022.
ISBN 978-3-96147-499-8.

Band 386: Vincent Mann
Einfluss von Strahloszillation auf das Laserstrahlschweißen hochfester Stähle
LPT, xiii u. 172 Seiten, 103 Bilder, 18 Tab. 2022.
ISBN 978-3-96147-503-2.

Band 387: Chen Chen
Skin-equivalent opto-/elastofluidic in-vitro microphysiological vascular models for translational studies of optical biopsies
LPT, xx u. 126 Seiten, 60 Bilder, 10 Tab. 2022.
ISBN 978-3-96147-505-6.

Band 388: Stefan Stein
Laser drop on demand joining as bonding method for electronics assembly and packaging with high thermal requirements
LPT, x u. 112 Seiten, 54 Bilder, 10 Tab. 2022.
ISBN 978-3-96147-507-0

Band 389: Nikolaus Urban
Untersuchung des Laserstrahlschmelzens von Neodym-Eisen-Bor zur additiven Herstellung von Permanentmagneten
FAPS, x u. 174 Seiten, 88 Bilder, 18 Tab. 2022.
ISBN: 978-3-96147-501-8.

Band 390: Yiting Wu
Großflächige Topographiemessungen mit einem Weißlichtinterferenzmikroskop und einem metrologischen Rasterkraftmikroskop
FMT, xii u. 142 Seiten, 68 Bilder, 11 Tab. 2022.
ISBN: 978-3-96147-513-1.

Band 391: Thomas Papke
Untersuchungen zur Umformbarkeit hybrider Bauteile aus Blechgrundkörper und additiv gefertigter Struktur
LFT, xii u. 194 Seiten, 71 Bilder, 16 Tab. 2022.
ISBN 978-3-96147-515-5.

Band 392: Bastian Zimmermann
Einfluss des Vormaterials auf die mehrstufige Kaltumformung vom Draht
LFT, xi u. 182 Seiten, 36 Bilder, 6 Tab. 2022.
ISBN 978-3-96147-519-3.

Band 393: Harald Völkl
Ein simulationsbasierter Ansatz zur Auslegung additiv gefertigter FLM-Faserverbundstrukturen
KTmfk, xx u. 204 Seiten, 95 Bilder, 22 Tab. 2022.
ISBN 978-3-96147-523-0.

Band 394: Robert Schulte
Auslegung und Anwendung prozessangepasster Halbzeuge für Verfahren der Blechmassivumformung
LFT, x u. 163 Seiten, 93 Bilder, 5 Tab. 2022.
ISBN 978-3-96147-525-4.

Band 395: Philipp Frey
Umformtechnische Strukturierung metallischer Einleger im Folgeverbund für mediendichte Kunststoff-Metall-Hybridbauteile
LFT, ix u. 180 Seiten, 83 Bilder, 7 Tab. 2022.
ISBN 978-3-96147-534-6.

Band 396: Thomas Johann Luft
Komplexitätsmanagement in der Produktentwicklung - Holistische Modellierung, Analyse, Visualisierung und Bewertung komplexer Systeme
KTmfk, xiii u. 510 Seiten, 166 Bilder, 16 Tab. 2022.
ISBN 978-3-96147-540-7.

Band 397: Li Wang
Evaluierung der Einsetzbarkeit des lasergestützten Verfahrens zur selektiven Metallisierung für die Verbesserung passiver Intermodulation in Hochfrequenzanwendungen
FAPS, xxii u.151 Seiten, 72 Bilder, 22 Tab. 2022.
ISBN 978-3-96147-542-1.

Band 398: Sebastian Reitelshöfer
Der Aerosol-Jet-Druck Dielektrischer Elastomere als additives Fertigungsverfahren für elastische mechatronische Komponenten
FAPS, xxv u. 206 Seiten, 87 Bilder, 13 Tab. 2022.
ISBN 978-3-96147-547-6.

Band 399: Alexander Meyer
Selektive Magnetmontage zur Verringerung des Rastmomentes permanenterregter Synchronmotoren
FAPS, xv u. 164 Seiten, 90 Bilder, 18 Tab. 2022.
ISBN 978-3-96147-555-1.

Band 400: Rong Zhao
Design verschleißreduzierender amorpher Kohlenstoffschichtsysteme für trockene tribologische Gleitkontakte
KTmfk, x u. 148 Seiten, 69 Bilder, 14 Tab. 2022.
ISBN 978-3-96147-557-5.

Band 401: Christian P. J. Schwarzer
Kupfersintern als Fügetechnologie für Leistungselektronik
FAPS, xxvii u. 234 Seiten, 125 Bilder, 24 Tab. 2022.
ISBN 978-3-96147-566-7.

Band 402: Alexander Horn
Grundlegende Untersuchungen zur Gradierung der mechanischen Eigenschaften pressgehärteter Bauteile durch eine örtlich begrenzte Aufkohlung
LFT, xii u. 204 Seiten, 58 Bilder, 6 Tab. 2022.
ISBN 978-3-96147-568-1.

Band 403: Artur Klos
Werkstoff- und umformtechnische Bewertung von hochfesten Aluminiumblechwerkstoffen für den Karosseriebau
LFT, x u. 192 Seiten, 73 Bilder, 12 Tab. 2022.
ISBN 978-3-96147-572-8.

Band 404: Harald Schmid
Ganzheitliche Erarbeitung eines Prozessverständnisses von Tiefziehprozessen mit Ziehsicken auf Basis mechanischer und tribologischer Analysen
LFT, xiii u. 211 Seiten, 78 Bilder, 5 Tab. 2022.
ISBN 978-3-96147-577-3.

Band 405: Johannes Henneberg
Blechmassivumformung von Funktionsbauteilen aus Bandmaterial
LFT, viii u. 176 Seiten, 101 Bilder, 2 Tab. 2022.
ISBN 978-3-96147-579-7.

Band 406: Anton Schmailzl
Festigkeits- und zeitoptimierte Prozessführung beim quasi-simultanen Laser-Durchstrahlschweißen
LPT, xiii u. 157 Seiten, 84 Bilder, 7 Tab. 2022.
ISBN 978-3-96147-583-4.

Band 407: Alexander Wolf
Modellierung und Vorhersage menschlichen Interaktionsverhaltens zur Analyse der Mensch-Produkt Interaktion
KTmfk, x u. 207 Seiten, 69 Bilder, 10 Tab. 2022.
ISBN 978-3-96147-585-8.

Band 408: Tim Weikert
Modifikationen amorpher Kohlenstoffschichten zur Anpassung der Reibungsbedingungen und zur Erhöhung des Verschleißschutzes
KTmfk, xvii u. 258 Seiten, 91 Bilder, 9 Tab. 2022.
ISBN 978-3-96147-589-6.

Band 409: Stefan Götz
Frühzeitiges konstruktionsbegleitendes Toleranzmanagement
KTmfk, ix u. 276 Seiten, 127 Bilder, 13 Tab. 2022.
ISBN 978-3-96147-593-3.

Band 410: Markus Hubert
Einsatzpotenziale der Rotationsschneidtechnologie in der Verarbeitung von metallischen Funktionsfolien für mechatronische Produkte
FAPS, xviii u. 139 Seiten, 86 Bilder, 7 Tab. 2022
ISBN 978-3-96147-603-9.

Band 411: Manfred Vogel
Grundlagenuntersuchungen und Erarbeitung einer Methodik zur Herstellung maßgeschneiderter Halbzeuge auf Basis eines neuartigen flexiblen Walzprozesses
LFT, ix u. 176 Seiten, 61 Bilder, 11 Tab. 2022.
ISBN 978-3-96147-605-3.

Abstract

One of the greatest social challenges of the 21st century is the mitigation of climate change. One approach that has become increasingly important in recent years, especially in the automotive industry, is holistic lightweight construction, which is increasingly pushing conventional manufacturing technologies in the area of forming technology to their limits. By applying the innovative process class of sheet bulk metal forming, functional components with a high degree of functional integration can be manufactured in a process-safe, energy- and cost-optimized manner. The use of process-adapted semi-finished products in particular has proven to increase material efficiency. In particular, incremental forming processes show a high potential.

The aim of the present work is therefore to develop a holistic process understanding for the production of tailored blanks by means of a new flexible rolling process. To derive physical relationships, a fundamental experimental process and influence analysis is carried out and, based on this, a holistic methodology for the manufacturing of a rotationally symmetrical material pre-distribution is derived. Using the knowledge gained, the transferability of the methodology to higher-strength material classes and varying semi-finished product thicknesses, as well as the usability of the semi-finished products in a downstream combined deep-drawing and upsetting process is evaluated.